棉花生产
农机农艺融合技术

张爱民　杜明伟　孙冬霞　主编

中国农业科学技术出版社

图书在版编目（CIP）数据

棉花生产农机农艺融合技术 / 张爱民，杜明伟，孙冬霞主编 .—北京：中国农业科学技术出版社，2020. 9

ISBN 978-7-5116-4994-2

Ⅰ. ①棉…　Ⅱ. ①张…②杜…③孙…　Ⅲ. ①棉花-机械化栽培　Ⅳ. ①S562. 048

中国版本图书馆 CIP 数据核字（2020）第 167560 号

责任编辑　史咏竹
责任校对　贾海霞

出 版 者　中国农业科学技术出版社
北京市中关村南大街 12 号　邮编：100081
电　　话　（010）82105169（编辑室）（010）82109702（发行部）
（010）82109709（读者服务部）
传　　真　（010）82106626
网　　址　http：//www.castp.cn
经 销 者　各地新华书店
印 刷 者　北京地大天成文化发展有限公司
开　　本　787mm×1 092mm　1/16
印　　张　12. 5
字　　数　297 千字
版　　次　2020 年 9 月第 1 版　2020 年 9 月第 1 次印刷
定　　价　68. 00 元

《棉花生产农机农艺融合技术》

编委会

主　编　张爱民　杜明伟　孙冬霞

副主编　李　伟　石　磊　李亚兵　刘凯凯　宋德平

编　委（以姓氏笔画为序）

刁培松　于家川　王　成　王仁兵　王建军

王振伟　孔凡婷　田晓莉　代建龙　刘明云

刘树泽　齐海坤　孙建胜　孙勇飞　纪家华

李红光　李明升　李明刚　李明军　杨北方

张国海　张佳喜　张晓洁　张银平　张路生

陈长林　陈传强　陈明江　陈恩明　陈景国

邵蓉蓉　郝延杰　姜学森　宫建勋　耿　辉

曹龙龙　崔立华　康建明　董　敏　蒋　帆

韩迎春　焦　伟　谢　庆　廖培旺　禚冬玲

序

山东省滨州市位于黄河三角洲冲积平原，光热资源充足，宜棉区域广阔，具有悠久的植棉和棉纺织历史，是全国重要的棉花生产、消费和纺织品出口大市，棉花产业发展在当地经济发展中具有举足轻重的作用。

近年来滨州市棉花种植业受到投入成本迅速抬升的“地板”效应和产品价格不断下压的“天花板”效应的双重挤压，导致农民植棉意愿不高，传统的棉花种植模式已难以为继，植棉面积呈明显下降趋势。转变生产模式，实现棉花生产的农机农艺融合发展成为滨州市棉花产业发展迫切需要解决的重大问题，集成轻简省工的机械化生产关键技术，构建农机农艺融合的棉花生产技术体系，是推进滨州市传统植棉业引入向现代植棉轨道转变的必要途径，是优化棉花种植结构，全面构建棉花生产高质高效发展模式，支撑引领滨州市棉花产业绿色发展，促进植棉业振兴和棉花产业纵深发展，创响滨州市特色棉业品牌的必然需要。

本书是依据近几年在棉花生产全程机械化方面的科研和生产实践，参考大量资料后编写的，涵盖了棉花生产耕、种、管、收、加全流程，内容全面系统，资料翔实丰富，对棉花生产具有较强的指导作用，值得一读。

前　言

山东省滨州市作为全国重要的棉花生产、消费和纺织品服装出口大市，棉花产业发展具有举足轻重的作用，目前棉花产能不稳、质量不优、效益不高等问题严重影响了棉农的种植意愿，实现棉花生产农机农艺融合发展，提高植棉效益成为必然需求。

棉花生产流程包括品种选择及种子处理、播前准备、播种、田间管理和棉花收获、棉秆处理、残膜回收等主要环节，这些环节环环相扣，只有了解各环节的特点，认真做好各环节主要技术的落实，才能够实现棉花生产的农机农艺融合，提高棉花生产机械化作业水平，推进棉花品种良种化、种植规模化和标准化、日常管理精简化、生产全程机械化，促进滨州市棉花产业发展。滨州市农业机械化科学研究所等单位依据近几年在棉花生产全程机械化方面的科研和生产实践，参考大量资料，编写了本书，介绍了滨州市棉花产业发展、棉花生产农机农艺融合技术发展现状、棉花种植机械化技术、田间管理农机农艺融合技术、棉花机械化收获农艺技术、棉秆联合收获农机农艺融合技术、残膜收集机械化技术、棉花储运与加工技术等，希望能够对滨州市棉花生产有所帮助。

本书由张爱民、杜明伟、孙冬霞任主编，李伟、石磊、李亚兵、刘凯凯、宋德平任副主编，参与本书编写的还有纪家华、张晓洁、曹龙龙、李明军、郝延杰、廖培旺、于家川、邵蓉蓉等，在此向为本书撰稿、统稿、编辑等工作作出贡献的各位学者表示衷心的感谢。

由于我们在资料掌握、种植实践及撰写等方面还存在不足，书中不妥之处在所难免，殷切希望广大读者不吝赐教，批评指正。

编　者

2020 年 6 月

目　　录

第一章　导　论

第一节　中国棉花产业发展

一、棉花产业的经济特点

棉花是世界上重要的经济作物和纺织工业原料，在中国和世界经济发展中占据重要地位。中国棉花产业涉及近1亿多名棉农的收入和2 000多万名纺织工人的就业问题。我国棉花无论是种植面积还是产量，都位于世界前列。棉花产业拥有完备的产业链条，拥有一定的技术和人才优势，有相对成熟的销售渠道，在西北内陆棉区、黄河流域棉区和长江流域棉区有着自然优势和比较优势，有人口不断增长的需求空间。但由于中国棉花产业管理体制机制不完善，导致棉花产业结构性过剩，库存积压和供不应求现象并存。在当前城市化进程不断加快、大量农村劳动力向城市转移的背景下，种植棉花较其他大田作物更费时费工已经成为影响我国棉花生产稳定越来越突出的因素，发展棉花生产机械化，解决棉花生产过程中劳动力短缺的需求越来越迫切。因此，中国一定要重视供给侧结构改革，优化棉花布局，提升品质，生产出适纺性强的品牌产品，满足人们高端产品的需求，缓解纺织行业的化纤替代、消费升级、阵地转移等现状。

二、中国棉花产业发展现状

（一）面积和产量大幅度减少

由于棉花生产成本刚性上涨和粮棉争地的直接影响，加上粮食生产农艺简单、机械化程度高、用工少、补贴多的间接影响，“十三五”时期新疆①棉区以及长江、黄河流域棉区植棉面积不同程度缩减，主要原因是棉花栽培管理复杂，用工多，缺少机械化、信息化和智能化，棉花生产过程中的劳动力成本高，导致人们植棉积极性和信心大减。

据国家统计局统计显示，2011年棉花种植面积503.8万hm^2，产量达659.80万t，单产达1 310kg/hm^2；2015年棉花种植面积379.7万hm^2，产量达560.34万t，单产达1 476kg/hm^2。相较之下，2016年棉花种植面积和产量有所下降，单产却有所上涨，种

---

① 新疆维吾尔自治区，全书简称新疆。

植面积 337.6 万 hm^2，产量 534 万 t，单产为 1 583kg/hm^2。2017 年种植面积跌至谷底，全国棉花播种面积 323.0 万 hm^2，比 2016 年减少 14.6 万 hm^2，下降 4.3%。2018 年全国棉花种植面积 335.2 万 hm^2，比 2017 年增加 12.2 万 hm^2，增长 3.8%。2018 年全国棉花单位面积产量为 1 818kg/hm^2，比 2017 年增加 49kg/hm^2，增长 2.8%。2019 年全国棉花种植面积为 333.9 万 hm^2，比 2018 年减少 1.3 万 hm^2，下降 0.4%。2019 年全国棉花产量 588.9 万 t，比 2018 年减少 21.3 万 t，下降 3.5%。2019 年全国棉花单位面积产量为 1 763.7kg/hm^2，比 2018 年减少 54kg/hm^2，下降 3.0%（图 1-1）。

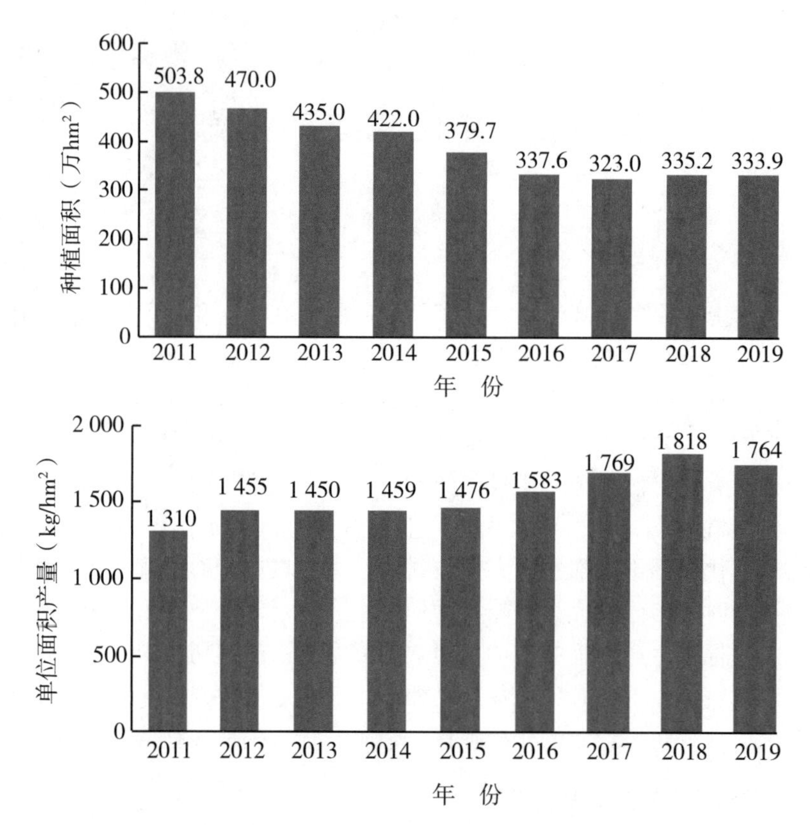

图 1-1　2011—2019 年中国棉花种植面积和单位面积产量

根据农业部①印发的《全国种植业结构调整规划（2016—2020 年）》，到 2020 年棉花面积必须稳定在 5 000 万亩②，生产向优势区域集中，向盐碱滩涂地沙性旱地集中，向高效种植模式区集中，形成西北内陆、黄河流域、长江流域“三足鼎立”格局。近年来中国棉花种植面积长期在 500 万 hm^2 左右徘徊，整体上达到种植业规划目标，但是棉花种植面积很不稳定，尤其 2011 年以后种植面积呈现明显的下降趋势，形势不容乐观。

① 中华人民共和国农业部，全书简称农业部。2018 年国务院机构改革，将农业部的职能整合，组建中华人民共和国农业农村部，全书简称农业农村部。

② 1 亩≈667m^2，15 亩＝1hm^2，全书同。

（二）棉花产业布局调整

从国内供给看，中国的棉花种植主要分布在长江、黄河两大流域以及新疆产区，其中，新疆产区产量约占全国总产量的 67.27%，黄河流域产区的产量占全国总产量的 18.53%，长江流域约占 13.24%，且整体呈现西北棉区持续扩张，黄河棉区和长江棉区不断萎缩的特征。

据国家统计局统计数据显示，2016 年疆棉产量为 359 万 t；2014—2016 年疆棉产量平稳且所占比重逐年上升，由 2014 年的 59.5%攀升至 2015 年的 62.5%，再到 2016 年的 67.3%，清晰地反映出中国棉花产业向新疆迁移的趋势，以及目标价格政策稳定疆棉生产的作用。2019 年棉花种植进一步向优势区域新疆棉区集中。我国最大产棉区新疆的棉花种植面积比 2018 年增加 4.92 万 hm^2，增长 2.0%，占全国的比重达 76.1%，较 2018 年提高 1.8 个百分点。国家对新疆地区实施棉花目标价格补贴政策，调动了棉农的种植积极性，使得新疆棉花种植面积稳定增加。2019 年，其他棉区受种植效益和农业结构调整等因素的影响，棉花种植面积比 2018 年减少 6.44 万 hm^2，下降 7.5%。其中，长江流域棉区种植面积比 2018 年减少 3.24 万 hm^2，下降 8.7%。黄河流域棉区种植面积比 2018 年减少 2.81 万 hm^2，下降 6.2%。

（三）国内棉花消费情况

受国内外经济增长放缓、棉纺织产业转移等影响，“十三五”时期，中国棉花消费总量基本稳定，纺织品出口消费需求增速将有所放缓。经过 2000—2007 年的高速增长后，中国棉纺产业发展达到了顶峰。随着中国棉花生产成本上升、棉价异常波动、库存积压和进口棉冲击，产业逐渐呈现下降趋势。受全球经济复苏缓慢以及国内经济增速放缓影响，棉花消费总量维持在 600 万~700 万 t。

（四）棉花产业长期进口量大于出口量

根据国家统计局数据显示，2000—2015 年中国棉花产业出现大幅度波动。据中国纺织工业联合会信息统计，2015 年棉花进口地理方向主要集中在五国。2015 年中国从澳大利亚进口 25.17 万 t，占棉花进口总量的 17%；从乌兹别克斯坦进口 17.1 万 t，占棉花进口总量的 12%；从巴西进口 14.1 万 t，占棉花进口总量的 10%；从印度进口 25.46 万 t，占棉花进口总量的 17%；从美国进口 51.85 万 t，占棉花进口总量的 35%。在 2000—2005 年和 2008—2011 年棉花进口量大幅度上涨，在 2005—2008 年和 2011—2015 年却又出现了大幅度下降，进口量整体呈现出稳中略减。2015 年，中国进口棉花共 147.49 万 t，比 2014 年减少 96.43 万 t，同比下降 40%。2015 年中国进口棉花总额 25.72 亿美元，较 2014 年减少 24.19 亿美元，同比下降 48%。在出口方面，2000—2015 年中国棉花出口在大幅度下降后保持平稳，2015 年棉花出口 2.89 万 t。2019 年中国棉花进口数量为 184.92 万 t，同比增长约 17.6%，其中，12 月棉花进口量 15.4 万 t，与 2018 年同期相比减少 29.8%。从棉花进口国家来看，巴西、澳大利亚、美国是我国棉花主要进口来源国。数据显示，2019 年中国从巴西进口棉花 50.54 万 t，同比增长

172.4%；从澳大利亚进口棉花 39.80 万 t，同比下降 6.1%；受中美贸易摩擦影响，美棉进口明显收缩，2019 年中国从美国进口棉花 36.06 万 t，同比下降 31.8%。

（五）纺织行业优势递减

全球有 80 多个国家种植商业棉，150 多个国家从事棉花进出口贸易，经济产值每年高达 5 000 亿美元。由于发达国家"再工业化"方针和新兴发展中国家"低加工成本"优势的双重挤压，一些跨国集团纷纷撤出中国迁至周边劳动力成本低的国家和地区，大大降低了中国纺织行业的收入来源，缩小了消费市场和份额。中国纺织行业主要依靠数量上的扩张，以低价策略占据部分市场，目前，新疆生产的棉纱每吨比沿海地区便宜 3 600 元，比越南便宜人民币 4 600 元，高额的成本和微薄的利润并存，相对其他国家而言出口利润很低。随着劳动力成本逐年提高，加之水电等支出成本，中国纺织业依靠数量扩张已经无法继续其竞争优势。从世界纺织业的发展看，印度、巴基斯坦等国纺织业发展非常迅猛，他们拥有比中国更大的成本优势，促使纺织产业向东南亚等国转移，山东、江苏、河南、湖北、浙江等地的纺纱厂规模逐渐缩小，纺织品加工业面临优化转型升级。

三、中国棉花产业发展面临的困境

（一）棉花生产成本高，机械化、智能化程度低

棉花从播种保苗、控害除草、整枝化控到采收，生产程序繁多，种植管理复杂，棉花生产人工成本高。据《全国农产品成本收益资料汇编》统计，2014 年棉花种植每亩雇工 99.95 元，平均每人雇用 2.05 天，雇工费 204.60 元；家庭用工 16.18 天，劳动日工 74.40 元，家庭用工折价 1 203.79 元；总计每亩耗费人工成本 1 408.39 元/年。2014 年棉花每亩成本利润率-30.13%，每亩净利润-686.44 元。自 2011 年起中国棉花生产成本逐年上升，现金收益逐年减少，净利润下降趋势尤为明显。

虽然中国棉花品种众多，但大多数品种表现为株型松散、熟性偏晚、开花吐絮不集中。缺乏棉花生育期、产量、纤维、吐絮等性状相互协调，适于农艺与农机结合的棉花品种。目前，传统棉花品种在出苗性、抗病虫、早熟、株型、果枝始节位、吐絮、含絮力、抗倒伏、纤维品质等方面难以适应机采。由于棉花无法统一标准、统一生产、统一管理，导致生产成本和农艺要素价格攀升。新疆机采正在形成规模，但在耕地资源稀缺和棉花生产成本上升的背景下，长江、黄河流域棉花仍以农户个体经营的小生产模式为主，生产标准化程度低，产品档次低，植棉机械化水平低，阻碍规模化和机械化生产进程，进一步增加了植棉的生产成本。

（二）棉花品质差，清洁生产能力低

随着纺织工业的发展，棉纺企业强调以较强、较细和纤维更整齐的棉纤维作为纺织原料。近两年，国产棉花因转基因抗虫棉全面推广，品种考核指标只重视名义单产，不重视纤维品质。包括新疆在内的纤维基本品质恶化，纤维细度变粗、纤维长度变短、纤维强度下降、纤维马克隆值增大，使现在纺织原料无法用于生产纤细、精美的棉纱和棉

纺织品。近年来，中国气候异常，台风、干旱、渍涝，先旱后涝交替，以及旱涝急转对棉田生产威胁很大。棉田常年受灾面积占播种面积的3%～5%，年最大绝收面积几百万亩。灾害导致基础产量水平下降，减产严重，进而引起市场和价格的大幅度波动，又传导到生产波动。由于化肥的过度使用，棉田污染日趋严重；由于病虫害种类多，棉花防治效果差，致使苗病、枯萎病、黄萎病、烂铃病、蚜虫、棉铃虫、盲椿象等病虫害时有发生，致使棉花适纺品质偏低，清洁生产难以实现。此外，新疆棉区成为中国棉花优势主产区，黄河棉区和长江棉区的种植优势逐步被掩盖，棉花种植产区一枝独秀的现象增加了棉花供给风险。

（三）棉花价格波动较大，加大纺织加工企业经营风险

2008年金融危机以来，棉花价格波动幅度较大，价格的波动直接影响到中国棉花产业链的发展。据中国棉花交易市场统计，2016年棉花指数价格从11 410元/吨涨至15 045元/吨，涨幅31.8%，除去后期行情回落，仅前7个月棉花期货价格从10 560元/吨涨到了16 910元/吨，涨幅达60%。

从国内角度，由于土地成本和用工成本不断上涨，加上棉花市场价格与棉花预期偏差加大，中国棉花产业常出现丰产不丰收的局面，再加上主产区低温和强降雨天气，棉花的质量和产量都大幅度下降，且2014年以前中国棉花生产没有建立直接补贴制度，使得棉农种植积极性降低，棉花种植面积持续下滑，加剧了中国棉花价格波动，从而引起我国棉花价格大幅度波动。中国棉花消费与棉花当期价格呈现负相关，但前期价格的指导性和当期价格的不可预见性，导致中国棉花产量与棉花价格关联性较弱。从国际层面，中国棉花进口国具有天然的产棉优势和出口政策，且进口国分布高度集中，加剧了中国棉花价格波动风险。2017年，印度棉花价格大幅度攀升，美国棉花出口需求强劲，国内棉花价格在美棉以及印度棉的强势推动下走高。而随着轮出的临近，现货价格止涨，郑棉主力合约自16 200元/吨的高位回落，2月更是跌破15 800元/吨的重要支撑位。进口棉价上扬和并行消化库存给纺织行业带来了不利的信号和局面，加大了纺织行业生产和经营风险。

（四）产供销不对接，产学研不耦合

中国棉花产业产、供、销不对接现象较为普遍，主要是因为地方棉农、轧花厂、纺织企业、棉麻企业等各自为政，为追求自身利益的最大化致使产业链条松散，无形中增加了棉企外部性成本。棉花流通仍以经营垄断为主，市场主体比较分散，竞争力不强，抗风险能力弱，规模优势难以充分发挥，整体效益不高。由于中国棉花专业合作组织和协会系统的不完善以及棉农组织化程度低，导致了分散的小农种植户无法得到预期收益。在企业与科研之间，中国棉花产业链中各主体并没有建立长期有效的耦合机制。棉花产业链各利益主体之间信息不对称，大学、科研机构无法切实了解棉纺企业的需求，而企业又无法及时跟踪大学、科研机构的科研成果，导致产学研无法真正的融合。

（五）棉花供需水平持续失衡，现代社会服务体系不完善

由于棉花消费需求的刚性增长和国内生产诸多不利因素的影响，中国当前的国内自给

形势不容乐观。中国棉花的自给率水平呈现波动性趋势，从2006年起，平均自给率水平为74.12%，说明中国至少仍有1/4的棉花需要依靠国外进口。虽然中国棉花供需缺口很大，但中国对于棉花的种植、收购、加工、销售、数据追溯、价格补贴等工作都难以精准监测，没有现代化的综合数据库，很难处理棉花生产、加工、销售大数据，很难构建信息化管理平台，不利于判断历史数据和预测未来趋势；难以利用现代信息技术实现进口棉花检验监管自动化，难以避免人工操作引起的错误和误差，不利于实现对进口棉花现场检验监管远程智能化控制、视频监控、自动化计重和采样单元自动识别功能。棉花产业信息化和社会化服务刚刚起步，许多农民对信息化、智能化和社会化服务尚不了解，由于缺乏有效的社会服务组织，不可能利用期货、期权规避价格波动风险，影响棉花生产的机械化、信息化、智能化实施，影响“五化”进程和棉花产业的可持续发展。

四、提升中国棉花产业竞争力对策建议

（一）推广轻简化和机械化新技术，降低生产成本

第一，培育机采棉新品种。以纺织行业对马克隆值、长度、断裂比、强度等品质上的需求确定供给侧种业改革，选育突破早熟、高产、优质、抗性、农艺与农机配套的机采棉新品种；鼓励国际合作，引进国外优良种质资源，加强常规育种与生物技术育种的结合，充分利用杂交优势，广泛开展分子育种，培育出高适纺性棉花新品种。

第二，研究开发轻简化育苗、机械化种植、智能化管理技术，解决高产和省工节本问题，满足小规模的植棉农户和地方植棉大户技术需求。按照“早熟品种+直播覆膜+机械采收”技术思路，因地制宜加以推广应用，并研究轻简化、机械化栽培条件下棉花产量和品质的内在调控机制，对行株距和种植密度进行合理调整，促进叶枝成长发育。

第三，改善盐碱地棉田灌溉条件，开展田间工程建设，建造库房和晒场，配备棉种精选处理设备，鼓励用于秸秆还田、机械施肥、智能灌溉等农业机械投入生产，加强棉花统一管理。只有让棉花供给无缝对接纺织行业需求，才能减少无效供给，扩大有效供给，使棉花产业提质增效，降低中国棉花进口依存度，提升棉花产业竞争力。

（二）优势主产区分散布局，保障棉花产业安全

中国棉花产业呈现新疆“一家独大”的局面，不利于分散种植风险，尤其新疆地区常常面临倒春寒和成熟期突然降温的现象，对棉花造成很大为害，阻碍棉花产业持续健康发展，因此，中国应在原有资源禀赋和国家政策基础上打造“三足鼎立”格局。中国棉花生产重点在向西部倾斜的同时，无论从棉花产业安全还是农业生态出发，都应该考虑黄河流域、长江流域和新疆3个棉区的平衡发展，农业生产不能违背自然规律。综合气候、生态和生产规模等各种因素，西北内陆棉区承担50%~60%的生产能力，长江流域和黄河流域棉区承担40%~50%的生产能力，在合理分工基础上注重品质布局。此外，中国应科学防治病虫害，治理棉田污染。一方面普及棉种包衣，在苗期病虫害就可以得到有效控制；另一方面广泛应用棉田除草剂，并加强棉花风险测报，实行统防统治较好地解决农村劳动力不足，提高种植水平和生产效率。为减少产量和品质损失，中

国应在实现规模化、机械化基础上，加大科研力度，构建棉花病虫害、政策、纺织、贸易数据库，利用大数据分析，借力物联网信息化手段监测病虫害萌芽期，利用信息技术化控，减少病虫害暴发概率，降低风险，提高产量和品质，增加有效供给。

（三）完善棉花目标价格制度，加大棉花产业补贴力度

2017 年中央一号文件指出：深化粮食等重要农产品价格形成机制和收储制度改革，调整完善新疆棉花目标价格政策，改进补贴方式；完善农业补贴制度，完善农机购置补贴政策，加大对粮棉油糖和饲草料生产全程机械化所需机具的补贴力度。在这一政策背景下，中国应完善和推广棉花目标价格制度，逐步实现目标价格与种植面积、产量或销售量相挂钩；打造棉花品牌规模效益，提高棉花产业补贴力度。借鉴美国棉农享受政府的生产性补贴、销售性补贴、贸易补贴、限制性补贴等提高竞争力的经验，中国应补贴棉商、出口商、纺织企业、农机制造商，维持其产业链条的完整与可持续；应尽快了解当前中国棉花市场现状，对进口配额制度和滑准税做相应的调整，早日给中国棉纺织行业去掉桎梏。具体而言，在国家层面，提高棉花生产保险额度，增大中央和财政部门对保费的承担比例；对于农机制造商，将大型棉花采摘机补贴限额提高到占购机总额的30%；对于棉商应继续开展优质棉基地建设和新疆农田开垦，把新疆列为重大植棉基地，对出疆棉和出疆纱实行运输补贴，实现物流价值链增值；对于出口商，应按照世界贸易组织（WTO）绿箱政策约定的 8.5%进行微量补贴，对进口棉实行管制，可以延长棉花产业补贴链条，保证棉花产业上中下游和谐发展。

（四）完善棉花协会功能，构建产供销利益共享机制

为实现棉花产供销一体化发展，中国应鼓励建立具有话语权的由产学研共建的棉花协会，上下通达，发挥其收集、分析、发布行业信息及时的优势，利用协会协调行业内各环节利益主体之间的关系，搞好行业自律，建立起多户联保制度，用联保方式与棉企或中介组织签订合同，收购时实行编码可追溯制度，一旦发生质量问题联户赔偿，形成无形监管链条；打破地区、部门、所有制界限，通过租赁、承包、拍卖、股份制、兼并等形式重组棉花龙头企业，使棉农集中掌握较为完整、充分的市场信息，完善棉花产品质量标准化体系建设，扩大融资渠道，吸引工商资本投资涉棉行业，让龙头企业撬动棉花产业链发展；通过“国欣”“银宫”“白婆婆”等知名品牌的推广，构建棉农和棉企的零距离对接，实现棉花富民，全面推动棉花加工业向纵深发展；及时把整个棉花产业的发展纳入“棉籽—榨油—提炼棉籽蛋白—低聚糖，棉花—纺织—棉秸—发电”的产业循环链条，把棉花吃干榨净，实现零污染、零排放，降低各环节生态风险和经济风险。

（五）完善棉花供需调控体系，完善现代植棉业服务体系

大力发展中国的棉花生产，加大对棉花生产的科研投入，努力提高中国棉花的单产水平和总产量，扩大棉花市场的国内供给量，是不断满足国内纺织行业对棉花的需求、缩小国内棉花的供需缺口、抑制国际市场棉花价格进一步上涨的有效手段。为进一步完善中国棉花供给调控体系，首先应建立棉花信息公布平台和预警机制，做好棉花产前、

产中、产后过程中的实时监控，有利于提前进行价格预测，解决植棉业信息滞后和不对称问题；其次应完善棉花市场监控体系，构建棉花统一交易平台，监测棉花收储和抛储机制，实现棉花供需平衡；最后要加快构建“集约化、专业化、组织化、智能化、社会化”农业经营体系，创新棉花种、管、收社会化、专业化的新型服务体系。同时，借力“一带一路”优化布局沿线国家棉花产业链，建立跨国涉棉公司，提高中国棉花的话语权和定价权。

第二节　滨州市棉花产业发展

一、滨州市植棉历史

目前，中国主要分为三大产棉区域，即西北内陆棉区、黄河流域棉区和长江流域棉区。滨州市作为黄河流域棉区的主要产棉区，具有悠久的植棉和棉纺织历史。滨州市地处山东北部，属于黄河冲积平原，黄河水是主要水源，2018 年滨州棉花播种面积 31 961hm^2，皮棉总产量 31 514t，单产 986kg/hm^2。

据记载，“明嘉靖二十七年（1548 年）武定州（现滨州市惠民县）缴纳赋役之棉田 3 049 亩”。乾隆二十四年（1759 年）的《武定府志》，嘉靖六年（1527 年）的《邹平县志》和咸丰十年（1860 年）的《滨州志》均有植棉和织布的记载。

1969 年秋，中共中央调研组到达杨柳雪村，看到雪白的棉花挂满枝头，感慨道“别处金秋，这里银秋”，核实棉花产量后，向中共中央进行了汇报，1970 年，国务院通知山东省委上报杨柳雪大队的典型材料，1970 年全国棉花生产会议召开后，杨柳雪大队成为全国农业战线上的一面旗帜，各地掀起以杨柳雪大队为榜样，夺取农业新高产的热潮。

2012 年，滨州市制定印发了《关于加快推进棉花生产全程机械化的通知》，对发展棉花全程机械化的工作目标、工作内容、保障措施都提出了明确要求。同时，市政府成立了由分管副市长任组长，农机、农业、气象、科技、财政、金融、供销等部门负责人组成的棉花生产全程机械化推进工作领导小组，领导小组下设组织协调组、技术指导实施组、机具试验示范保障组、资料收集整理组、机采棉收购加工组 5 个专业工作小组，具体分工负责项目实施，有力地推动了滨州市棉花生产全程机械化的进展。滨州市率先在内地推进机采棉，建立了机采棉试验示范和农机农艺融合示范基地，探索全程机械化生产模式，先后承办了全国农机农艺融合座谈会暨机采棉现场会，黄河流域棉花机械化生产现场会，全国棉花生产全程机械化推进活动等，沾化区、无棣县被列为农业部农机农艺技术融合示范区，无棣县还被农业部授予机采棉示范县。截至 2019 年年底，全市已建立机采棉核心示范区 35 处，机采棉种植面积 6 万亩，并辐射带动周边的东营、潍坊、德州等区域种植近 2 万亩。

二、滨州市棉花产业现状

棉纺工业是滨州市的支柱产业，滨州市有“中国棉纺织之都”之称，设有国家生态纺织品质量监督检验中心，全市拥有纺织、家纺、服装企业800余家，其中规模以上392家，占山东省的30%，全国的1/10，拥有全球最大的纺织企业也是全球最大的用棉企业魏桥集团，全市原棉产量远远不能满足本市棉纺工业的需求。

受植棉效益及用工问题等多种因素的影响，近年来滨州市植棉面积呈下降趋势，新生代农民植棉意愿不高，老一代棉农丰富的植棉经验得不到传承。

棉花种植区域逐步向北部沿海和盐碱地转移，充分发挥了棉花耐盐碱的作物特性，同时，在不适于粮食作物生长的盐碱地植棉，一定程度上缓解了粮棉争地矛盾。

棉花种植逐渐向轻简化、规模化、机械化、农场化的现代种植模式发展，植棉大户不断涌现，滨城区农喜棉花专业合作社、无棣荣达农机专业合作社、无棣景国农机服务专业合作社等农民合作组织成为棉花种植新技术先行先试的代表，在棉农技术培训和新机具推广应用等方面发挥了重要作用。

滨州棉花生产受到多方关注和支持，国家现代农业产业技术体系棉花体系首席科学家喻树迅对滨州棉花发展十分关心，喻树迅院士工作站在滨州组建，国际良好棉花发展协会在滨州市整建制实施良好棉花项目，国家棉花产业联盟设立滨州试验区，为滨州棉花品质提升和品牌建设提供了支撑。

三、滨州市主产棉区分布

滨州市作为山东省重点产棉区，列全省三甲之一，二区四县一市均是国家优质棉生产基地。近几年，受棉纺织行业不景气、灾害性天气和种植成本提高，植棉效益下降等因素影响，滨州市植棉面积不断下滑，单产基本稳定，总产不断下降。截至2018年，滨州市全市植棉面积31 961hm^2，单产皮棉986kg/hm^2，总产31 514t；截至2018年，滨州市共有141家棉花种植专业合作社。滨州市滨海盐碱地棉区已形成连片种植，户均棉田在3hm^{2}以上，而且沾化区、无棣县还有大面积适合棉花种植的滨海盐碱地尚未开发。滨州市滨海盐碱地棉区适合进行机械化采棉及配套技术推广应用。

滨海盐碱地棉区是滨州市主产棉区。据统计，2018年滨州市全市棉花播种面积31 961hm^2，主要包括沾化区、无棣县、博兴县、滨城区棉区，其他棉区分布在惠民县、阳信县、邹平市。2018年棉区种植情况见表1-1。

表1-1 2018年滨州市棉区种植情况

棉区	播种面积（hm^2）	总产量（t）	单产（kg/hm^2）
滨州市	31 961	31 514	986
沾化区	9 832	8 884	904
无棣县	8 893	8 585	965
博兴县	4 120	4 340	1 054
滨城区	3 675	3 819	1 039
惠民县	3 367	3 627	1 077

（续表）

棉区	播种面积（hm^2）	总产量（t）	单产（kg/hm^2）
阳信县	1 191	1 256	1 055
邹平市	884	1 002	1 134

四、滨州棉花农业自然条件

（一）地理、气候条件

滨州市是山东省下辖地级市，位于山东省北部、鲁北平原、黄河三角洲腹地，地处黄河三角洲高效生态经济区、山东半岛蓝色经济区、环渤海经济圈、济南省会城市群经济圈“两区两圈”叠加地带，是山东省的北大门；地势南高北低，大致由西南向东北倾斜；辖四县二区一市，总面积9 453km^2。2018年总人口392.25万人。滨州市为温带大陆性季风气候特征；多年平均气温12.7℃，平均降水量564.8mm，年均日照时数2 632.0h；风向冬季以偏北风为主，夏季以偏南风为主，年平均风速2.7m/s；年平均地面温度14.7℃，最大冻土深度一般50cm左右，无棣县1984年曾达209cm；年平均相对湿度为66%，8月最大为81%；年均蒸发量1 805.8mm；无霜期205天。

（二）土壤类型

滨州地区棉田土壤以壤质的潮土为主，平原地势低，滨海地带盐碱地较多，普遍缺磷，大多数土壤适宜种植棉花。土壤类型以潮土、褐土、盐碱土为主，且有少量砂姜土和潮盐土。潮土一般呈中性至弱碱性，有机质含量较低，但土壤矿物质养分含量较丰富，加之土体深厚，结构较松，易于耕作管理，适应性广，是生产性能良好的一类耕种土壤；褐土存在于暖温带半湿润地区，发育于排水良好处，具有弱腐殖质表层，质地均匀，表层土壤一般质地较轻，多为壤质土，通气透水性和耕性良好，但由于腐殖质含量低、质地轻，保水保肥与供水供肥性能较低，往往作物的生长后劲不足。

（三）滨州棉花种植特点

滨州市滨海盐碱地棉区种植方式是以大小行为主，大行为90cm，小行为45cm，传统种植密度约6万株/hm^2。随着现代植棉业的发展，适于轻简化、机械化的棉花种植模式正在大面积推广，根据目前采棉机需要，采用76cm等行距种植、提高密度、降低株高，实现棉花集中成铃、集中吐絮，近几年机采棉花生产实践表明，在滨海盐碱地棉区以9万~12万株/hm^2的收获密度，并结合其他栽培技术措施实现棉花机械采摘，可达到省工省时、降低成本、提高效益的目的。

滨州地区棉花属“中个体中群体”，棉花群体最适宜LAI范围为3.5~4.0。直播棉花一般在4月中下旬播种，5月下旬现蕾，6月下旬至7月上旬开花，7—8月成铃，9—10月吐絮收获；株高一般在90~110cm，果枝10~15台/株，三桃比例为1：6：3，即伏前桃占10%（1~2个/株），伏桃占60%（6~12个/株），秋桃占30%（3~6个/株）。

从2013年9月1日开始，新的棉花国家标准正式推行，由颜色级和轧工质量指标取代品级。滨州市棉花颜色级类型以白棉为主，其余主要是淡点污棉。从颜色级别上看，主要以白棉三级和淡点污棉二级为主。滨州市棉花轧工质量以中档（P2）为主，其余档次所占比例极少，轧工质量集中度比全国和全省都要高。滨州市棉花平均长度一直低于全国平均水平，在山东省平均线上下浮动，长度已经出现逐年偏短的趋势。

据统计，2018年籽棉平均销售价格为6.6元/kg。滨州市植棉收入约1 386元/亩，植棉成本为1 105元/亩，其中物化成本411.7元/亩，用工成本560元/亩，土地成本133.3/亩。植棉效益为281元/亩。

滨州地区棉花种植容易发生的虫害有棉铃虫、棉蚜、棉叶螨和地老虎等，重点防控棉盲蝽、棉蚜、棉叶螨、棉铃虫，预防枯萎病、黄萎病、苗病、铃病、红叶茎枯病，局部做好地下害虫（蝼蛄、蛴螬、金针虫、地老虎）、棉蓟马、象鼻虫、细菌性角斑病的防治。病虫害防控技术以预防为主，充分发挥棉田生态调控和棉花自身补偿作用，突出抓好抗（耐）病品种合理布局，秋冬压低病虫基数，保护和利用天敌，苗期预防、生长期控害、铃期保铃保产等技术措施。注重合理用药、隐蔽用药、精准用药，降低化学农药用量，增强棉田的可持续和安全控害减灾作用。

五、滨州市棉花生产农机农艺融合现状

滨州市作为黄河流域棉花生产的典型代表区域，先行先试，率先在沾化冯家镇李雅庄村（新疆以外地区）推进机采棉，采取76cm等行距种植模式，全程按照机采棉农艺要求进行化学调控、化学脱叶催熟，探索了全程机械化生产模式，积极推动棉花机械化生产试验示范，解决棉花生产用工成本不断上涨的问题，建立了农机农艺融合示范基地，探索研究棉花生产农机农艺融合技术，先后承办了全国农机农艺融合座谈会暨机采棉现场会、黄河流域棉花机械化生产现场会和全国棉花生产全程机械化推进会。沾化区、无棣县被列为农业部农机农艺技术融合示范区；2014年，无棣县又被农业部授予机采棉示范县，建立了棉花生产中国工程院喻树迅院士工作站，推进“万亩棉花生产农机农艺融合示范区建设项目”；成立了“滨州市棉花生产全程机械化重点实验室”；组建了“滨州市棉花生产机械化农业科技创新团队”，被认定为滨州市第一批农业科技创新团队。

2018年，滨州市已建设核心示范区35处，示范面积3万亩，机采棉种植面积6万亩，并辐射带动周边的东营、潍坊、德州等区域种植机采棉近2万亩，创造了全国棉花机械化生产示范的“滨州经验”。

目前黄河流域棉田土地耕整机械化程度较高，土地深松、犁地、平整地（含地表残茬处理）等环节全部实现了机械化作业。当地土地深松作业机具还配备了作业监测系统，数据会汇总到农机深松监测大厅，农机部门可以实时数据作为依据，对农机深松工作指挥调度。

滨州市棉花种植行距一般为76cm等行距，播种环节已基本实现机械化，滨州市农业机械化科学研究所研制出宽幅高效播种的一膜6行折叠式播种机，适于麦棉连作的苗带清整型棉花精量播种机和双行错位精量穴播机，并与农业农村部南京农业机械化研究所共同

研制了针对三行采棉机一膜3行棉花智能精播机，满足了当地棉花播种的多样化需求。

滨州市棉花中耕环节的作业机具主要有2行中耕培土机和2行中耕施肥机，作业效率及智能化、人性化设计方面存在许多不足，亟需高效智能的中耕机具。

目前滨州市棉花植保施药环节的作业机具主要有3WX-450悬挂式喷杆喷雾机等，无人机植保处于探索应用阶段，依然存在使用背负式喷雾机施药的情况，大型植保施药机具的作业效果有待提高，为此，中国农业大学在滨州多次进行植保机具试验，取得了较大进展。

目前滨州市棉花打顶环节尚无成熟适用的打顶机械，打顶作业主要以人工打顶为主，农业农村部南京农业机械化研究所在滨州进行的机械打顶试验取得很好的效果，打顶合格率达90%；中国农业大学在滨州进行的化学打顶试验也取得了不错的效果，唯一缺点是对棉花纤维品质稍有影响。

滨州市棉花化学脱落叶催熟技术经过几年的探索，已经能够满足棉花机械化采摘的需要，滨州市农业机械化科学研究所和山东省棉花研究中心在无棣县采用50%噻苯隆可湿性粉剂450g/hm^2+40%乙烯利水剂2.25L/hm^{2}进行棉花脱叶催熟后，进行机采试验时脱叶率达到97%，吐絮率达到97%，取得了良好的机采效果。

2011年起，滨州市就引进内地首台采棉机进行机采试验，此后多次举办机采现场会和棉花生产全程机械化推进活动，但由于采棉机价格较高，滨州市采棉机保有量仅2台，远远不能满足棉花机采的需要，许多以机采模式种植的棉花只能通过人工采摘。

目前滨州市棉秆已基本实现机械化收获，棉秆收获机具以2行齿盘式棉秆收获机为主，此外还有滨州市农业机械化科学研究所研制的粉碎集箱式棉秆收获机和棉秆收获打捆机等机具作业。

目前滨州市的棉田残膜机械化回收机具以简单的密排弹齿搂膜机为主，密排弹齿搂膜机的主要缺点是需要人工脱膜，作业效率低，残膜回收率也不高，为促进滨州市残膜回收机械化的进程，滨州市农业机械化科学研究所引选了新疆农业科学院农业机械化研究所研制的4SM-1.5型残膜回收机，该机能够回收80%以上棉田残膜且可实现自动脱膜，滨州市农业机械化科学研究所还设计了棉田废膜回收打捆机，对残膜进行回收打捆。

参考文献

卢秀茹，贾肖月，牛佳慧，2018. 中国棉花产业发展现状及展望［J］. 中国农业科学，51（1）：26-36.

喻树迅，张雷，冯文娟，2015. 快乐植棉——中国棉花生产的发展方向［J］. 棉花学报，27（3）：283-290.

第二章　耕整地农机农艺融合技术

目前，棉田耕整地机械化程度较高，各环节基本实现了机械化作业。棉田耕整地机械化作业通常包括耕地和整地，广义来说，还包括平地等。耕地是指在种植后（或休闲）的棉田上对土壤进行机械深层翻耕、疏松，恢复土壤的团粒结构，调节土壤水、肥、气、热状况，利于积蓄水分和养分，覆盖杂草、肥料，防止和减缓病虫害，为棉花的生长发育创造良好的条件。整地是指对耕地作业后的土壤进行耕层细碎疏松、地表平整和压实的作业，达到表层松软、下层紧密的目的，为棉花播种及生长创造良好的土壤条件。

棉田耕整地机械包括耕地机械和整地机械。耕地机械主要是指对整个耕作层进行耕作，完成翻耕、深松和旋耕等作业的机具，整地机械是指对耕作后的浅层表土再进行耕作的机具，主要包括各种耙、联合整地机、动力耙等。

本章主要叙述棉田耕整地机械化作业中几种常见的机具。

第一节　耕地农机农艺融合技术

耕地作业的作用是为棉花生长发育创造良好的土壤环境条件。根据棉区的地域特点、气候、自然条件以及耕地传统，耕地作业方式大致可分为翻耕、深松、旋耕、少耕和免耕。

一、耕地农艺技术要求

第一，在土壤宜耕期内结合施底肥适时耕地。

第二，耕深应均匀一致，一般为25～30cm，根据土壤、动力、肥源及气候条件确定，平均值不得小于设定耕深1cm；各铧耕深一致性误差不超过2cm。耕后地表、沟底平整，土垡松碎，无明显垄台或垄沟。

第三，土垡翻转良好，无立垡、回垡，残茬、杂草及肥料覆盖严密。

第四，耕幅一致，不重耕、漏耕，地头地边整齐，耕翻到边到角。

第五，开垄、闭垄作业应交替进行。水平地上，同一地块不得连续多年重复一种耕翻方向。

第六，耕翻坡地时应沿等高线进行。

二、耕地技术与机械

（一）翻耕技术与机械

翻耕是将失去结构的表层土壤，连同地表杂草、残茬、虫卵、草籽和肥料等翻埋到沟底，将下层的良好土壤翻到上层并疏松土壤，达到消灭杂草和病虫害、改善土壤结构、提高土壤肥力的目的，为棉花生长创造良好条件。

1. 铧式犁

铧式犁具有良好的翻垡覆盖性能，为其他耕地机械所不及。铧式犁也是世界农业生产中历史最悠久、应用最广泛的耕地机械。铧式犁的主要部件是主犁体、小前犁、犁刀、犁架等。

主犁体是铧式犁的主要工作部件，一般由犁铧、犁壁、犁侧板、犁柱和犁托等部件组成。犁铧、犁壁、犁托等部件组成一个整体，通过犁柱安装在犁架上。主犁体的作用是切开、破碎和翻转土壤，达到覆盖地表残茬、杂草和疏松土壤的目的。

小前犁又称副犁，通常配置在主犁体胫刃（沟墙）一侧，可将土垡上层部分土壤、杂草耕起，并先于主犁体的翻转落入沟底，从而改善了主犁体的翻垡覆盖质量。在杂草少、土壤较松的熟地耕作时，可以不用小前犁。

犁刀安装在主犁体和小前犁的前方，其功能是垂直切开土壤和杂草残渣，减少主犁体的切土阻力和胫刃的磨损，保证沟壁整齐，防止沟墙塌落，改善覆盖质量。

犁架是安装主犁体或其他部件的基础，犁的绝大多数零部件都直接或间接地安装在犁架上。犁架可分为平面犁架和钩形犁架两种，钩形犁架呈弯钩型，直接与犁托相连；平面犁架为一平面框架，通过犁柱与犁体连接，因其结构简单、制造方便，各种铧式犁多数采用平面犁架。

（1）普通铧式犁

普通铧式犁如图 2-1 所示，主要由主犁体、犁架、悬挂装置和限深轮等部件组成。普通铧式犁通过悬挂装置与拖拉机的三点悬挂连接，靠拖拉机的液压提升机构升降，运输时，全部重量由拖拉机承受。结构紧凑、重量轻、机动性强、应用广泛，但由于普通铧式犁只能单向（向右）翻垡，工作时机组空行程多，耕地后地面留有垄沟，增加了后续整地作业的难度。

（2）翻转犁

翻转犁如图 2-2 所示，可实现双向翻土，也称为双向犁。国内目前采用较多的是在犁架上下安装两组不同方向的犁体，通过翻转机构（液压、气动或机械式）在往返行程中分别使用，达到向一侧翻土的目的。

翻转犁的主要优点：机组在往返行程中，土垡均向同一侧翻转，耕后地表平整，不会出现普通铧式犁耕地形成的垄沟；对于耕斜坡地，沿等高线向坡下翻土，可减小坡度；耕地时可由地块一边开始，直到地块另一边，不必在地块中间开墒；在地头转弯时，空行少，工作效率较高；对小地块和不规则地块耕作也具有优越性。

图 2-1　普通铧式犁

图 2-2　翻转犁

（3）水平双向犁

水平双向犁与拖拉机三点悬挂，运输时犁梁与拖拉机方向一致。工作时，通过液压系统换向油缸使犁架绕回转销水平左右换向，达到左翻或右翻的工作状态。犁在工作时的横向水平位置由水平自动调节油缸限位，耕深则通过提升油缸和调节尾轮的高低位置来控制。新疆农业科学院农业机械化研究所研制的 1LB-240 水平摆式双铧犁，对换向机构及核心部件换向轴进行了设计，较同类其他形式双向犁减少总机质量 20%～30%，大大降低了机具材料成本，采用梭式作业方式，使耕地无开垄、闭垄，地表平整，减少了耕后整地的难度。

(4) 悬挂犁耕深自动控制技术

整个耕深控制系统可以按照具体功能分为检测装置、控制装置和执行装置 3 个部分。工作时，通过检测装置实时获取耕深数据，并将耕深信号发送给控制装置，进行数据分析，并将耕深的修正指令发送给执行装置，调节悬挂犁的升降和耕作深度，极大提高了犁具的智能化程度，在犁具耕地质量及拖拉机利用效率上均有极大改善。

(5) 国外研究及发展现状

目前，国外对犁具的研究已经趋向成熟，根据土壤条件的不同，生产厂家设计了不同的犁臂以满足不同的工况。德国雷肯农机公司早在 1905 年就获得了世界上第一个犁具的专利。雷肯公司的气动翻转犁解决了长期以来液压翻转犁油缸漏油的问题。最有代表性和创新的是，雷肯公司设计生产的一款犁体，当犁耕到石头等障碍物时犁柱会自动跷起来，以保护立柱不会被拉断。雷肯公司还研发了非同寻常的奥普快克（OptiQuick）设置系统，该系统可以简便快速地设置首铧犁幅宽以及拖拉机/翻转犁的牵引线，有效地节约时间和费用。

2. 圆盘犁

(1) 普通圆盘犁

普通圆盘犁如图 2-3 所示，是利用球面圆盘进行翻土碎土的耕地机械，主要由圆盘犁体、翻土板、尾轮和犁架等部件组成。其耕作原理较原有的耕作机械具有很大区别，是以滑切和撕裂的形式、扭曲和拉伸共同作用而处理土壤的。耕作时圆盘旋转，同圆盘耙耙片一样，圆盘与前进方向成一倾角，另外圆盘犁体的回转平面还与铅垂面成一倾角，圆盘犁工作时是依靠其重量强制入土的，入土性能比铧式犁差，因此其重量一般要求较大，通常配用重型机架，有时还要加配重，来使其获得较好的入土性能。

图 2-3　圆盘犁

圆盘犁的优点是工作部件滚动前进与土壤的摩擦阻力小，不易缠草堵塞，圆盘刃口长，耐磨性好，较易入土；缺点是重量较大，沟底不平，耕深稳定性和覆盖质量较差，造价较高，只在某些地区使用。

（2）左翻驱动圆盘犁

左翻驱动圆盘犁是一种新型驱动式耕作机具，具有高效节能、通过能力强、翻土覆盖性能好等优点，适用于水耕和旱耕。机组平衡对于驱动圆盘犁十分重要，侧向力的平衡和倾翻力矩（在x轴方向的耕作阻力矩）的平衡则是机组平衡的必要条件。左翻驱动圆盘犁耕作时产生的倾翻力矩与动力输出轴的驱动力矩方向相反，在一定程度上可以互相抵消。因此，与右翻驱动圆盘犁相比（其倾翻力矩与动力输出轴的驱动力矩同向），其平衡性能有较大提高，对土壤的适应性也更广。同时左翻机型耕作时，动力输出轴的驱动力矩有促使圆盘犁体入土的作用，有助于提高入土性能。

（3）组合式左翻驱动圆盘犁

组合式左翻驱动圆盘犁是由驱动圆盘犁和铧式犁组合而成，其特点在于不需尾轮装置。驱动圆盘犁的尾轮装置主要是平衡侧向力的作用，结构复杂，而且尾轮在滚动过程中产生向上的作用力，阻碍耕作圆盘的入土。组合式左翻驱动圆盘犁以一个铧式犁取代尾轮装置，既是最后一个耕作犁铧，又可利用其犁侧板平衡侧向力，同时铧式犁较大的入土力有助于提高耕深。该组合可兼得驱动圆盘犁的高效节能和铧式犁入土力矩大的优点，而且显著简化了总体结构，在耕幅相同的情况下，相当于用一个铧式犁替代一个耕作圆盘及尾轮装置，经实测使整机重量减轻了16kg以上，大幅节省了原材料及加工成本。对于多圆盘的驱动圆盘犁如果加装2铧甚至3铧，便可进一步提高耕深。

（4）圆盘犁仿生减黏降阻技术

耕作部件在与土壤的接触过程中，由于接触界面水膜的毛细引力、黏滞力等，产生黏附现象。土壤动物黏附问题的研究，为耕作部件减黏降阻技术提供了新的思路和方法。

从20世纪90年代开始，吉林大学开展了基于土壤动物体表构成、柔性、几何非光滑及综合仿生等脱土减阻原理和技术的研究。基于上述仿生脱土研究成果的启发，为合理优化圆盘犁刀形状及表面物理特性的仿生优化设计新思路。

根据圆盘犁刀的用途及具体的工作环境，选择以下相应的仿生减黏脱土的技术和方法。

一是表面仿生改形。利用最优生物减黏降阻的结构，结合圆盘犁刀与土壤相互作用过程中的界面接触状态、阻力特性及松碎性能，确定圆盘犁刀表面结构单元的类型、形状尺寸及分布状态和数量，从而通过减小圆盘犁刀与土壤接触面积、使界面水膜不连续或造成应力集中来降低黏附力，最终达到减少黏附和阻力的目的。

二是表面仿生改性。利用最优生物减黏物质，结合圆盘犁刀与土壤接触的物理化学状态，确定圆盘犁刀的仿生材料，增强表面憎水性，减少黏附力。

（二）旋耕技术与机械

旋耕是对上层土壤进行土层交换、碎土和混合的作业，并能将植被切断混合到耕层，为棉花播种做准备。旋耕机与其他耕地机械相比，具有碎土充分、耕后地表平整、减少机组下地次数及充分发挥拖拉机功率等优点，广泛应用在大田和保护地作业。但旋耕机也存在对土壤结构有破坏作业、耕后土壤过分松软及功率消耗较高等缺点。

1. 卧式旋耕机

卧式旋耕机如图 2-4 所示，是指工作部件绕与机组前进方向相垂直的水平轴旋转切削土壤的耕地机械，主要由机架、传动系统、旋转刀轴、刀片、耕深调节装置、罩壳等部件组成。旋耕机工作时，刀片一方面由拖拉机动力输出轴驱动作回转运动，另一方面随机组前进作等速直线运动。刀片在切土过程中首先将土垡切下，随即向后抛扔，土垡撞击罩盖与拖板而细碎，然后落回地表，再通过平地拖板将地面刮平，已达到碎土充分、地表平整的目的，由于机组不断前进，刀片就连续不断地对未耕地进行松碎。

图 2-4　卧式旋耕机

2. 旋耕机自动调平系统

旋耕机自动调平系统可减小旋耕机倾斜对旋耕作业的影响，提高旋耕作业质量和作业效率。旋耕机自动调平系统主要由调平支撑架、旋耕机构、液压控制系统和自动调平控制系统 4 部分组成。调平支撑架前端与拖拉机三点悬挂机构连接，旋耕机构通过销轴悬挂于调平支撑架后下方，调平油缸一端与调平支撑架侧边铰接，另一端与旋耕机构铰接，旋耕机构通过调平油缸的伸缩实现相对于调平支撑架的左右上下摆动。液压控制系统、调平控制系统安装于调平支撑架上方。

装配有自动调平系统的旋耕机（简称为自动调平旋耕机）在田间旋耕作业时，安装在调平支撑架上的倾角传感器实时测量拖拉机的横滚角，自动调平控制系统根据拖拉机横滚角度控制电磁换向阀驱动调平油缸伸缩调节旋耕机构与调平支撑架的相对角度，即旋耕机构与拖拉机的相对角度，通过直线位移传感器测量调平油缸的伸长量，利用旋耕机构与调平支撑架的几何关系推算出的相对角度，实现旋耕机构的自动调平闭环控制，保持自动调平旋耕机构处于用户期望的角度。

3. 悬挂式旋耕机耕深监测系统

悬挂式旋耕机耕深监测系统由硬件系统和软件系统组成，硬件系统主要由耕深数据采集模块、卫星定位模块、远程通信模块、终端显示模块和CPU处理模块等组成，各模块间均能进行信息传递。软件系统主要包括耕宽信息输入、系统运行状态显示、实时位置信息显示、已耕总面积显示、作业速度显示、实时耕深和变化曲线显示、耕深预警显示和标定状态显示等模块功能。采用Visual Basic 6.0语言进行可视化编程。

总体设计方案：检测传感器通过CAN总线与驾驶室内的系统主机连接，能够对旋耕机组的姿态信息进行实时采集。利用卫星定位天线实时更新作业位置信息，同时姿态信息经系统软件处理后，由主机的显示器显示，输出内容包括实时耕深数据、实时作业面积、实时前进速度、实时耕深预警等信息。这些信息既可直按供驾驶员参考，便于快速调整作业状态、优化作业质量，又能利用远程通信技术将大量数据传送至云平台服务器，进行批量数据的云计算和处理，生成旋耕耕深质量评估报表，实现测量数据的存储与共享。

（三）深松技术与机械

深松是在表层和底层土壤不交换的条件下对表层下土壤进行疏松的作业，能够破坏犁底层，改善土壤耕层结构，增强土壤蓄水保墒、抗旱排涝能力，全面提升耕地质量，提高农业综合生产能力，为棉花生长创造良好条件。棉田常用的深松机械主要是深松犁和深松联合作业机。

1. 深松犁

深松犁如图2-5所示，主要由深松铲、机架、安全销、限深轮和悬挂装置等部件组成，用于土壤深松耕作、破坏犁底层、改良土壤，这种深松机适用于高速作业，牵引阻力比铧式犁小，能耗仅为铧式犁的60%，一般采用悬挂式挂接。深松犁主要工作部件是深松铲，用来熟化耕作层下面的土壤，疏松耕作层以下5~15cm坚硬的心土，避免土层上下翻动。因常在坚硬的土壤中工作，故应具有良好的松碎土壤的能力和足够的强度、刚度以及耐磨性。其深松铲大多采用凿形铲和曲面铲结构，安装在机架的后横梁上，连接处备有安全销，以防止碰到大石头等障碍物时，剪断安全销，保护深松铲。限深轮装于机架两侧，用于调整和控制耕作深度。有些小型深松犁没有限深轮，靠拖拉机液压悬挂油缸来控制耕作深度。

图2-5　深松犁

2. 深松联合作业机

深松联合作业一次可完成两种以上的作业项目。按联合作业的方式不同可分为深松联合耕作机、深松与旋耕、起垄联合作业机及多用组合犁等多种形式。深松联合作业机是为适应进行深松少耕法的推广和大功率轮式拖拉机发展的需要而设计的，主要适用于我国北方干旱、半干旱地区以深松为主，兼顾表土松碎、松耙结合的联合作业，既可用于隔年深松破除犁底层，又可用于形成上松下实的熟地全面深松，也可用于草原牧草更新、荒地开垦等其他作业。

为简化土地耕整工序，避免土壤频繁耕翻和有害压实，实现一次进地作业达到棉花播种前的土地整备要求，滨州市农业机械化科学研究所设计研制了1SZL-250A型深松旋耕施肥联合作业机，该机可一次完成深松、旋耕、深施肥、镇压作业。

1SZL-250A型深松旋耕施肥联合作业机主要由牵引装置、机架、深松装置、动力传动装置、旋耕装置、施肥装置、镇压轮和限深轮等部件组成，总体结构如图2-6所示。

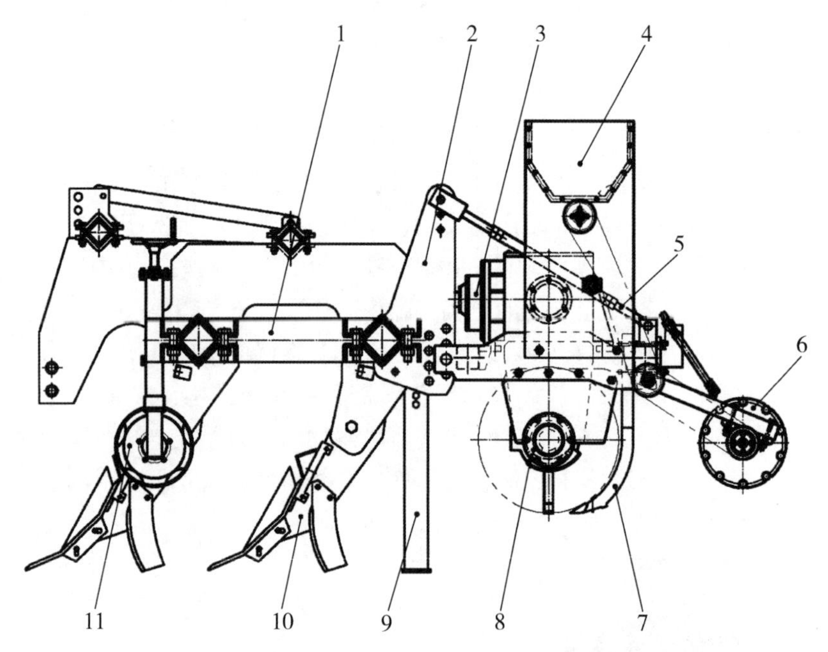

1-机架　2-后悬挂臂　3-变速箱　4-肥箱　5-调节拉杆　6-镇压轮
7-施肥器　8-旋耕装置　9-地面支撑杆　10-深松铲　11-限深轮

图2-6　深松联合作业机总体结构

机架包括三点悬挂装置、梁体、悬挂连接支架、后悬挂臂、调节拉杆、地面支撑杆；深松装置包括双翼凿形组合深松部件、连接部件；旋耕装置包括辅助机架、万向节、变速箱、刀轴、旋耕刀、刀轴支撑座板；施肥装置包括防缠绕施肥器、链轮传动部件、肥箱、连接部件。整机可根据需要进行分解重组，分别进行深松—镇压、深松—旋耕、旋耕—施肥—镇压等作业。

深松联合作业机工作时，采用三点悬挂方式与拖拉机连接，深松装置与旋耕装置通过后悬挂臂连接。深松联合作业机由拖拉机牵引前进，通过调节拖拉机中央拉杆以及限深轮与地面的相对距离调节深松深度，使深松铲进入土壤深层，打破 25~35cm 的犁底层。拖拉机动力输出轴输出的动力经万向节联轴器传入旋耕装置变速箱，经变速箱变速后驱动两侧旋耕刀轴，进行全幅旋耕；后悬挂臂上设置多个安装孔，结合使用调节拉杆调节旋耕深度。镇压轮通过链传动驱动外槽轮排肥器工作，通过防缠绕施肥器一次集中施足底肥。栅格镇压轮整形、压实，达到棉花播种前下实上虚的耕整地要求。

3. 悬挂式深松机耕整地作业质量检测系统

悬挂式深松机耕整地作业质量检测系统主要由耕深检测传感器、车载无线数据监测终端、远程监测系统组成。其中耕深检测传感器包括 2 个检测模块，分别安装在拖拉机下拉杆和深松机机架上，并通过数据线与车载无线数据监测终端连接，实现数据交互。车载无线数据监测终端对耕深传感器数据进行实时处理，并融合位置、作业速度等信息，利用无线数据传输模块将数据传送至远程数据监测系统，此外终端还具有批量数据存储功能，实时记录作业数据。远程数据监测系统接收并处理车载无线数据监测终端传送的作业数据，并进一步处理，计算深松作业面积、评估作业地块的深松作业质量，并生成报表。

4. 深松减阻节能技术

（1）电渗减阻节能技术

利用电渗原理，将深松机刀片作为一个电极，通电后，在土壤和刀片之间电位差的作用下，能使土壤水从阳极运动到阴极，从而在刀片和土壤的接触面上形成一层薄的水膜，它能润滑深松机具表面，达到减小摩擦和降低阻力的目的。

（2）振动减阻节能技术

采用振动方式，使土壤耕作机具产生一定频率的振动，使土壤疏松，达到减少阻力的目的，这种方法已被许多研究者研究和证明。

强迫振动式深松机：工作原理大都是利用拖拉机的动力输出轴作为动力源，驱动与机架相连接的振动部件，使其上下振动，振动部件又将振动传至安装在机架上的工作部件，使其按一定频率和振幅振动。

自激振动式深松机：自激振动是机械振动的一种形式，主要是利用弹性元件使深松机产生自激振动。自激振动式深松机的激振因素主要包括工作部件在切削土壤产生的自激振动，地表不平、土壤阻力变化激起的振动，以及拖拉机本身的振动。其振动的大小取决于土壤的物理—机械性能、土壤状态、机器的结构参数和技术状态以及拖拉机的前进速度等。

（3）注水（空气）减阻节能技术

在深松铲尖上制有小孔，铲柄有通道与小孔相通，工作时，由拖拉机动力输出轴带动空气压缩机（或水泵）将空气（水）压缩并经铲柄上的通道，从铲尖上的小孔喷出，使铲尖前方的土壤疏松而达到减少耕作阻力的目的，并取得较好的土壤松碎效果，此方法使深松机的结构变得复杂。

（4）磁化减阻节能技术

根据土壤磁学理论，土磁化后可改善土壤的微观结构和电化学性质，有研究表明在普通型铧上安装磁化体，使其具有强磁性。耕作试验表明，磁化型耕作可使土壤磁化，减少犁耕阻力10%。

（5）耕作部件结构设计

改变耕作部件的结构形式和参数是减少土壤耕作部件工作阻力的重要方法之一。该方法主要针对不同的土壤条件，进行深松部件铲柄的结构和尺寸、铲尖结构以及深松机各深松部件的分布方式等设计，以求获得高效节能的效果。

根据对某些具有挖掘功能动物爪趾的几何结构及生物力学特征的研究，人们发现穿山甲、达乌尔黄鼠、小家鼠、蝼蛄、公鸡等动物爪趾的形状结构使其在挖掘土壤的过程中具有明显的减阻效果，动物爪趾的这一特点为深松铲的结构设计提供仿生学思路。

三、耕地机械化作业

采用合理的耕地作业方法，既能保证作业质量，又能减少机组空行，提高作业效率。

（一）耕地作业准备

1. 耕地作业的田间准备

① 调查通向被耕地的道路、桥涵情况，保证机组行驶通畅。

② 平整渠埂，填坑洼，清理障碍物。

③ 合理规划作业小区，提高作业质量和机组作业效率。

④ 划分地头转弯地带，保证起落犁整齐，减少重耕或漏耕。

2. 耕地作业的机组准备

① 合理配备机组人员，作业期间实行定人、定机、定责。

② 耕地作业的机具选型应根据地块大小、地表状态、土质结构、地块坡度及农业技术要求而定。

③ 根据拖拉机标定牵引力和土壤比阻选定机具大小，严禁拖拉机经常处于超负荷状态。

④ 避免漏耕。

（二）耕地作业方法

耕地机组的作业路线通常沿着长度方向行驶，翻耕作业方法一般有内翻法（闭垄法）、外翻法（开垄法）、套耕法、梭形翻法等。

1. 翻耕作业的作业方法

① 内翻法：机组从耕区中心线左侧进入开墒，按顺时针方向绕中心线向内翻垡，最后在地边收墒。采用内翻法耕地，耕区中间形成一条闭垄，地边形成两条犁沟。

② 外翻法：机组从耕区右侧进入开墒，按逆时针方向，由外向内绕耕，最后在耕区中间收墒。采用外翻法耕地，耕区中间形成犁沟，而地边形成两条闭垄。

③ 套耕法：采用这种耕作法时，把地块按同一宽度区划成 4 个小区，机组先在第一、第三小区采用外翻法套耕，而后转移到第二、第四小区，采用内翻法套耕。这种耕作方法，耕区的沟垄少，空行程少，地头转弯简单，避免了环形小转弯，但小区规划要求严格。

④ 梭形翻法：双向犁机组作业时，通常采用梭形翻法。在离地边一半耕幅处进入，采用内翻法，返回时拖拉机轮胎走犁沟，采用外翻法把上一趟内翻土垡翻向原处，以后一直采用外翻梭形耕作法。

2. 旋耕作业的作业方法

① 梭形耕法：机组由地块一侧进入，一个行程紧接一个行程地往返耕作，最后耕地头。这种方法简单，易掌握，转弯半径小。

② 套耕法：机组从一侧进入，耕完一个行程后，向左或向右隔一定宽度回耕，然后再紧挨前一行程耕作。这种方法拖拉机转弯半径小，适用于地头小的地块。

③ 环形耕法：机组从一侧进入，自外至内沿地块环耕，最后在中间结束。这种耕法空行少，耕后地面平整，适合较大、较规则的长方形地块耕作。

实际耕作中可根据地块和机组功率大小，选择其中一种耕作方法或多种方法组合，以达到理想的耕作效率和耕作质量。

第二节　整地农机农艺融合技术

土壤经过耕地作业后，其破碎程度、紧密度及地表平整状态，远不能满足棉花播种作业的技术要求，必须通过整地作业进一步松碎和平整土壤，以改善土壤结构，保持土壤水分，为棉花播种和种子发芽、生长创造良好条件。

一、整地农艺技术要求

（一）整地作业须达到的标准

整地作业一般要求达到“齐、平、墒、碎、净、松”六字标准。

齐：田边地角都要整到、整好。

平：作业后地表无起垄的土堆、土条和明显的凹坑。

墒：作业适时，保证有充足的底墒和适宜的表墒。耕作层土壤含水率为：黏土

18%~21%，壤土 15%~17%。地表干土层不超过 2cm。

碎：土块要耙碎，不允许有 5cm 以上的土块、泥条。

净：肥料覆盖良好，地表无残茬、草根、残膜等杂物。

松：作业后土壤表层疏松，做到上虚下实，紧密度适当。

（二）整地作业须达到保墒目的

为达到土壤保墒目的，整地作业需做到以下几点：

① 整地及时，整地作业一般是在耕后立即进行，防止土壤中的水分大量蒸发散失。

② 整地深度符合要求，并保持均匀一致，一般轻耙深在 8~12cm，重耙深在 12~15cm，耙深合格率大于 80%。

③ 整地后土壤表层疏松，下层紧密度适宜（即所谓“上虚下实”）。

④ 整地后地表平整，无明显土包、沟洼，尽可能减小地块自然坡度，消除垄沟及田埂等不平处。

⑤ 土壤细碎，无漏耙、漏压。

二、整地技术与机械

（一）耙地机械

棉田常用的耙地机械主要是圆盘耙和钉齿耙。

1. 圆盘耙

圆盘耙主要用于耕地作业后的碎土和平地，也可用于搅土、除草、混肥，收获后的浅耕、灭茬，播种前的松土，飞机撒播后的盖种，有时为了抢农时、保墒也可以耙代耕，圆盘耙是表土整地机械中应用最广泛的一种机具。与铧式犁相比，圆盘耙所需动力小，作业效率高，耙后土壤的充分混合能促进土壤微生物的活动和化学分解作用。

圆盘耙如图 2-7 所示，主要由耙组、耙架、偏角调节机构、牵引或悬挂装置等部件组成。耙组是圆盘耙的主要工作部件，主要由耙片、间管、刮土器、方轴、轴承等部件组成，耙片是一球面圆盘，其凸面一侧的边缘磨成刃口，以增强入土和切土能力。耙架用来安装圆盘耙组、调节机构和牵引架（悬挂架）等部件，是用两端封口的矩形钢管制成整体刚性架，具有良好的强度和刚度。偏角调节机构用于调节圆盘耙的偏角，以适应不同耙深的要求。

2. 钉齿耙

齿耙主要用于旱地犁耕后进一步松碎土壤、平整地面，为棉花播种创造良好条件。也可用于覆盖撒播的种子、肥料，以及进行苗前、苗期的耙地除草作业。

钉齿耙如图 2-8 所示，主要由钉齿、耙架和牵引器等部件组成，根据耙深要求不同，钉齿有长齿、短齿之别，钉齿相对于框架的角度有可调式和固定式两种，以固定式使用较普遍。耙架一般为“Z”形铁架，为适应地形，单个耙架的工作幅宽不宜过大，

图 2-7　圆盘耙

图 2-8　钉齿耙

常用多组耙联结作业。耙组作业时牵引线与水平线应成 10°～15°夹角，以保证耙组前部、后部入土一致。

（二）联合整地机

联合整地机用于犁耕或深松后整地作业，为棉花播种准备苗床。目前所使用的联合整地作业机种类繁多，按照主要工作的部件可以分为两大类：旋耕联合整地作业机和圆盘耙联合整地机。

1. 旋耕联合整地作业机

旋耕联合整地作业机是指在旋耕机上附加上灭茬、深松、粉碎、起垄或者镇压器等部件，通过旋耕机与 1 个或 1 个以上不同工作部件的组合搭配，可以组合成不同种类的旋耕联合整地作业机，这类机器机身较短，一般与拖拉机悬挂连接，主要适用于北方干旱、半干旱地区垄作或平作联合整地作业。按照主要工作部件的作业顺序可以将旋耕联合整地作业机分为：深松旋耕联合整地作业机、灭茬旋耕起垄联合作业机、灭茬深松旋耕起垄联合作业机及秸秆粉碎还田旋耕机。

（1）深松旋耕联合整地作业机

深松旋耕联合整地作业机采用深松、旋耕两项核心技术，主要的工作部件有深松铲、旋耕刀辊和平整镇压装置。机器的特点是深松铲安装在旋耕刀辊前方的机架上，旋耕刀辊后方设有平土拖板或者镇压辊，旋耕刀辊转速一般为 200～400r/min。工作时，机具前方的深松铲对中下层土壤疏松，以打破坚硬的犁底层，增加土壤的透气性和透水性，拖拉机驱动旋耕刀将深松后凹凸不平的地表松碎平整，机具后方的平土拖板或者镇压辊对细碎的土壤压实，为种子生长创造良好的土壤环境。

（2）灭茬旋耕起垄联合作业机

灭茬旋耕起垄联合作业机在灭茬旋耕机的后部增设起垄装置，可以一次完成灭茬、旋耕、起垄及镇压等多项作业。该机通常是在机器前面设置灭茬刀辊，后面设置旋耕刀辊，起垄镇压部件放在机器的最后部。其灭茬刀辊转速在 300r/min 左右，转向一般与旋耕刀辊转向相同且为正转，并在土壤里进行有支撑切割；旋耕刀的排列常用多头螺旋排列，有效地避免了旋耕后地表不平的现象。该机器的工作原理：拖拉机驱动灭茬刀辊旋耕刀辊旋转，灭茬刀将作物的根茬打碎；旋耕刀进行碎土平整并混合作物有机质，最后对作业过的土壤起垄、镇压完成田间整地，特别适用玉米、棉花等粗大根茬作物。若田间整地无须起垄，可以将起垄装置拆除用作灭茬旋耕机使用。

（3）灭茬深松旋耕起垄联合作业机

灭茬深松旋耕起垄联合作业机在灭茬旋耕起垄联合作业机的基础上增设深松铲，以减少土壤的耕作次数，深松铲安装在旋耕刀辊的前方或后方，并在相邻两个起垄铧中线的前方。

（4）秸秆粉碎还田旋耕机

秸秆粉碎还田旋耕机采用秸秆粉碎、旋耕两项技术，一般用于作物秸秆的粉碎还田旋耕，机器一般属于无支撑切割，粉碎刀的转速在 1 200r/min 以上，且为反转。工作原理：粉碎装置先将秸秆粉碎成长度 100mm 以下，旋耕装置将粉碎的秸秆与土壤均匀混合还田。

2. 圆盘耙联合整地机

圆盘耙联合整地机指的是采用圆盘耙组、深松铲、浅松铲、合墒器及镇压碎土辊等部件，一次田间作业便可完成松土、碎土、平整和镇压等工序，相当于常规耙地整地机具 3~4 遍的作业效果。由于机器的长度、宽度较大，多采用牵引式或半悬挂式与拖拉机连接。根据安装结构可以分为：耙—松联合整地机、松—耙联合整地机与耙—松—耙联合整地机三大类。

（1）耙—松联合整地机

耙—松联合整地机主要结构包括单排或者 X 形双排的圆盘耙组在机器前方，圆盘耙组采用对置安装，耙组偏角为 11°~20°，松土铲在中间，合墒装置与碎土辊在机器后方。主要工作原理：首先，圆盘耙组灭茬碎土并使秸秆与土壤均匀混合；随后，松土铲铲断杂草根茎，并打破犁底层加深耕作层，合墒装置整平前两道工序形成的凹凸地表，防止松后跑墒；最后，碎土辊进一步压碎土块，并压实土壤，有利于保墒。

（2）耙—松—耙联合整地机

耙—松—耙联合整地机主要特点是松土铲位于前后两排圆盘耙组之间，相比耙—松联合整地机，有效避免了松土铲松土后地面出现的凹凸不平现象，可以省去合墒部件，减轻机器质量和长度。

（3）松—耙联合整地机

此类联合整地机深松铲在机器的最前方，圆盘耙组在机器后方，圆盘耙既能灭茬粉碎，又可碎土镇压，圆盘耙组一般采用双排偏置安装。机器工作时，深松铲对土壤间隔深松，打破犁底层，之后圆盘耙对深松过的地表灭茬碎土平整。机器可根据作业性质和土壤条件，选用镇压碎土辊。整机的幅宽及长度较小、质量轻，一般与拖拉机悬挂连接。

（三）动力耙

动力耙是指利用拖拉机动力输出轴，通过万向节传动轴和传动系统，驱动工作部件进行旱田碎土整地作业的机械。按照工作部件的运动方式可分为往复式动力耙、水平旋转动力耙和垂直旋转动力耙等。棉田常用的动力耙主要是水平旋转动力耙。

水平旋转动力耙如图 2-9 所示，主要由触发式安全离合器、耙刀快换机构、碎土机构、变速箱、镇压辊等部件组成。主要工作部件是一旋转耙刀，由动力输出轴通过传动系统驱动，一边水平旋转，一边前进，撞击土块，使耕层土壤松碎，适用沙土、黏土和胶土在内的多种土壤类型。由于每两个相邻耙刀的作业区域有一定的重叠量，因而不

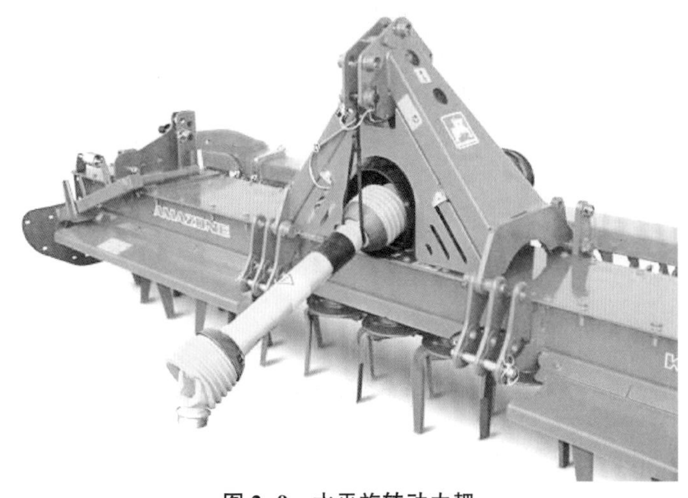

图 2-9 水平旋转动力耙

会漏耙，不会出现大块土块未被切碎的现象。作业时耙刀轴线垂直于地面，耙刀做水平旋转，不会把底层湿土翻到表层，耕层不乱，有利于保墒。一次完成碎土、平整、镇压等作业，优于传统整地机械2~3遍的作业效果。

三、整地机械化作业

（一）整地作业准备

1. 整地作业的田间准备

通常一块条田划分为一个作业小区，当地块较大时，也可以划分为若干个小区或根据墒情分片作业。作业前应清除田间障碍物，插好第一作业行程标杆，确定分区标志。

2. 整地作业的机组准备

整地作业机组通常每班次配1名驾驶员，必要时也可以配1名助手。准备作业机组时，应根据土地状况和作业要求，选择不同整地机具。通常残茬及杂草较重、土质黏重、水稻茬的土地和盐碱地采用重型缺口耙；耕地质量好或质地疏松的熟地，采用轻型圆盘耙；钉齿耙则适用于熟地碎土及整地和除杂草，常用于棉花临播前的精细整地。

3. 整地作业的清杂准备

整地作业时，要及时清除机具上的杂草、残茬等夹杂物，以免发生堵塞，影响作业质量。

（二）整地作业方法

整地作业一般有顺耙、横耙、对角斜耙3种基本方法。顺耙时耙地方向与耕地方向平行，工作阻力小，但碎土作用差，适宜于土质疏松的地块；横耙时耙地方向与耕地方向垂直，整地和碎土作业较强，但机组震动较大；与耕地方向成一定角度的耙地方法称为对角斜耙法，整地及碎土作用都较强。

机组作业路线应根据地块大小和形状等情况合理选择。地块小且土质疏松时，可采用绕行法，先由地边开始逐步向内绕行，最后在地块四角转弯处进行补耙。如地块狭长，可采用梭形法，地头作有环节或无环节回转，此法在操作上比较简单，但地头要留得较大。在地块较大或土质较黏重的地块作业时，采用对角线交叉法比较有利，此法相当于两次斜耙，碎土和平土作用较好。

整地作业应在最佳墒情时进行，作业第一圈时，应检查作业质量，必要时进行调整作业方法。

第三节　平地农机农艺融合技术

棉田地表的平整度对播种深度的一致性、铺膜平整度和压实性、灌水均匀性都有很大影响，对宽膜植棉和灌溉棉田更为重要。平地作业分工程性平地和常规平地作业。工程性平地每隔3~4年进行一次，目的是在大范围内消除因开渠、平渠、犁地漏耕等造成的地表不平。一般高差在20cm以内要把高处的土方移填到低处，并在大范围拉平。

常规平地作业有两种：一种是局部平地，主要是在耕地后平整垄沟、垄台、转弯地头、地边地角等；另一种是播前全面平地，以消除整地作业时所形成的小范围不平地面，同时也起到碎土和镇压作用。

一、平地农艺技术要求

一是要及时平地，使土壤保持适当紧实度。

二是工程性平地应在一定范围内平整地面，并保持适宜的自然坡降。平地后地面不平度应小于5cm。

三是平后的垄沟，土壤不应超过地面8~10cm。平垄台作业时，刮土板边端不应在地面留有高过平面5cm的土埂。

四是播前要求地面达到平整细碎。

二、平地技术与机械

平地机械属于农田基本建设机械，用于平整土地、填沟、开荒造田、深翻改土等作业。棉田常用的平地机械主要是激光平地机。

激光技术可用于平地、开沟、铺设管道等农田基本建设和排灌作业。激光的平行度高、稳定性强，用来作为测量水平度、垂直度、平直度和坡度的基准面，具有很高精度。将光电、液压与平地机械一体化，应用于大块农田的精细平地作业，平地精度可达±2cm。

激光平地机如图2-10所示，主要由激光发射器、激光接收器、控制箱、液压控制机构和刮土铲等部件组成。工作时，激光发生器发出旋转光束，在作业地块的定位高度上形成一光平面，此平面就是平整土地的基准平面。激光接收器安装在靠近刮土铲铲刃

图2-10 激光平地机

的固定杆上，从激光束到铲刃之间的这段固定距离，即为标高定位测量基准。当接收器检测到激光信号后，不停地向控制箱发送电信号，控制箱接收到标高变化电信号后，进行自动修正，修正后的电信号控制液压控制阀，以改变液压油输向油缸的流向与流量，自动控制刮土铲的高度，使之保持定位的标高平面，即可完成高精度土地平整作业。

三、平地机械化作业

（一）平地作业准备

在土壤较紧实的地块作业，可将平地铲尖向前装成锐角，以便刮土、切土；如在土壤较疏松的地块作业时，可将平地铲尖向后，以便使平地铲能同时起到压实地表的作用。

（二）平地作业方法

平地机以直角交叉方式平整 2~5 次。当地表不平度在 10~12cm 时，可对角线行走平地；当不平度达 20cm 时，应采用对角交叉法平度。最后一次应顺地边的平行方向平地，两次行程的接幅应重叠 20~25cm。

参考文献

冯雅丽，杜健民，郝飞，等，2015. 悬挂式翻转犁的研究现状及发展趋势［J］. 农机化研究，37（1）：13-17.

耿端阳，等，2011. 新编农业机械学［M］. 北京：国防工业出版社.

蒋永新，牛长河，陈发，等，2009. 1LB-240 水平摆式双铧犁的研制［J］. 农机化研究，31（1）：82-84.

李宝筏，2003. 农业机械学［M］. 北京：中国农业出版社.

李文芳，2017. 基于农机自动化的悬挂犁耕深自动控制研究［J］. 农机化研究，39（9）：229-232.

梁显升，李鲁杰，张毅，2008. 圆盘犁刀仿生设计应用研究［J］. 现代农业装备（2）：54-56.

农业部农民科技教育培训中心，中央农业广播电视学校，2009. 耕整地与种植机械［M］. 北京：中国农业大学出版社.

王超安，王传明，2012. 我国耕整地机械发展现状及分析［N］. 农民日报，2012-07-26（8）.

中国农业机械化科学研究院，2007. 农业机械设计手册［M］. 北京：中国农业科学技术出版社.

中国农业科学院棉花研究所，2013. 中国棉花栽培学［M］. 上海：上海科学技术出版社.

仲启秀，2019. 基于 STM32 液压式悬挂犁耕深自动控制装置与系统设计［J］. 科技通报，35（5）：179-182.

朱亨银，方文熙，2011. 组合式左翻驱动圆盘犁的入土及平衡性能计算分析［J］. 农业工程学报，27（12）：29-32.

朱亨银，张性雄，李武斌，2007. 1LYQ-422ZF 左翻驱动圆盘犁的设计及其耕作试验［J］. 福建农林大学学报（自然科学版）（5）：542-545.

第三章　棉花种植农机农艺融合技术

第一节　棉花种植技术发展

一、滨州市棉花种植概况

滨州市是黄河流域棉花生产的典型代表区域，以滨州市为例进行分析。

近年来，滨州市棉花种植面积逐年减少，棉花种植规模化程度低导致种植成本高，比较效益低导致农民不愿意种，品质差导致纺织企业不愿意用，成为制约滨州市棉花生产的瓶颈。坚持农机农艺高度融合，采取以全程机械化为主导的集约化、规模化种植模式是突破瓶颈的唯一出路。

2014—2018 年，滨州市每年棉花种植面积分别是 89 124. 5 hm^2、76 923. 8 hm^2、60 623 hm^2、49 002. 5 hm^2、33 455 hm^2，2015 年较 2014 年降幅是 13. 7%，2016 年较 2015 年降幅是 21. 2%，2017 年较 2016 年降幅是 19. 2%，2018 年较 2017 年降幅是 31. 7%。滨城区、无棣县、沾化区、博兴县、惠民县为棉花集中区，植棉大县的种植区域主要向盐碱地、水浇条件差的地块集中，植棉大镇区位优势越发明显。高新区、阳信县、邹平县和开发区主要是一家一户小规模种植，满足自用。

播种是棉花优质、高产的关键环节。当地棉花播种实现了机械化，复式作业机型最受欢迎，机具一次进地即可完成施肥、播种、覆膜等多道工序。近年来，开展以机采棉为核心的全程机械化植棉技术研究与示范，大力推广 76cm 等行距机采棉种植模式，实现了机械化精量和准确定位播种、施肥、喷除草剂，以及铺设滴灌管和地膜等多道程序的联合作业。

二、滨州市棉花典型种植模式

（一）一年一熟 76cm 等行距机采棉种植模式

基于该区域土壤特点，棉花种植多以春棉一年一熟制为主。经种植验证，76cm 等行距模式是适合滨州市的机采棉种植模式，常规种植密度控制在 60 000~75 000 株/hm^2。与大小行种植模式相比，优势明显，通风透光性强，大幅度减少烂铃量，抗倒伏能力强，统一种植模式确定了全程机械化配套机具的统一规格，通过农机农艺融合，便于实现棉花生产全程机械化。目前，滨州推广的机采棉均采用了该种植模式。

（二）一年两熟草棉连作模式

滨州市位于我国北方农牧交错地带，扩大饲草种植规模意义重大。为提高土地复种指数及土地产出率，无棣县的种植企业成功实施了饲用麦草与短季棉的一年两熟种植模式。饲草在五月中下旬集中收获，正是饲料缺乏的季节，市场价格较高，经济效益显著；然后直播短季棉，完成茬口紧密衔接，满足一年两作生长期的要求，实现了“两熟”种植结构调整，缓解了粮棉整地矛盾。

（三）传统宽窄行种植模式

宽窄行的传统种植模式随着机采棉等行距种植模式的推广在逐渐减少，主要存在于农户零散种植中。

（四）套种模式

沾化区冯家镇结合棉花绿色高产高效创新项目，开展棉花西瓜套种，采用4行棉花2行西瓜种植模式，每亩收获西瓜1 750kg左右，棉花亩减产35%左右，棉花边行优势大，长势较好，每亩收获棉花150~160kg。7月上旬西瓜收获前种上中早熟玉米，寒露前收获一季玉米。西瓜、棉花和玉米合计毛收入2 845~3 020元/亩。在调研走访中发现棉农对此模式大大认可，并从中受益。此外，还有棉花—圆葱、棉花—土豆模式零星分布。

第二节　棉花播种农艺技术

播种是棉花生产的基础性工作，不仅牵动全年各项后续作业，而且也关系到所使用的播种机械和其他配套管理机械。若植棉行距株距规格过于繁多，还经常变换，致使作业机械很难适应生产需求。因此，应参照当地棉花的主要栽培模式和丰产栽培措施，实行模式化配置和标准化种植。西北内陆棉区形成了“密、矮、早、膜、防、调”的综合栽培技术体系，“十二五”以来，重点围绕“模式样板”做文章，基于实现棉花生产全程机械化，确定了机采棉标准化种植模式。

棉花精量播种相对于传统的棉花播种有着自身独特的优势，精量播种可以使棉花苗齐、苗壮，并且壮苗早发，使棉花苗的长势保持一致，并且可以增加棉花对自然灾害的抵抗能力。精量播种同时复式作业技术可以有效降低人工成本，并且可以提高工作效率，并且可以有效节省资源将物资消耗降低，通过精量播种技术可以使播种效果更为优良、精确。

一、播前农艺要求

（一）棉花品种选择

同一种植区域应选择统一品种，应适合当地生态条件、种植制度，综合性状优良，基于棉花机械采摘要求，选择短果枝、株型紧凑、吐絮集中、含絮力适中、纤维较长且强度高、抗病抗倒伏、对脱叶剂比较敏感的棉花品种。

（二）种子质量

种子质量是实施棉花精量播种技术的关键，要严把种子质量关。机械直播应选用脱绒包衣棉种，要求种子健籽率99%以上、净度98%以上、发芽率90%以上、种子纯度95%以上、含水率不高于12%。包衣种子可酌情适当晾种，以提高棉种的发芽率。注意不能在水泥地、塑料膜和金属上晾晒，不要在高温下长时间晒种。

（三）株行距配置

同一机采棉区域内，统一播种密度和种植行距配置，播种密度应达到60 000株/hm^2以上，以便机械化采收作业。适合统收及选收式采棉机的种植行距为76cm、81cm、86cm或91cm，滨州市宜采用76cm等行距。

（四）地膜及灌溉带的选择

在对地膜及灌溉带进行选择时，选择地膜时需要注意厚度，厚度应≥0.01mm，并在铺膜的过程中，防止地膜过早破裂，使棉田杂草丛生，降低肥料的利用率。灌溉带需根据棉田的土地质量合理选择滴头的流量，将滴头间距进行合理设计，防止滴灌出现问题。

（五）土地准备

11月上中旬进行耕翻，耕深25~30cm，翻垡均匀，扣垡平实，不露秸秆，覆盖严密，无回垄现象，不拉沟，不漏耕。春季播种前棉田进一步整理，达到下实上虚，虚土层厚2.0~3.0cm的要求，以利于保墒、出苗，确保播种前田间整地达到“齐、平、松、碎、墒、净”标准。

“齐”是指规划整齐，犁地、耙耢等机械作业时田边或中间不能遗留空白；“平”是指地表平坦，土壤表层无垄起和明显凹坑；“松”是指土壤耕层疏松，上虚下实；“碎”是指土壤细碎，表层无直径超过2cm的土块；“墒”是指要在土壤墒情适宜时犁地，这时土壤松散，整地容易，同时可使播种时土壤保持适当的含水量，有利于种子发芽和防旱保墒；“净”是指：田内无作物根茬、杂草、废旧地膜。

（六）化学除草

播前化学除草要在整地后，施用效果良好、无公害的除草剂，达到均匀一致，不重不漏，及时耙地处理。也可根据选用药剂特点，在播种同时施药。

二、播种农艺要求

（一）适时播种

棉花是喜温作物，发芽出苗要求较高的温度。播种过早，温度低，出苗时间长，养分消耗多，棉苗生活力弱，苗病重，常造成“早而不全”或“早而不发”；如果播种过晚，虽然出苗“快而齐”，但不能充分利用有效生长季节，常造成棉花贪青晚熟，产量低，品质差。棉花播种适期是在保苗全、苗齐、苗壮的前提下，争取早苗。当5cm地温稳定达到14℃时进入最佳播种期，一般在4月15—25日。干旱地区要造墒播种，适宜的土壤含水量为田间持水量的60%~70%。

不同品种播期应适当调整，一般中熟品种在4月中旬播种，中早熟品种在4月中下旬播种，早熟品种在5月10—20日播种。在适期播种范围内，应尽量缩短播期，争取把棉花播种在最佳适期内，以利实现一播全苗。

（二）选择合适播种方式

按生产实际状况选择普通播种或精密播种，条播、穴播或点播，覆膜或常规裸地播，膜下播或膜上播等。

（三）下种均匀、播量准确

按要求的播种量和播种方式均匀下子。一般每公顷播种量为光籽（或包衣籽）15~75kg。实际播种时，根据普通播种或精密播种等特定要求执行。普通播种，在播量符合要求的情况下，断条率或空穴率小于5%。实际播量与要求播量之间偏差不超过2%，同一播幅内，各行下种量偏差不超过6%，穴播的穴粒数合格率应大于85%。实行精量播种时，保证一穴一粒，符合相应技术要求。

（四）播种深度适中

播种深度一般为2.5~3.0cm，上下允许偏差0.5cm，沙土地可略偏深（但也不宜超过4.0~4.5cm），底墒充足的黏土地宜偏浅。播后要均匀覆土，干旱情况下，至少要有1.5cm以上厚度的湿土层覆盖棉籽，上面再覆细碎的薄层干土。对播种深度的要求也有例外，有时也要求多层次播种，即将棉种分播在深度3cm或4cm以内的不同土壤层次里。

（五）播行端直一致

在50m播行内，直线误差不得超过8~10cm；行距均匀一致，在同一播幅内，偏差不超过1cm；交接行偏差不大于8cm；地头尽可能小，且整齐一致。

（六）工作幅宽匹配

播种机行数、行距等配置，除应满足农艺要求、适应田块、道路条件和配套动力外，也要与后续使用的田管机械、收获机械等匹配，奠定生产全程机械化基础。

（七）覆膜压膜严密

覆膜平整、严实，膜下无大空隙，地膜两侧覆土严密，地膜的覆土厚度为1.0~1.5cm，深度为1.5cm，地头覆膜整齐，起落一致。膜上播种时，要求膜孔与种穴的错位率小于5%；种行上覆土后，膜孔覆土率不小于95%，膜面采光面不小于50%。

（八）满足铺膜等复式联合作业的要求

在需要铺膜、施种肥、施洒农药、铺滴灌带等情况下，尽可能采用复式联合作业机。播种机具上同时设置相应的铺膜、施肥、施洒农药、铺滴灌带等装置。保证滴灌带的安装正确，错位率<3%，空穴率<2%。施种肥时，肥料应施放于种子一侧或下方，不与种子直接接触，埋肥深度可调，覆盖良好。施洒农药、铺滴灌带等也应满足相应的技术要求。

（九）因地制宜，满足当地当时的特殊农艺要求

一般裸地机播，要求开沟、播种、覆土、镇压一次性完成。播后种行上不能出现拖沟、露子等现象。在特殊情况下，如连续阴雨、土壤湿度过大、盐碱地等，则不需镇压。干旱地区要严格做到适当镇压和抹土。必要时，播种机加装刮除表层干土、抗旱补水等装置。

第三节　棉花播种机械化技术及装备

一、棉花播种农机农艺融合技术

滨州棉花种植以一年一熟制为主，地膜覆盖，主推机采棉标准化种植模式。种植密度每公顷7万~10万株，行距配置为76cm或（66+10）cm。5cm地温稳定在15℃时播种，正常春棉于4月20—30日播种；短季棉晚春播于5月15—25日播种。条播时每公顷用种量30kg左右；穴播（每穴1~2粒）时每公顷用种量20~25kg。采用多功能精量播种机械，播种、铺膜、覆土、喷施除草剂一次完成，有条件的地方可采用卫星定位导航技术，实施精准播种，保证行距一致性，播种深度2~3cm，要求播深一致、播行端直、行距准确、下籽均匀、不漏行漏穴，种子覆土厚度合格率达90%以上，空穴率<3%；地膜厚≥0.008mm，作业中地膜两侧埋入土中5~7cm，覆膜紧贴地面，铺膜平展，要求松紧适度、侧膜压埋严实，覆盖完好，防止大风揭膜，膜孔全覆土率达90%以上，膜边覆土厚度和宽度合格率均在95%以上。播种后遇雨土壤板结，要及时破壳，助苗出土。

二、精量播种机械化技术

黄河三角洲区域棉花播种已实现机械化，基本实现了种肥同施和精量播种。

（一）棉花精量播种机械化技术

棉花精量播种又称精密播种，是在点播的基础上发展起来的一种播种方法，采用机械精量播种机，将单粒或多粒棉花种子按照一定的距离和深度，准确地播入土内的播种

方式。棉花机械精量播种主要有以下几个优点：减少播种量，降低生产成本；减少间苗，省工省力；有利于培育壮苗。

（二）棉花覆膜播种机械化技术

在棉花播种机械化中广泛采用地膜覆盖技术，以增温保墒，蓄水防旱，抑制杂草生长，保护和促进根系生长发育，提早成熟，增加产量和改善棉纤维品质。目前该技术从播种方式上分有穴播、条播、沟播、膜上播、膜下播和膜侧播等形式。

（三）棉花耕整施肥播种机械化技术

耕整施肥播种是把施肥、播种部件与耕整地部机组合在一起，使之达到一次作业同时完成土壤整备、分层施肥、精少量播种等多道工序，从而大大缩短了耕整地和播种时间，多用于在粮棉连作中，因粮棉连作衔接茬口紧张，为确保足够农时而采用此种方式。由于在播种同时进行了土壤耕整，提高了土壤的透气性和蓄水能力，消灭了杂草，减少了病虫害，增产效果显著；一般采用侧深施肥，即把化肥施于种子侧下方，距种子7~12cm，避免烧苗、烂苗；因耕整地与播种同时进行，应特别主要播种后的覆土压实达到棉花播种农艺要求。

三、播种机械

滨州市的棉花种植一般包括春棉的播种覆膜种植和基于两季连作的短季棉直播。根据黄河三角洲的具体作业要求，滨州市农业机械化科学研究所自主研发的2BMJ-2/4A型棉花覆膜精量播种机、2BMZ-3/6A型折叠式覆膜精量播种机、2BMJ-3A型基于机采棉的精量播种机等适用于春棉覆膜播种；2BMC-4/8型棉花双行错位苗带精量穴播机（适用于沙壤土质）、2BMMD-4苗带清整型夏棉精量免耕播种机等适用于连作短季棉直播，作业效果良好。

（一）2BMJ-4型覆膜播种机

1. 整机结构

2BMJ-4型棉花覆膜播种机结构如图3-1所示，作业情况如图3-2所示。该机采用三点悬挂方式与轮式拖拉机挂接，一次进地即可完成苗带干土清理、开沟、施肥、播种、铺膜、压膜、覆土等多项作业，其结构主要包括牵引悬挂装置、划行器、四连杆仿形机构、肥箱、种箱、地轮、可折叠装置、覆土滚筒、覆土圆盘、压膜轮、膜辊、铺膜开沟铲、镇压轮、勺轮式排种器、播种开沟器、施肥开沟器、刮土板等。

2. 工作原理

棉花覆膜播种机工作前，先将覆土滚筒抬起，再将地膜横头从膜卷上拉出，经压膜轮和覆土滚筒拉到机具后面，用土埋住地膜的横头，然后放下覆土滚筒，机组开始前进，机具前部刮土板的苗带刮土部分将苗带表面的干土层清理掉，刮土板的后部分将被

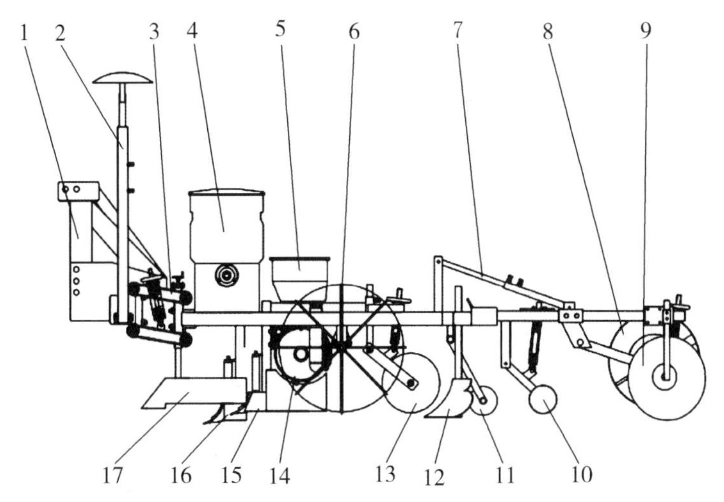

1-牵引悬挂装置　2-划行器　3-四连杆仿形机构　4-肥箱　5-种箱　6-地轮　7-可折叠装置　8-覆土滚筒　9-覆土圆盘　10-压膜辊　11-膜辊　12-开沟铲　13-镇压轮　14-勺轮式排种器　15-播种开沟器　16-施肥开沟器　17-刮土板

图 3-1　2BMJ-4 型覆膜播种机结构

图 3-2　2BMJ-4 型覆膜播种机

清理的干土分向两侧并尽量刮平，以方便铺膜作业，然后施肥开沟器开沟，地轮转动并通过传动链轮链条传给排肥器，实现播种机的施肥功能，播种开沟器同时开沟，地轮转动带动排种器排种，后面的镇压轮进行镇压，然后覆膜开沟铲开沟，机具行走带动地膜辊旋转，地膜逐渐脱离地膜辊平铺于地表，地膜两侧通过压膜轮压入铧式犁开沟器开好的沟内，紧接着覆土圆盘将一部分土翻入地膜沟中，经膜上镇压轮压实，另一部分土翻入覆土滚筒内，覆土滚筒内的导土板将土输送到滚筒的另一端覆在地膜上，防止大风揭膜，完成整个作业过程。

（二）折叠式覆膜精量播种机

1. 整机结构

折叠式覆膜精量播种机主要由可对折机架、种带干土块清理机构、同位仿形机构、播种装置、施肥装置、开沟器、镇压轮、覆膜装置等部分组成，结构如图 3-3 所示，作业情况如图 3-4 所示。可折叠机架由 3 个框架组成，每个框架与一组播种施肥覆膜机单体通过四连杆相连，两个液压油缸分别连接两侧框架，通过液压油缸的伸缩带动两侧框架作 90°对折，机具道路行走状态两侧机架与中间机架呈 90°布置，这样可以大大缩短机具的宽度，提高机具的道路通过性，机具工作状态两侧机架与中间框架呈 180°，这样可以实现三膜六行宽幅播种。

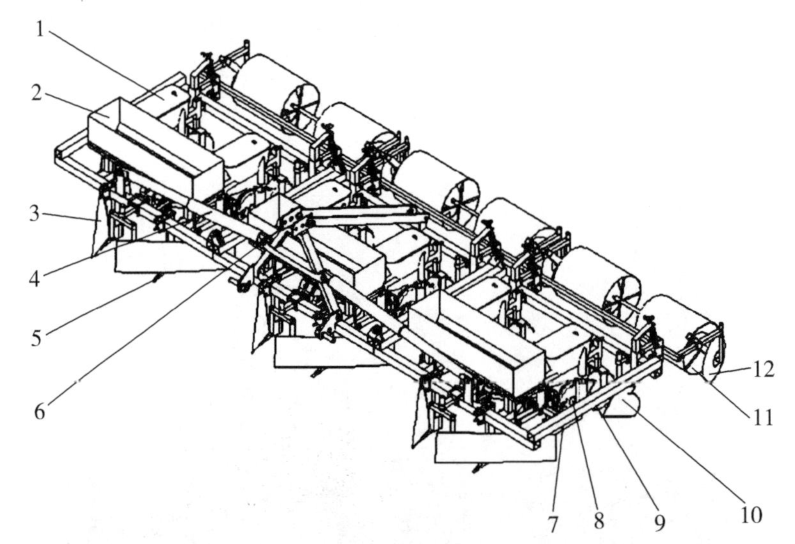

1-种箱　2-肥箱　3-推土铲　4-液压油缸　5-施肥开沟器　6-三点悬挂装置　7-播种开沟器
8-勺轮式排种器　9-镇压轮　10-铧式开沟器　11-圆盘覆土器　12-覆土滚筒总成

图 3-3　折叠式覆膜精量播种机结构

2. 工作原理

整机通过三点悬挂装置与拖拉机连接，工作时机具前进，苗带干土块清理机构随机具前进，对置式平土铲把地表的干土块清理到苗带两侧，施肥开沟器入土 8~10cm，与播种开沟器距离 10~15cm，土壤的摩擦使镇压轮旋转。通过链条，链轮带动排种、肥轴旋转，从而进行排种、施肥。覆膜机构包括地膜辊、开沟器、压膜轮、覆土器、地膜压实及覆土滚筒等。地膜平放在地膜辊上，地膜一头用土埋好，机具行走时带动地膜辊旋转，地膜逐渐脱离地膜辊平铺于地表，地膜两侧通过压膜轮压入铧式犁开好的沟内，

图 3-4　折叠式覆膜精量播种机

后侧的圆盘覆土器通过调整圆盘与行走方向的夹角调整覆土的数量。后面的覆土筒内部装有螺旋绞龙装置，也通过圆盘覆土器把部分土壤运送到地膜中部，防止大风对地膜的损害。这样完成了整个种带干土块清理、播种、施肥、覆膜的全过程。

（三）2BMJ-3A 型基于机采棉的精量播种机

该机型专门针对现有三行采棉机进行设计，幅宽 76cm×3 行，一膜三行，不仅通风、透光面好、出苗壮，而且铃大铃重。同时节约棉花打顶成本，达到丰产增收目的。该机实现多功能联合作业，在耕整过的地块，一次进地可完成种床干土层清整、侧深施肥、种床镇压、精量播种、覆土镇压、宽幅覆膜、膜后覆土等工序，减少机具进地次数，工作效率高，利于抢农时，播后地表平整，播种质量高。

1. 整机结构

该机主要由机架、划行器、四连杆仿形机构、肥箱、种箱、施肥开沟器、播种开沟器、指夹式排种器、平地限深轮、镇压轮、展膜滚子、覆土滚筒、覆土圆盘、开沟圆盘等部件组成，结构如图 3-5 所示，作业情况如图 3-6 所示。

2. 工作原理

2BMJ-3A 型基于机采棉的智能精量播种机的工作原理如下：播种机通过三点悬挂与拖拉机悬挂点连接，由拖拉机牵引前进进行播种作业。工作前，先将覆土滚筒抬起，再将地膜横头从膜卷上拉出，经压膜轮和覆土滚筒拉到机具后面，用土埋住地膜的横头，然后放下覆土滚筒，机组开始前进，机具前部的平地限深轮将地表的土块压碎，压平种床和膜床，以方便覆膜作业，然后施肥开沟器开沟，排肥器由电机带动，实现播种机的施肥功能，播种开沟器同时开沟，平地限深轮转动带动排种器排种，后面的镇压轮进行镇压，然后开沟圆盘开沟，机具行走带动地膜辊旋转，地膜逐渐脱离地膜辊平铺于

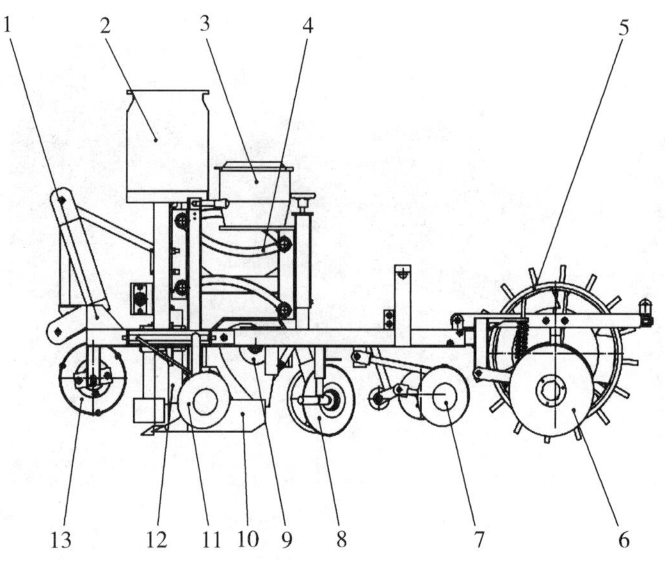

1-机架　2-肥箱　3-种箱　4-四连杆仿形机构　5-覆土滚筒　6-覆土圆盘　7-边膜覆土圆盘
8-开沟圆盘　9-指夹式排种器　10-播种开沟器　11-划行器　12-施肥开沟器　13-平地限深轮

图 3-5　2BMJ-3A 型基于机采棉的精量播种机结构

图 3-6　2BMJ-3A 型基于机采棉的精量播种机

地表，地膜两侧通过压膜轮压入开沟圆盘开好的沟内，紧接着覆土圆盘将一部分土翻入地膜沟中，经膜上镇压轮压实，另一部分土翻入覆土滚筒内，覆土滚筒内的导土板将土输送到滚筒的另一端覆在地膜上，防止大风揭膜，完成整个作业过程。

（四）2MB-1/2 型棉花铺膜播种机

1. 技术特点

2MB-1/2 型棉花铺膜播种机（图 3-7）与中小型拖拉机配套，一次完成开沟、播种、覆土、镇压、铺膜等多项作业。该机采用锄铲式开沟器，外槽轮式排肥器，圆柱式铁轮镇压器；勺盘式排种器，能按要求实现单粒、多粒播种；采用了锄铲式开沟器，能在坚硬的土壤中顺利开沟、播种和施肥。

图 3-7　2MB-1/2 型棉花铺膜播种机实物

2. 技术参数

配套动力 14.7kW 以上四轮拖拉机，工作幅宽 1m，铺膜幅数 1 幅，适应膜宽度90~100cm，播种行距 45~50cm（可调），播种行数 2 行，穴距 15~30cm（可调），每穴粒单粒或多粒，施肥行数 1 行，作业效率 4~5 亩/h。生产企业：沾化东费农机具制造有限公司。

（五）2BMF-2 型多功能棉花覆膜施肥播种机

1. 技术特点

2BMF-2 型多功能棉花覆膜施肥播种机（图 3-8）与中小型拖拉机配套，一次完成推土、施肥、播种、喷药、覆膜、镇压、膜上压土等工序，该机主要在滨州地区推广使用。

2. 技术参数

配套动力 18~30kW 拖拉机，适应膜宽 80~100cm，播种行数 2 行，株距 15~35cm（可调），每穴粒单粒或多粒，亩施肥量 0~100kg（可调），施肥行数 2 行，生产效率 4~6 亩/h。生产企业：无棣县景国农机专业合作社。

（六）2BMMFS-2/4 型免耕深松棉花覆膜施肥播种机

1. 技术特点

BMMFS-2/4 型免耕深松棉花覆膜施肥播种机（图 3-9）与大型拖拉机配套，一次

图 3-8　2BMF-2 型多功能棉花覆膜施肥播种机

图 3-9　2BMMFS-2/4 型免耕深松棉花覆膜施肥播种机

性完成旋耕、深松、施肥、播种、镇压、开沟、覆膜、膜上覆土等作业，适用于足平原和丘陵地区不同类型土壤的棉花播种要求。

2. 技术参数

配套动力 73.5kW 以上拖拉机，适应膜宽 120cm，播种深度 2～4cm，播种行数 4 行，株距 16～39.5cm（可调），每穴粒单粒或多粒，行距 55～65cm（可调），施肥行数 4 行，工作效率 5～8 亩/h。生产企业：山东德农农业机械制造有限责任公司。

（七）2BMC-4/8 型棉花双行错位精量穴播机

1. 整机结构

2BMC-4/8 型棉花双行错位精量穴播机的整体结构：全旋耕—施肥—镇压—播种—

镇压，如图 3-10 所示，其主要由牵引装置、机架、动力传动装置、旋耕—镇压整地装置、施肥装置、单铰接仿形播种装置和镇压轮等组成。机架包括三点悬挂装置、前后横梁、连接侧板、安装播种单体的辅助连接架；旋耕—镇压整地装置包括变速箱、全幅旋耕刀轴、刀座、旋耕刀、整地镇压轮；施肥装置包括肥箱、传动系统、施肥开沟器，安装于机架前后主横梁之间；四组播种单体各自通过单铰接机构与辅助机架相连，保证播深一致性。其作业情况如图 3-11 所示。

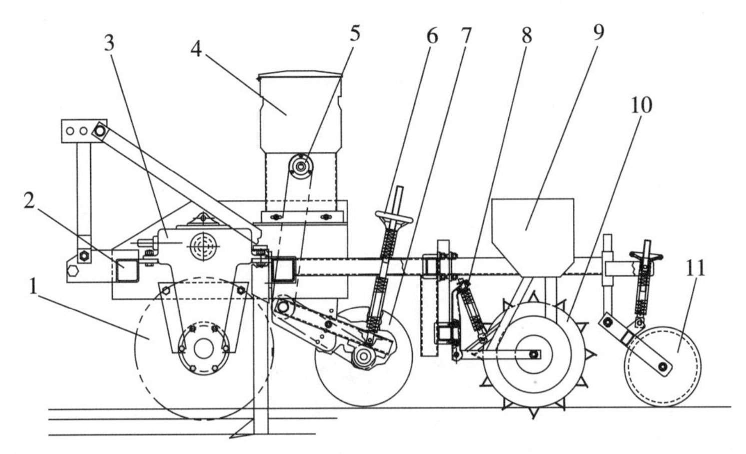

1-旋耕机构　2-机架　3-变速箱　4-肥箱　5-肥量调节机构　6-镇压轮调节机构　7-整地镇压轮　8-种箱　9-仿形机构　10-错位排种器　11-对行镇压轮

图 3-10　2BMC-4/8 型棉花双行错位精量穴播机结构

图 3-11　2BMC-4/8 型棉花双行错位精量穴播机

2. 工作原理

播种机工作时，通过三点悬挂与拖拉机连接，由其牵引前进，拖拉机的动力输出轴将动力传递给变速箱，由变速箱驱动两侧旋耕刀轴，进行全幅旋耕，刀片逆时针高速旋转，将地表覆盖植被打碎并与土壤充分混合，减少单位体积的秸秆含量，最大程度降低秸秆对棉花生长的影响，同时避免秸秆缠绕开沟器，保证机具通过性；旋耕后，布置在机架后横梁的施肥开沟器进行化肥侧深施，施肥深度9~10cm，种肥横向间距12cm，提高肥效利用率同时避免烧种；然后由通辊镇压轮碎土、整形、镇压，保证地表压实度，创造棉花播种所需种床需求；通辊镇压轮上装有防滑装置，转动可靠，在镇压整地的同时，为排肥系统提供动力；种床整备完成后，在拖拉机牵引下，四组播种单体作业，双行错位排种器转动，将种子穴播入土，然后覆土镇压。旋耕深度可以根据农艺要求进行调节，肥箱上设有排肥量调节装置，可通过手动调节外槽轮排肥器槽轮工作长度实现排肥量大小调节。

（八）苗带清整型棉花精量免耕播种机

1. 整机结构

苗带清整型棉花精量免耕播种机主要由限深轮、牵引装置、机架、变速箱、苗带清整装置、肥箱、平行四连杆机构、种箱、镇压轮、地轮、勺轮式排种器、排种开沟器、施肥开沟器等构成，结构如图3-12所示，作业情况如图3-13所示。

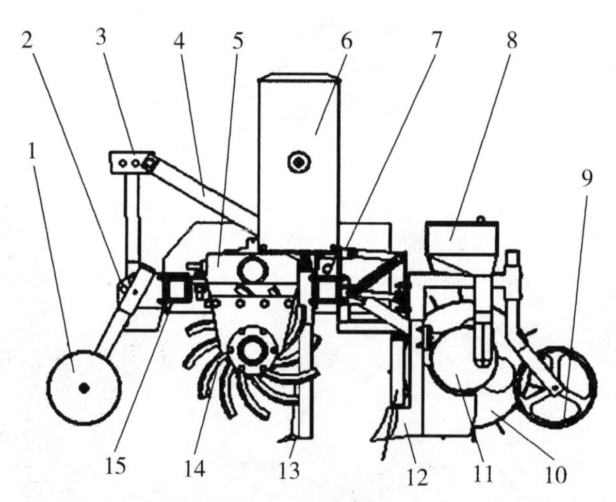

1-限深轮　2-牵引装置　3-中央拉杆连接板　4-中央拉杆　5-变速箱　6-肥箱　7-平行四杆机构　8-种箱　9-镇压轮　10-地轮　11-排种器　12-排种开沟器　13-防堵圆辊　14-施肥开沟器　15-清草灭茬装置　16-机架

图3-12　苗带清整型棉花精量免耕播种机结构

2. 工作原理

本播种机采用三点悬挂方式与拖拉机连接，工作时，动力经拖拉机的输出轴传递给变速箱，经变速箱改变转速后由变速箱输出轴传递给清草灭茬刀轴，带动刀轴上的旋耕刀顺时针高速旋转，遇到秸秆、杂草、根茬时，在特殊排列的刀片的切割、拨指作用

图 3-13　2BMMD-4 苗带清整型夏棉精量免耕播种机

下，秸秆、杂草等被切碎并拨向两侧，同时浅旋碎土，清理出 30cm 宽的播种作业带，解决秸秆堵塞，避免秸秆等对棉花生长的影响，同时破除地表干土层，为后续播种提供有利条件，然后尖角式施肥开沟器深施底肥。本机设置地轮为排肥机构与排种机构提供动力，地轮上焊接抓地爪，增大地轮与地面的附着力，有效降低滑移率，转动可靠。机组工作时，在拖拉机的牵引下，清草灭茬刀轴旋转，地轮转动，带动外槽轮排肥器转动排肥，施肥开沟器入土深施肥，勺轮式排种器旋转排种，播种开沟器同时开沟播种，镇压轮对行镇压。同一组中，种肥横向间距 12cm，纵向间距 7~8cm，实现侧深施肥。为保证播深一致性，播种单体与机架之间采用仿形机构连接。

四、播种机械化作业

（一）播前准备

1. 种子、地膜、肥料等物料准备

光籽和包衣籽应符合国家标准。地膜覆盖用的膜卷要求两端齐整、无断头、无粘连，芯轴孔径不得太小，膜卷外径不得过大。地膜宽度根据播种行距的不同及种植模式的不同选定。为在棉花收获后便于残膜收集，选用地膜厚度应不小于 0.01mm。如需在播种同时施用种肥，要选用没有杂物的颗粒状肥料。

2. 棉花播种机械的选用与准备

（1）棉花播种机械的选用

根据地区特点和农艺要求（如当地播期天气特点，单作还是连作、条播或穴播、铺膜与否、膜上播或膜下播等）、种子类型、地块大小、土壤状况和使用动力、播后田间管理使用作业机械的行数等，因地制宜选配相应的播种机械。

（2）棉花播种机械的准备

播前应根据地块条件、农艺要求和拖拉机、棉播机的配备情况，对拖拉机和棉播机全面检修、调试。对拖拉机悬挂装置的调整，要保证机具处于正确的连接状态，即拖拉机与播种机组的纵向中心线应重合、横向平行。根据行距要求，调整拖拉机轮距和播种机相应工作部件位置（包括开沟、排种、覆土镇压部件等位置和划行器长度等）。检查和调整各工作部件的状态，进行必要的清洁、整修、润滑，使活动部件达到运转灵活自如，不应有异常的晃摆现象。清理排种、开沟部件和输种（肥）管路，调整播种量、播种深度等。在一些特定要求下，如地膜覆盖、播种施种肥、播种筑畦等联合作业时，应同时配备、调整、保养好相应的装置。播种覆土后，棉行一般都需镇压，或压后抹土；有时还需装分土器、压土辊等，将过厚的表层干土层推开，并平碎表土，以保证顺利作业，同时将种子播入湿土中；根据实际需求在播种机上加装必要的附件，如在镇压轮后加装拖板，在播种开沟器或铺膜装置前加装分土器，在机架上加装储水桶、引水管等。

播种机械准备完毕，应进行实地试播，检查各部件的运转状况是否正常，包括开沟深度、播种量、覆土镇压质量、联合作业机组中的铺膜与追肥等质量，以及行距（包括邻接行距）是否符合要求，必要时进行调整，直至满足要求。

（二）播前田间准备

一般来说，待播棉田应该做到条田的边角、引渠田埂尽量修直取正，清除田间障碍和地表残茬、石头、废膜等，达到地表平整，土壤细碎，“上虚下实”，土墒适中，表面薄盖干土层（厚度不大于1.5cm）。对田间作业中不易看清、不能排除的障碍物，应做明显标志。为使播种规范，播前要规划好作业小区，每个小区的宽度应是作业幅宽的整倍数。根据播种机组组成和作业技术水平，在地头划出机组起落线，转弯地带宽度应为工作幅宽的整倍数。

（三）田间机播作业

棉花机播宜选择天气晴暖、无（微）风、土墒适中、地表薄层干土覆盖时进行。应尽量避免低温阴湿、大风天气、土壤黏湿等不利条件下机播。

机播作业第一行程时，应沿地边起播线直线行驶、匀速前进，中途不停车，地头转弯时再检查一次，核对播种量、行距、覆土情况，必要时再进行调整。

人工驾驶播种机作业时，机组操作人员要集中精力，精心操作，做到播行笔直、正确接行，机组应对准划行印迹行进。机播作业中，拖拉机液压悬挂手柄应置于浮动位置，保证作业时被牵引的机组保持前后左右平衡，并能随地面起伏浮动，农具升起后应有一定的离地间隙。机组行进速度一般不超过6km/h，接近地头起落线前10~15m时减速，先升起划行器（对非自动升降机构而言），并及时按地头起落线起降播种机相应工作机构。作业中要匀速行进，一般不应换挡变速和随意停车，以防出现成堆下籽和断条。加种、加肥、接地膜、故障排除等尽量在地头进行。为保证作业质量，除随机操作农具员随时监视排种（肥、药）、开沟、覆土镇压、铺膜等工作情况外，还应有专人负责作业质量随机检查，如发现种子箱、排种杯、输种管、开沟器等有杂物与泥土堵塞或其他异常时，必须及时清理、调整。每作业 2~3hm^2，机组应自检作业质置，核对排种量，必要时进行调整，并按规定紧固、润滑各部位。对发现的问题要随时解决，必要时在田间做标记。穴播、铺膜播种作业时，行进速度应适当放慢，以防前进速度过快或快慢不匀，导致成穴和铺膜质量下降或地膜撕裂等现象。在加种、加肥或安放地膜时，同时要注意下种量是否正常，下种（肥）口（管）、开沟器、覆土器等有无壅塞，黏土地膜是否摆正、埋牢。

覆膜播种机组作业时，在地头起播前，先拉出地膜铺在膜床上，将膜的端头对齐地头预划的切膜线，压好土，再降下机组工作机构，缓缓起步。行程结束前，在机组覆土装置末端超过起落线 40~50cm 处停止作业，给膜压好土，对准切膜线切断地膜，再提升工作机构，转弯调头后，即可用土压埋好地膜末端，并开始下一个行程作业。

作业中，种子箱内种子量不得少于其容积的 1/4。为节省时间，应采用快速加种法。机组行进中若发现晚放开沟器则应做好标志，及时补种。作业中途因故障停车，排除故障后，必须将开沟器、划行器升起，倒退 2~3m，再放下开沟器、划行器继续播种。播种机上不得超员、超重。

覆膜机组在作业中应特别注意覆膜质量检查，检查膜边覆土情况，地膜个别破损处应加盖泥土。当风力超过 4 级时，应停止播种。中途断膜时，应先升起机组，后退，将膜重新压好土，再继续作业。地头切膜、压膜应注意安全，位置放置准确、及时。膜端用土压实，防止地膜移动造成错位。

气力式精密播种机作业时，除了一般注意事项外，若空穴率增高和出现断条，要特别注意检查气压是否达到要求、气吸盘位置是否固定等问题。

播种机应用北斗导航等自主驾驶作业系统时，播种机的调整与人工驾驶相同，应根据导航系统作业要求提前做好路径设置等。

五、棉花播种机械化技术展望

实现棉花精量、精准播种是实现棉花全程机械化的必然需求。通过下列技术的融入及提高进一步完善播种技术，升级播种机械，全面实现机械化精量和准确定位播种。

① 发展气力式播种机。由于机械式播种机不适于高速作业，对种子适应性差、破种率高，将逐渐使用气力式播种代替机械式播种，气力式排种器有气吸式、气吹式、气压式和气送式。

② 实现宽幅、高速播种。增加播种行数，增大宽幅，机架采用液压折叠，折叠机构形式多样，结构紧凑新颖灵巧，有水平折叠、垂直折叠和平行四杆折叠，机具在播种过程中遇到窄幅地块或障碍物时自行折叠，可同时关闭有关播种器的工作，有利于道路运输。宽幅机架还可采用机架分段铰接整体仿形机构，该机构可在地表±20°坡度范围内进行整体仿形播种作业，保证了宽幅机组对田间不平度的适应性和各行播种深度的一致性。

③ 实现播种机配套广泛性，提高配件通用性，能够实现拖拉机与播种机的理想配套，充分合理利用了拖拉机功率，同时，各型号之间的零部件通用率和标准化程度均可

达到80%以上，具有理想的适用性以及更换和维修的方便性。拖拉机与播种机采用了多种挂接形式，保证了不同系列配套机型田间作业和道路运输的可靠性、稳定性和方便性，根据播种机的不同宽幅和机构质量，分别选用悬挂式、半悬挂式和牵引式挂接形式。另外，播种单体与机架采用结构简单的夹紧装置联结，方便地进行播种单体的更换和行距的调整。

④ 实现作业实时监控、故障报警。播种单体和整机上安装播深调控装置和智能化播种监视装置。播深调控装置可以准确调节、控制和指示播种深度，保证了播种深度的一致性；智能化监视装置可以实时监测，并显示公顷播量、粒距、作业速度和作业面积等指标。

⑤ 大型机组采用后置或前置挂接式集中种肥箱，在播种作业过程中，集中种肥箱的自动控制系统可根据每行种肥箱存量监视装置提供的信息，自动向各行种肥箱吹送种子和肥料，机组可连续工作1h以上，减少机组添加种肥次数和时间，提高劳动生产率，降低作业成本。

⑥ 提高仿形灵活度，避免仿形滞后。采用平行四杆仿形限深机构，不同用途和不同型号的播种机采用不同型式的仿形限深机构，有前仿形轮限深、后镇压轮限深、侧向双橡胶轮限深和前后轮复合限深。四杆机构的铰联轴套可采用黄铜或高强塑料，配合精密耐磨性好，确保排种器位置的稳定性和仿形限深的准确性及可靠性。

⑦ 提高播种机传动系统工作可靠性，降低滑移率。采用多地轮驱动、万向轴连接、单向超越离合器和集中变速箱等结构，确保整个工作幅宽中的平稳、可靠传动和匀速播种，并降低传动的滑移率。

⑧ 采用液压驱动。国外气力式播种机上的吸（吹）风机除了用动力输出轴驱动外，还可用液压马达驱动。风机工作转速低，噪声小，负压大，寿命长，最多可连接24个排种器。同时，风机上普遍安装了风压指示仪表和风压调节装置，以满足与不同型号播种机的配套使用要求。

⑨ 在精密播种机上应用由卫星定位系统、地理信息系统、专家智能系统和遥感技术相融合的农业高新技术，精密播种机朝着精准、变量、高效和高度智能化方向发展。

棉花精准播种是一个系统工程，还要在以下3个方面下功夫：一是要进一步提高整地质量，保证棉花种子萌发出苗处在最佳的微生态环境；二是进一步提高种子质量，不仅要求种子发芽出苗能力强，还要通过科学的包衣处理实现抗病、杀虫、稳长之目标；三是进一步提高联合作业水平，实现播种、施肥、喷除草剂、盖膜等多道程序的联合作业。

参考文献

冯雅丽，杜健民，郝飞，等，2015. 悬挂式翻转犁的研究现状及发展趋势［J］. 农机化研究，37（1）：13-17.

耿端阳，等，2011. 新编农业机械学［M］. 北京：国防工业出版社.

蒋永新，牛长河，陈发，等，2009. 1LB－240 水平摆式双铧犁的研制［J］. 农机化研究，31（1）：82-84.
李宝筏，2003. 农业机械学［M］. 北京：中国农业出版社.
李文芳，2017. 基于农机自动化的悬挂犁耕深自动控制研究［J］. 农机化研究，39（9）：229-232.
梁显升，李鲁杰，张毅，2008. 圆盘犁刀仿生设计应用研究［J］. 现代农业装备（2）：54-56.
农业部农民科技教育培训中心，中央农业广播电视学校，2009. 耕整地与种植机械［M］. 北京：中国农业大学出版社.
王超安，王传明，2012. 我国耕整地机械发展现状及未来趋势分析［J］. 农机市场（8）：27-29.
中国农业机械化科学研究院，2007. 农业机械设计手册［M］. 北京：中国农业科学技术出版社.
中国农业科学院棉花研究所，2013. 中国棉花栽培学［M］. 上海：上海科学技术出版社.
仲启秀，2019. 基于 STM32 液压式悬挂犁耕深自动控制装置与系统设计［J］. 科技通报，35（5）：179-182.
朱亨银，方文熙，2011. 组合式左翻驱动圆盘犁的入土及平衡性能计算分析［J］. 农业工程学报，27（12）：29-32.
朱亨银，张性雄，李武斌，2007. 1LYQ-422ZF 左翻驱动圆盘犁的设计及其耕作试验［J］. 福建农林大学学报（自然科学版）（5）：542-545.

第四章　田间管理农机农艺融合技术

棉花属于喜温植物，其生长过程中对温度的要求比较严格，一般生长在光照时间比较长，温差环境较小，水分比较充足的地区。棉花在生长过程中，最佳的温度一般为20~25℃，生长温度过高或者过低都会对棉花的产量造成严重的影响。

第一节　棉花田间管理技术

一、苗期管理

针对种植好的棉花，需要对其进行定期的观测，一般情况下，每天都需要考察棉花苗的生长情况，如果出现了缺苗问题，及时进行补栽。做好除草工作，在棉花的种植期内十分重要，针对苗间出现的杂草，及时进行清理，这样能够保证棉花苗有充足的养分维持生长。同时还需要注意的是，对棉花苗进行定期的施肥能够促进其健康生长，如果苗期降水量较多，还需要做好相应的排水工作。

棉花苗期管理的目标是在一播全苗的基础上稳苗壮苗。对于地膜覆盖棉田，棉花出苗后，要按照预设密度及时放苗，放苗应在上午 10 时前或下午进行，如有大距离缺苗要及时移苗或补种。定苗后或 3 片真叶后及时在露地行中耕，中耕深度 6~8cm，疏松表层土壤，同时起到除草作用，如苗期遇雨，保持田间不积水，并且雨后及时中耕以防土壤板结，一般情况下苗期不浇水不施肥；及时防治苗蚜。密度 9 万株/hm^2 以上的棉田 3~4 叶期开始以微量缩节胺调控。

二、蕾期管理

管理目标是搭好丰产架子，保蕾促铃。

治虫：主要针对二代棉铃虫、棉蚜等。

水肥：一般不浇水，连续干旱可隔沟浇水，遇大雨及时排水，不可积水；一般不施肥。

现蕾后中耕培土，控草条件下可以结合揭膜。

三、花铃期管理

管理目标是均衡营养生长和生殖生长，多结铃，结大铃，促控结合。

水肥：见花重施追施花铃肥，以氮肥为主补充钾肥，施肥量占40%～50%；遇旱如连续10～15天无雨要及时浇水，遇大雨要及时排水，保证棉田不积水，此期棉花水肥需求量大，保证水肥供应。

调控：加大缩节胺使用量和次数，掌握少量多次原则；依照密度调控株高。

治虫：主要是棉铃虫、棉蓟马、盲蝽象。

花铃期是棉花生长的重要阶段，需要较大的水分，如果适逢高温天气，需要做好灌溉工作，主要针对早晚和夜间进行灌溉，严禁在中午这个温度最高的时间段进行。而在雷雨天气发生之后，还需要及时进行排水，这样能够避免积水问题出现。棉花在不同生长阶段需要使用的肥料是不同的，注意进行选择，同时还需要对棉铃虫和红蜘蛛进行防治。

四、吐絮期管理

管理目标保证吐絮正常，减少烂铃，提高产量和品质。

水肥：此期不施肥，如遇干旱，可灌水，灌水量以没过地面即可，9月5日之后不再浇水。

治虫：一般不再喷药防治，如红蜘蛛、盲蝽象等害虫为害严重可采用无人机喷施。

喷施脱叶催熟剂：机采棉田可在棉花吐絮达50%～60%时喷施脱叶催熟剂，喷施时间、次数以及用量根据棉花群体及长势确定，首次喷施时间一般不晚于9月25日（不包括新疆）。

及时收花：人工或机械收获。

吐絮期是棉花种植中的重要生长阶段，对于棉花的最终生长质量和效果具有较为直接的影响，因而做好吐絮期的管理工作十分重要。在对吐絮期进行管理的过程中，需要加强病虫害的防治工作。病虫害一直是影响到棉花良好生长的重要因素，需要对其进行有效的控制。在对病虫害进行防治的过程中，需要选择合适的化学药物，并对剂量进行有效控制。针对田地的旱涝灾害问题也需要进行充分重视，积极做好灌溉和排水方面的工作。

第二节　封土农机农艺融合技术

一、封土的农艺要求

（一）封土的重要性

棉花膜上膜播种破膜后出苗孔的封孔，棉花膜上侧封土、播种苗期地膜出苗孔的封土，这些先进的耕作模式难以推广的主要原因是作物出苗封孔的时间短，劳动强度大，密集度高，人工成本超高，并且人工作业的工效质量难以保证。及时封土可以起到消除板结、淡化盐碱、培根护茎、提高地温、促苗转化、稳健匀发的效果。对于正封土棉田，人工及时进行漏封孔覆土工作。及时进行机械封土，但封土不可太晚，否则易形成僵苗或瓶塞式板结。

（二）农艺要求

出苗孔的尺寸一般为直径 40mm 左右的孔，在用土壤覆盖出苗孔时，土壤湿度不宜太大，用来封孔的土壤颗粒越细效果越好；土壤能够将出苗孔全覆盖，并且土壤厚度高于薄膜 20mm 以上；取土后的沟不能太深，否则影响棉田排水。

二、封土机的工作原理

封土机通过悬挂与拖拉机连接，需要动力的封土机可以通过后输出轴获得。通过取土、碎土、输土几个环节将土壤输送到棉株根部将出苗孔封住，完成封土作业。

（一）取土方式

1. 取土轮取土

此种取土方式是通过组合轮组实现取土，首先是破土轮或犁头对土壤进行初步破碎；接下来取土盘将土壤推送到内部带有隔板的取土轮上，完成取土环节。用取土轮取土的封土机如图 4-1 所示。

图 4-1　用取土轮取土的封土机

优点：节省能耗，拖拉机带动整个设备前进，取土轮通过与地面的摩擦而转动，不需要额外的动力驱动，从而节省了能耗；取土环节简单，整个取土环节只需要侧面的取土盘和取土轮的旋转就可以完成。

缺点：土壤破碎不理想，土壤只是由犁头或者破土轮简单破碎，不能将土壤破碎到理想状态，而且受土壤含水率影响明显；工作环境较差，由于取土轮是通过斜板格进行盛土，而且不封闭，当整个取土轮旋转到一定角度，由于重力作用，土壤自由下落，如果在风力较大的天气作业，非常容易造成尘土飞扬，导致工作人员的作业环境较差；受土壤湿度影响较大，土壤湿度大时，那么在取土过程中，土壤不容易被带起，而土壤湿度较小时，则土壤颗粒过大，影响封土效果，也很容易伤害到棉苗；取土量不稳定，此种取土方式除了受到土壤湿度的影响，同样也会受到杂草或者残膜的影响，杂草和残膜都会影响取土量，而且很容易发生堵塞。

2. 旋耕刀取土

此种取土方式是通过万向节将动力从拖拉机后输出轴传递到变速箱的输入轴，变速箱输出轴驱动刀轴旋转，带有合理布置的旋耕刀的刀盘固定在刀轴上，从而使得旋耕刀旋转起来，旋耕刀直接将土破碎，并且利用圆周运动原理，将土壤抛撒到指定位置，完成取土环节。用旋耕刀取土的封土机如图 4-2 所示。

图 4-2　用旋耕刀取土的封土机

优点：碎土效果理想，旋耕刀高速运转，对土壤能够起到很好的破碎效果，而且杂草也不会缠绕在旋耕刀上，速度提高到一定的转速，杂草也能被破碎；作业效率高，旋耕刀高速旋转，能快速地碎土、取土，保证持续的土壤供应量；封土效果好，由于土壤破碎效果理想，而且土壤越细，封土效果越理想，所以此种取土方式所取的土壤使得最终封土效果理想；作业环境良好，护罩将旋耕刀罩住，避免了扬尘，即使有风，也不会产生大量扬尘，作业环境良好。

缺点：容易打出比较深的沟，造成大量存水，如果排水不畅，很容易形成涝灾，当然，如果利用好这点，也可以暂时存放一定的水，便于棉花植株吸收。

（二）输土方式

1. 溜板输土

此种方式最为简便，将取到的土壤用溜板输送到棉株根部，但有一定的局限性，仅对两行种植的棉花奏效，不能应用于一膜三行种植的棉花。用溜板输土的封土机如图 4-3 所示。

图 4-3　用溜板输土的封土机

优点：结构简单，溜板主要是利用土壤自身的重力，自然下落，只需要一块形状合理的板即可，结构简单、稳定。

缺点：输土流畅度容易受影响，如果土壤湿度较大，那么很容易造成溜土不畅，如果有杂草或者残膜也会造成溜土不畅，土壤不能均匀稳定分配，此种方式是靠土壤重力自然溜下，受土量的影响较大。

2. 绞龙输土

此种方式是通过动力输入，驱动绞龙工作，输送土壤稳定性好，尤其是用于一膜三行种植的棉花，在土壤分配输送方面的优势更加明显，也可以应用于两行种植的棉花。用绞龙输土的封土机如图 4-4 和图 4-5 所示。

图 4-4　用绞龙输土的封土机

图 4-5　封土机上的绞龙

优点：工作效果稳定，绞龙强制将土壤进行运输，而且运输得比较均匀、速度适中，不容易发生堵塞，而且能实现一膜三行种植的棉花的封土作业中土壤分配；输送土壤的速度能够通过绞龙旋距的设计能够控制在一定范围内。

缺点：耗能较大，由于利用动力输送土壤，这样就在一定程度上加大了能耗；使得整体机具故障率有所提高，由于绞龙部件的加入，相应增加了轴承等易损部件，这些部件需要很好地密封，否则容易被飞入其内部的土壤磨损，甚至报废，这样就在一定程度上加大了故障率。

三、封土机的类型及其特点

（一）主要由取土轮与溜板组成的封土机

主要由取土轮与溜板组成的封土机，利用取土轮与地面的摩擦获得旋转动力，进而获取土壤，获取的土壤被取土轮带到一定的高度后，由于土壤自身重力，自由落体到溜板，溜板再进行输土，完成封土作业，此种封土机结构简单、成本低、运行稳定。

1. 主结构及原理

其结构由机架、悬挂、取土轮、取土盘、溜板、限深轮、犁头等组成。机具通过三点悬挂与拖拉机连接，拖拉机带动机具前进，犁头在取土轮前面，先对土壤进行破碎，取土轮外缘有小齿，增大与地面的摩擦力，进而获得旋转动力，取土盘将土壤推向取土轮，完成取土，土壤被取土轮带到一定高度后，由于自身重力，自由落体到溜板，土壤借助自身重力继续流动到棉苗根部，完成封土作业。

2. 主要特点

① 结构简单，操作方便，调整灵活，工作可靠。

② 封土后在地膜上形成“四黑五白”九道线，既达到封土的目的，又保证了地膜的露光面。

③ 大直径加宽加厚的送土轮确保充足的送土量。

④ 转向盘式微调器提高了送土的准确性、均匀性和严密性。

⑤ 可保证细碎土粒沿棉、苗根部两侧均匀流入孔中，不压苗、不伤苗，封土可靠率达 95%以上。

⑥ 工效高，节约劳力，一般日工效可达 $8hm^2$。

（二）主要由旋耕刀和绞龙构成的封土机

主要由旋耕刀和绞龙构成的封土机利用高速旋转的刀具，将土壤打碎，同时将土壤抛洒到输土装置，实现了碎土、取土两个作业环节的集成，精简了机构，缩短了作业流程，节省了能耗。

1. 结构及原理

旋耕式封土机包括机架、悬挂、限深轮、变速箱、左旋耕刀、右旋耕刀、前绞龙、后绞龙、土槽。机架包括三点悬挂装置、梁体、悬挂连接支架、后悬挂臂。取土装置包括旋耕刀、刀盘、刀轴、刀轴支撑座板。该机具通过悬挂装置连接到拖拉机，通过万向节将拖拉机后输出轴的动力传递到变速箱的输入轴。刀轴与变速箱输出轴连接，刀盘获得动力；动力通过链轮由刀轴传递到前绞龙，再由链轮将动力从前绞龙传递到后绞龙，使得整个机器运转；限深轮可以伸缩；土槽出土口的开度可以调节。

2. 主要特点

碎土、取土效果理想，旋耕刀高速运转，能将土壤很好地破碎，而且能将土壤抛到需要的位置；适应性强，能够克服土壤含水率对封土作业的影响，无论土壤湿润还是干硬，旋耕刀都能够很好地破碎和抛撒土壤，而且具有抗杂草干扰的能力，一般的杂草能够被旋耕刀打碎；土壤分配连续均匀，绞龙工作稳定，能够连续均匀地将土壤进行分配，同时在输送土壤过程中，还能起到一定的碎土效果。

（三）其他封土机

现有的封土机之间的差别不是很大，取土方式总结为两大类：取土轮取土、旋耕刀取土；输土方式：溜板输土、绞龙输土。前文所述的封土机，是比较典型的代表，其他封土机与前文所述类型大同小异，在此不再一一介绍。

四、封土机械化的可行性及展望

实现棉花封土机械化是可行的。现有封土机在使用过程中，效果比较理想，不比人工封土效果差，不会造成减产，成本也在棉农能够接受的范围之内。

棉花封土机的发展趋势，在实际生产中，旋耕刀取土和绞龙输土组合的封土机占了很大优势，相比较于其他的封土机，其结构简单，这就使得整个机具能够稳定运行，不容易发生故障，适应性强。当然，以后会出现更理想的封土机。封土机最主要的工作环节就是碎土取土、输送土壤，只要这两个环节能够顺利完成，而且整个机具工作稳定可靠，不会造成棉花减产，制造成本相对合理，那么就能够成为一台实用、理想、科学的封土机。

第三节　中耕农机农艺融合技术

中耕是棉花田间管理中的重要作业，其内容是在棉花生长过程中进行表土的行间中耕松土、除草、培土和追肥等作业。松土可促进土壤内空气流通，加速肥料分解，提高地温，减少水分蒸发；除草可减少土壤中养分和水分的无谓消耗，改善通风透光条件，减少病虫害；追肥培土可给棉花补充养分，促进作物根系发育，防止倒伏，并为沟灌和排出多余雨水、促进行间通风透气创造条件。

一、中耕农艺技术要求

（一）行间中耕

① 根据田间杂草状况及土壤墒情适时进行。

② 中耕深度视棉花生长期而变化，一般在 10~18cm；耕后地表应松碎、平整，不允许有拖堆、拉沟和大土块现象。

③ 护苗带宽度为 8~12cm，在不伤苗的前提下应尽量缩小护苗带。

④ 不埋苗、不压苗、不铲苗。伤苗率小于 1%，地头转弯处伤苗率不超过 10%。

⑤ 不错行、不漏耕，起落一致，地头地边要尽量耕到。

（二）追肥、培土

① 追肥均匀，下肥量符合要求。

② 追肥深度一般为 8~15cm，前期浅、后期深；苗、肥相距 10~15cm。

③ 追肥作业时，不得将肥料漏撒在地表或棉花叶片上。

④ 后期追肥宜与培土作业同时进行。

⑤ 培土作业沟深 12~15cm，宽 30~40cm，沟垄整齐，沟深一致；培土良好，无大土块，不埋苗、伤枝、压枝。

二、中耕技术与机械

棉田中耕机械要完成中耕（包括松土、除草）、追肥、培土等作业。中耕机组一般由一台拖拉机、一个通用机架、若干组仿形机构和工作部件等组成。根据农业技术需要，中耕机械上可以安装多种工作部件，分别满足棉花苗期生长的不同要求。工作部件主要有除草铲、松土铲、培土铲、护苗器等。

（一）除草铲

除草铲的功用是除草和松土，又分为单翼铲和双翼铲。单翼铲由单翼铲刀和铲柄构成，主要用于苗旁锄草和松土。中耕作业时单翼铲分别置于棉苗的两侧，有左翼铲、右翼铲两种，对称安装。双翼铲由双翼铲刀和铲柄构成，分为双翼除草铲和双翼通用铲两种。双翼除草铲铲面较扁平，主要用于除草，松土作用较弱，不易埋草、埋苗。双翼通用铲铲面较陡峭，兼备除草、松土作用，工作深度较深。

（二）松土铲

松土铲用于棉花的行间深层松土，有时也用于全面松土，主要有破碎土壤板结层、消除杂草、提高地温和蓄水保墒的作用。松土铲由铲尖和铲柄两部分组成，常用的有凿形、箭形和铧式 3 种。凿形铲铲幅窄，入土能力强，用于行间深层松土，也可用于垄面深松，入土深度达 12~14cm，但碎土能力较差。由于其结构简单，磨损后易于锻延修复，应用较为广泛。箭形铲对土壤作用范围较大，碎土性能好，用于深松耕作层以下的土壤、深松垄沟和中耕时深松行间。铧式铲多用于间作棉田行间灭茬和垄作地的松土作业。

（三）培土器

培土器通常也称为培土铲，用于向植株根部培土、起垄，也用于灌溉开排水沟。培土器的种类比较多，如曲面可调式培土器、旋转式培土器、锄铲式培土器和铧式培土器等。目前广泛使用的是铧式培土器，主要由三角铧、分土板、培土板、调节杆和铲柱等部件组成。此种培土器的分土板与培土板铰接，其开度可以调节，以适应不同大小的垄形。分土板有曲面和平面两种结构。曲面分土板成垄性能好，不容易粘土，工作阻力小；平面分土板碎土性能好，三角铧与分土板交接处容易粘土，工作阻力比较大，但制造容易。

（四）护苗器

为了提高中耕作业速度，中耕机上普遍装有护苗器，保护幼苗，以防止被中耕锄铲铲起的土块压埋。护苗器一般采用从动圆盘形式。工作时，苗行两侧的圆盘尖齿插入土中，并随机器前进而转动，除防止土块压苗外，也有一定的松土作用。

（五）仿形机构

中耕机根据作物的行距大小和中耕要求，一般将几种工作部件配置成单体，每一个单体在作物的行间作业。各个中耕单体通过一个能随地面起伏而上下运动的仿形机构与机架横梁连接，以保持工作深度的一致性。现有中耕机上应用的仿形机构主要有单杆单点铰连机构、平行四杆机构和多杆双自由度仿形机构等类型。

三、中耕机械化作业

（一）中耕作业机组的选配

中耕作业机组的选配应根据棉田地块的面积、土质以及作业要求确定。中耕行数应与播种作业行数一致，或成整倍数增减，避免横跨接合行作业。根据播种行距对拖拉机轮距进行调整，拖拉机轮缘内、外侧距棉苗均应保持至少 10cm 间距，以避免压伤棉苗。苗期一般选配中耕、松土作业机组；蕾期中耕可选配中耕、除草复式作业机组；后期中耕可选配中耕、追肥、培土复式作业机组。

（二）中耕工作部件的配置

行间中耕锄铲的类型应根据中耕作业项目、作物行距、土壤条件、作物和杂草生长情况等因素进行选择。第一遍苗期中耕时，如果只要求除草，可选择单翼铲和双翼除草铲；如果同时要求松土作业，可在单翼铲前或后加装松土铲。棉苗长高后可选用双翼铲。

锄铲配置时应满足不伤苗、不漏耕、不堵塞和与播种行距相符等要求。除草铲排列时，同行间的相邻两铲的除草范围要有 2~3cm 的重叠量，避免漏除。锄铲前后须错开一定距离。为防止伤苗、埋苗，锄铲外缘与苗间应留出 10~15cm 的护苗带。随着中耕作业次数的增加，中耕深度逐步加深，护苗带也应随棉苗的生长和根部的逐渐发达而加宽。培土铲应按行距、开沟深度和需要培土高度选择适当规格的铧铲和培土板张开度。

为使中耕作业不伤苗、不压苗，往返接合行的中耕范围应是正常各行的一半或稍宽，配对时，中耕机最外侧中耕接合行的锄铲数应减少，或卸去外侧培土板。

（三）中耕作业方法及注意事项

1. 中耕作业的田间准备

排除田间障碍物，填平毛渠、沟坑；检查土壤湿度，防止因土壤过湿造成陷车，或因中耕而形成大泥团、大土块；根据播种作业路线，做中耕机组的进地标志；根据地块长度设置加肥点，肥料应捣碎过筛，使其具有良好的流动性，且无杂质，并能送肥到位。

2. 中耕作业的机组准备

配齐驾驶员、农具员，根据需要选择适宜的拖拉机和中耕机具，并按作物行距调整拖拉机轮距；根据行距、土质、苗情、墒情、杂草情况、追肥要求等，选配锄铲或松土铲；配置和调整部件位置、间距和工作深度；前期中耕应安装护苗器，后期中耕、开沟培土或追肥作业时，行走轮、传动部分和工作部件应装有分株器等护苗装置。

3. 中耕作业方法及要求

悬挂式中耕机组一般可采用梭行式中耕法，行走路线应与播种时一致。作业时悬挂机构应处于浮动位置，作业速度不超过 6km/h，草多、板结地块不超过 4km/h，不埋苗、不伤苗；作业前机组人员必须熟悉作业路线，按标志进入地块和第一行程位置；机组升降工作部件应在地头线进行调整。

4. 作业质量检查

中耕作业第一行程走过 20~30m 后，应停车检查中耕深度、各行耕深的一致性、杂草铲除情况、护苗带宽度，以及伤苗、埋苗等情况，发现问题及时排除；追肥作业时，应检查施肥开沟器与苗行的间距、排肥量及排肥通畅性，不合要求应及时调整；在草多地块作业时，应随时清除拖挂杂草，防止堵塞机具和拖堆；要经常保持铲刃锋利。

第四节　水肥运筹技术

一、水肥运筹概念

广义的水肥运筹是指根据作物需求，对农田水分和养分进行综合调控和一体化管理，以水促肥、以肥调水、实现水肥耦合，全面提升农田水肥利用效率。

狭义的水肥运筹是指灌溉施肥，即将肥料溶解在水中，借助管道灌溉系统，灌溉与施肥同时进行，适时适量地满足作物对水分和养分的需求，实现水肥运筹管理和高效利用。

与传统模式相比，水肥运筹实现了水肥管理的革命性转变，即渠道输水向管道输水转变、水肥分开向水肥一体转变。

二、灌溉制度和方案

水肥一体化技术是借助滴灌系统将灌溉、施肥及化学调节剂结合，利用灌溉系统中的水为载体，在灌溉的同时进行施肥和化学调控，实现水肥药一体化利用和管理，并根据棉花的需肥特点，长势情况，土壤环境和养分含量状况，棉花不同生育期需水、需肥及化调规律情况进行需求设计，在供应棉花吸收利用水分和养分的同时，对棉花的生长进行调节。化学调控以缩节胺叶面喷施为主，棉花全生育期使用次数较多，缺少操作性强的化控标准，因此往往导致调控效果不一，造成耗时费工，导致棉花熟性混乱，易遭受晚熟或早衰而减产降质。

棉花水肥运筹综合调控技术是塑造棉花良好株型、实现棉花均衡增产的重要技术措施，也是棉花整个生育期管理的关键措施之一。把握有压滴灌条件下棉田的水肥运筹调控技术是提高棉花铃重，实现棉花高产、优质的关键所在，也是实现棉花可持续发展的重要保证，还是实现棉花“两高一优一低”的重要技术措施。

（一）根据棉花生理需肥规律，科学制订施肥方案

棉花的一生主要经历苗期、蕾期、花铃期、吐絮期 4 个阶段，根据其生长发育规律，棉花在苗期、吐絮期需肥少，花铃期需肥量最多。因此，要按照棉花需肥规律和“库源”关系，在保证施足基肥的前提下，加大蕾期、花铃期氮素的投入，即在增施氮的同时，充分供给磷肥、钾肥，抑制营养生长，促进生殖生长，以达到保伏（桃）争秋（桃）的目的。

棉花从开花到吐絮，棉株吸收的氮素占全生育期吸收总氮量的 60%以上，吸收磷、钾的量占其吸收总量的 70%以上，确定施肥方案坚持“苗肥不施或轻施，蕾肥稳施，花铃肥重施，后期补施”的原则，追肥以氮肥为主，磷肥、钾肥少量施用。

（二）稳抓水肥运筹调控关键技术要点，科学运筹水肥，强化棉花生育期的水肥运筹

1. 苗期水肥运筹调控

全层施肥是合理实现水肥运筹的基础。水是植物吸收养分的载体，全层施肥技术是以水施肥原理的具体表现。应坚持全层施肥，基肥占总投肥量的 55%～60%。

苗期、蕾期的水肥调控技术是实现高产的前提。播种后，棉田由于连续机械作业，使土壤板结，透气性差，棉花根系吸收能力下降，功能衰退；同时有压滴灌使土壤含水量降低，而且出苗消耗了土壤部分水分，造成墒情不足，使棉苗得不到正常的养分和水分供应，扎根困难，出现弱苗、僵苗。因此，要早定苗，早中耕。由于苗期需肥量较小，土壤基肥养分完全可以满足苗期植株个体生长发育的需要，一般不需随水滴肥，可适当用尿素 200g/亩+磷酸二氢钾 100g/亩进行 1～2 次叶面追肥，以补充磷、钾元素，促棉苗早发。棉花进入蕾期，直至初化期，营养生长迅速，对水分和养分的需求量也开始增加，是加速二类、三类棉苗升级转换的重要阶段，也是棉花搭好丰产架子、围绕

“稳长”管理的主要时期。为保证早现蕾、多现蕾、早见花，应该坚持以水调、肥调、膜调为主，化调为辅的调控原则。棉田日生长量调查是以水调肥、促苗升级的依据，也是棉田滴水运肥的重要参数。在6月上旬棉花蕾期至下旬初花期，生长发育正常的棉田可适当推迟第一水时间，随水滴施滴灌专用肥5~8kg，滴水量35~40m^3/亩。滴肥方法：在施肥前先滴1h清水，再把滴灌肥加入施肥罐滴施，施完后再滴1h清水。同时，还要注意适时化调，滴灌棉田苗期化调坚持因地、因品种、因苗调控的原则。近年来大面积推广抗虫棉品种K-7、98-6等品种，对缩节胺敏感，所以原则上苗期不化调。

2. 花铃期水肥运筹调控

花铃期的水肥运筹是增加铃重、提高单产的重要环节。花铃期是棉花一生中生长发育最旺盛的时期，是棉株碳氮代谢最旺盛形成产量的关键时期，也是营养生长和生殖生长最容易发生矛盾的时期。在这一时期棉株吸收氮、磷、钾的量占生育期吸收总量的60%~70%以上，所以要抓住花铃期水肥调控，重施花铃肥，促进营养生长向生殖生长转化，达到增铃、促早熟的目的，这是棉花丰产的必要措施。

重施花铃盖顶肥。花铃期是棉花生育期需肥量最多的时期，花铃肥应当早施、重施。花铃期也是棉花的需水高峰期。到铃盛期，应适当缩短滴灌周期，延长滴水时间，滴水原则是“中间重，两头轻”，保证田间持水量在70%~80%为宜。7月滴水4次，5~7天一次，最长不超过9天，每次滴水量30~35m^3，随水滴施专用肥8~10kg/亩。滴施花铃盖顶肥时，随水施滴灌专用肥10kg/亩，滴水量40方/亩，打顶后及时滴施花铃肥。进入8月，为防早衰、防脱落、保伏（桃）争秋（桃），要及时追施盖顶肥，此期滴水3次，10天一次，其中一次滴施尿素4kg/亩，滴水量为35m^3/亩。7月下旬至8月上旬滴肥量要逐次减少，8月中下旬滴肥可视苗情、长势灵活掌握。

3. 打顶化调

坚持“枝到不等时，时到不等枝”的原则。细绒棉保留8~9台果枝，7月下旬结束打顶。对长势偏旺的条田可以提前打顶。此期化调以轻为主，甚至不化调，在重施花铃肥的同时，化调用量打顶前因长势而定，打顶后6~8天，待到一台果枝拉长15cm时，对长势较旺或有旺长趋势较强的棉株进行轻调，用缩节胺45~75g/hm^2，用量最多不超过90g/hm^2。

4. 絮期水肥运筹调控

为促早熟、防早衰、增铃重、改善纤维品质，滴灌棉田停水时间不宜过早，一般在9月上旬滴最后一水，而后要及时将滴灌设备拆卸、分类、入库，以备来年使用。

三、水肥运筹设备及维护

（一）设备组成

水肥运筹设备由首部装置（包括水泵、过滤器、施肥罐），输水系统和田间滴水带

3 部分组成。结构为：机井→计量装置（压力表、水表）施肥罐→离心过滤器→施肥罐→网式过滤器→干管→支管→滴灌管→滴头。

（二）系统运行

滴灌施肥一般分 3 个阶段进行，第一阶段滴灌清水，将土壤湿润，第二阶段将水肥同步施入，第三阶段用清水冲洗管道系统。施肥前、后滴清水的时间根据系统管道长短、大小及流量确定，一般在 30~60min。在灌水器出水口用电导率仪进行监测，避免浓度过高，产生肥害。

（三）系统维护

定期巡视管网，检查运行情况，如有漏水应及时处理。严格控制系统在设计压力下运行。定期检查毛管末端的供水压力，通常不低于 0. 1MPa。经常检查系统首部和压力调节器压力，当过滤器前后压差大于 0. 5MPa 时，应清洗过滤器。定期对离心过滤器集沙罐进行排沙，冲洗管道系统末端积垢，清洗堵头或阀门。冲洗过程中，管道要依次打开，不能同时全开，以维持管道内的压力。

入冬前进行管道系统冲洗，打开支管干管末端堵头，冲洗掉积攒的杂物，排空管道积水，防止低温冻裂。检查水泵进水口处杂物，清空管道里的水，并对水源处的各阀门进行封堵。将滴灌设备可拆卸的部分拆下，清洗干净并排空残余水后保存，防止杂物进入。拆卸时应注意保护，避免损坏。损坏部件及时更换。翌年连接毛管前，应再次冲洗管网系统。

四、水肥运筹经效益分析

（一）生产成本

加压滴灌棉花生产成本。滴灌棉花生产成本每公顷为 14 003. 7 元。其中物化成本为 3 570. 45 元，机力费为 994. 65 元，人工费为 9 438. 6 元。

（二）滴灌设施折旧费用分析

虽然加压滴灌系统因作物与栽培模式不同而配置不同，其成本会有一定差异，但其首部系统和地下管系统、地面管系统及附属设施单位面积投资基本相同，而毛管用量根据作物栽培模式及毛管布置模式不同，其单位面积投资有一定的差异。据测算，毛管间距为 114cm 时，需要滴灌带 8 775m/hm^2，每公顷投资约 1 575 元；毛管间距为 90cm 时，需要滴灌带 11 115m/hm^2，每公顷投资约 2 100 元。

加压滴灌设备的首部、地下管系统和附属设施按照设计要求，使用寿命在 10 年以上。地面的 PE 管及管件使用寿命一般为 3 年以上。毛管使用寿命为 1 年，采取以旧换新的方式进行加工，加工费每米为 0. 1 元，则棉花滴灌系统每公顷建设成本分别为 8 925 元，年折旧费每公顷为 1 857. 45 元。

（三）滴灌设施运行维护费

滴灌设施运行维护费主要包括滴灌系统维修费及运行电费。加压滴灌系统的维修费按照滴灌设施投资的5%计，则棉花滴灌系统的维修费为每公顷446.25元。

根据滨州当地滴灌系统运行时间和电价，棉花滴灌系统的运行电费分别为每公顷445.5元。根据上述分析得出滴灌棉花的运行维护费为每公顷891.75元。

（四）滴灌棉花效益评价

根据滴灌棉花生产示范和成本分析结果，滴灌棉花生产总值和纯收益明显高于常规灌溉棉花。滴灌棉花每公顷总产值为27 612元，减去生产总成本16 752.9元，纯效益为10 859.1元，成本纯收益率为64.82%。与常规灌溉棉花生产相比，成本纯收益率略有下降，但每公顷纯收益增加24.9%。通过应用滴灌技术，可较大幅度提高作物产量和生产效益，增强产品的竞争力和抵御市场风险的能力。

第五节　植保化控农机农艺融合技术

一、农艺技术要求

（一）棉花主要虫害及其防治方法

棉花常见虫害主要有棉铃虫、棉叶螨（又名红蜘蛛）、棉盲蝽象、蚜虫等。

1. 棉铃虫（图4-6）

（1）棉铃虫的发生规律

7月1代老龄幼虫和2代幼虫同时为害，棉花受害较重，8月中下旬3代幼虫开始为害，此时主要为害棉花的花和青铃。

（2）发生症状与部位

棉花的嫩蕾、嫩尖、新叶和幼铃。幼蕾受害后苞叶张开脱落，棉铃受害后造成烂铃和僵瓣。

（3）防治方法

① 利用成虫的趋光性，在棉田安装频振式杀虫灯诱杀成虫。一般每60亩安装1盏杀虫灯，灯高出作物50cm。

② 种植玉米诱集带，诱杀虫卵。在棉田四周种植早熟玉米，株距20~25cm，在玉米大喇叭期当天早上日出前拍打新叶消灭虫卵。

③ 在秋作物收获后封冻前，深翻灭茬，铲埂灭蛹，破坏蛹室，使部分蛹被晒死、冻死；

④ 选用抗虫棉品种。

⑤ 利用天敌赤眼蜂。

⑥ 采取化学防治，选用1%甲维盐乳油1 000倍液、20%氯虫苯甲酰胺悬浮剂5 000倍液、20%氟虫双酰胺3 000倍液或1.8%阿维菌素乳油4 000~5 000倍液等喷雾防治。

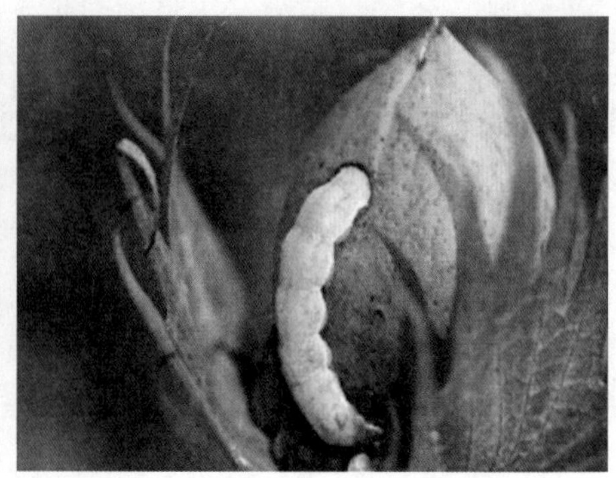

图 4-6　棉铃虫

2. 棉叶螨（图 4-7）

（1）棉叶螨（又名红蜘蛛）的发生规律

首先在寄主上为害，棉苗出土后移至棉田。6月中旬为苗螨为害高峰，7月中旬至8月中旬伏螨为害棉叶。9月上旬晚发迟衰棉田棉叶螨也可为害。高温干旱、久晴无降雨，棉叶螨易大面积发生。

（2）发生症状与部位

在棉叶背面吸食汁液，使叶面出现黄斑、红叶和落叶等症状，形似火烧。轻者棉苗停止生长，蕾铃脱落，后期早衰。重者叶片发红，干枯脱落，棉花变成光秆。

图 4-7　棉叶螨

（3）防治方法

① 清除螨源，早春季节，清除杂草减少病源。

② 点片防治，可选用10%浏阳霉素、0.9%的阿维菌素、73%的克螨特等药剂，按2 000倍液定点定株喷雾防治。为了达到防治效果，使用化学农药时必须由当地技术人

员进行指导。

③ 生物防治，棉叶螨的天敌较多，如瓢虫、捕食螨、小花蝽、蜘蛛等。有条件的地方，在棉叶螨点片发生期人工释放捕食螨，在中心株上挂1袋，中心株两侧棉株各挂1袋，每个袋中放置2 000头左右捕食螨。

3. 棉盲蝽象（图4-8）

（1）棉盲蝽象的为害症状

棉盲蝽象以成虫、若虫刺吸棉株汁液，造成蕾铃大量脱落、破头叶和枝叶丛生。被害伤口呈水渍状斑点，重则僵化脱落；顶心或旁心受害，形成扫帚棉。

（2）防治方法

可用毒死蜱（乐斯本）、吡虫啉、马拉硫磷等化学药剂进行防治。每隔5~7天喷一遍药，并做到以上药物交替使用，以提高防治效果。6月上旬棉盲蝽象进入为害期，应连续喷药2~3次。

图4-8 棉盲蝽象

4. 棉花蚜虫（图4-9）

（1）棉花蚜虫发生规律

一般在5月上中旬棉蚜迁入棉田，6月下旬或7月上旬棉蚜数量达到最高峰，以后随着气温升高，天敌增多棉蚜数量下降。干旱少雨及较高的温度适合棉蚜虫发生。

（2）为害特点

在棉叶背面、嫩茎、幼蕾和苞叶上吸食汁液，造成棉叶卷缩、畸形、叶面布满分泌物，影响光合作用使棉株生长缓慢、蕾铃大量脱落。排泄蜜露污染棉纤维，导致含糖量超标，影响棉花品质。

（3）防治方法

强调充分利用和发挥天敌的控制作用，辅之以科学合理的使用化学农药，达到持续控制蚜害的目的。

① 保护利用天敌，充分发挥生物防治作用。

② 可用吡虫啉、啶虫脒、吡蚜酮、噻虫嗪等化学药剂进行防治。

图 4-9　棉花蚜虫

(二) 棉花主要草害及其防治方法

1. 主要草害

杂草是影响机采棉采收质量的重要因素之一，也直接影响棉花产量和质量，若棉田发生严重草荒，棉花生长矮于杂草，则棉花发育受阻，现蕾晚，结铃少，产量减产达50%以上。棉田主要杂草有以下几种。

(1) 马唐（图 4-10）

马唐为禾本科马唐属，茎匍匐，节处着土常生根，总状花序 3~10 枚，指状着生秆顶，小穗双生，一年生晚春性杂草。又名万根草、抓根草、鸡爪草。单生或群生，20℃以下发芽很慢，25~30℃最为适宜。

图 4-10　马　唐

(2) 牛筋草（图 4-11）

牛筋草为禾本科，根发达，深扎，茎丛生，扁平，茎叶均较坚韧，叶中脉白色，穗状花序指状着生秆顶。

(3) 马齿苋（图 4-12）

马齿苋为马齿苋科，一年生繁殖肉质草本，茎带紫红色，匍匐状，叶互生，花瓣 4~

图 4-11 牛筋草

图 4-12 马齿苋

5，黄色。又名马齿菜、马须菜、长寿菜、晒不死等。种子繁殖，发芽温度以 20~30℃为宜。

（4）苍耳（图 4-13）

苍耳为菊科，一年生草本，叶卵状三角形，边缘有不规则锯齿，两面贴生糙伏毛，头状花序球形，密生柔毛。

图 4-13 苍 耳

(5) 田旋花（图 4-14）

田旋花为旋花科旋花属，多年生缠绕草本，根状茎横走，叶互生，戟形，花序腋生。又名中国旋花、箭叶旋花。

图 4-14　田旋花

(6) 反枝苋（图 4-15）

反枝苋为苋科，一年生晚春性杂草。茎直立，幼茎近四棱形，老茎有明显的棱状突起，叶卵形，花小，组成顶生或腋生的圆锥花序，花白色。又名西凤谷、野苋、红枝苋、千穗谷。

图 4-15　反枝苋

2. 主要防治方法

(1) 苗床的土壤处理

在播种覆土后出苗前喷雾，对苗床上大多数杂草都有效。药剂有 25%噁草酮乳油 1 050~1 350mL/hm^2、25%敌草隆可湿性粉剂 1 650~2 400g/hm^2、25%绿麦隆可湿性粉剂 1 500g/hm^2+50%扑草净可湿性粉剂 600g/hm^2。

（2）苗床的茎叶处理

12. 5%稀禾定机油乳剂 1 050~1 500mL/hm^2、15%精吡氟禾草灵 600~900mL/hm^2，茎叶喷雾，只能防禾本科杂草，对其他杂草无效，适用期为棉花出苗后、杂草2~5叶期喷雾。

（3）露地直播棉田的土壤处理

50%乙草胺乳油 1 050~1 800mL/hm^2、25%敌草隆可湿性粉剂 1 800~2 700g/hm^2、24%果尔乳油 600mL/hm^2，播后苗前喷雾，对棉田大多数杂草有效。

48%氟乐灵乳油 1 500~2 250mL/hm^2、33%除草通乳油 3 000~4 500mL/hm^2，播前施用，施药后立即混土，防除禾本科和部分阔叶杂草。

（4）露地直播棉田的茎叶处理

防治禾本科杂草方法同苗床。在棉花中后期，也可定向喷施草甘膦、百草枯等灭生性除草剂，注意防止药滴接触棉株绿色组织。定向喷雾防治各种杂草：25%氟磺胺草醚水剂 1 050~1 500 mL/hm^2、24% 果尔乳油 600~1 440 mL/hm^2、10% 草甘膦水剂 3 750~4 500mL/hm^2、20%百草枯水剂 1 500~2 250mL/hm^2；用法：棉苗 20~30cm 高时做定向喷雾，用扇形喷头，加防护罩在行间对杂草茎叶喷雾。

3. 防治注意事项

（1）除草剂的混用原则

在生产上人们使用除草剂常常是两种或多种除草剂混合使用，以达到一次用药同时杀灭多种杂草的目的。混用除草剂必须遵循 4 项原则：一是必须有不同的杀草谱；二是使用时期与方法必须吻合；三是混合后不发生沉淀、分层现象；四是混合后各种除草剂的使用量应为单一用量的 1/3~1/2。

（2）不能混用的除草剂的配施原则

不能混用的除草剂，可采取分期配合使用的方法。通常有 3 种配施方法：一是不同土壤处理剂交替使用，如第一年使用氟乐灵杀灭禾草，第二年再使用扑草净杀灭阔叶杂草；二是土壤处理与苗后茎叶处理配合使用；三是杀草谱不同的除草剂配合使用，可先用禾大壮杀灭稗草，再用苯达松杀灭阔叶杂草、莎草等。

（3）除草剂药液的配制原则

配制除草剂药液时，先将可湿性粉剂溶在少量水中，制成母液，然后装半喷雾器水，倒入母液，再加足所需水量，最后摇匀施用。如果可湿性粉剂与乳油混用，则应先倒入可湿性粉剂制成母液，然后倒入乳油，最后加足水量，摇匀喷施。

（三）棉花主要病害及其防治方法

1. 立枯病

棉立枯病俗称烂根病、黑根病，棉苗受害后，在近地面的茎基部产生黄褐色病斑，后变成黑褐色，并逐渐凹陷腐烂，严重时病部变细，病苗枯死或萎倒。子叶受害后形成不规则形黄褐色病斑，以后病部破烂脱落成穿孔状。成株期受害后，叶上产生褐色斑点，后脱落穿孔。

防治方法：合理轮作，与禾本科作物轮作 2~3 年以上；合理施肥，精细整地，增施腐熟有机肥或 5406 菌肥；提高播种质量，春棉以 5cm 深土温达 14℃时为适宜播期，一般播种 4~5cm 深为宜；加强苗期管理，适当早间苗、勤中耕，降低土壤湿度，提高土温，培育壮苗；药剂拌种，精选种子，用种子重量 0.5%~0.8%的 50%多菌灵，或种子重量 0.6%的 50%甲基托布津拌种。

2. 枯萎病

枯萎病也叫植物的癌症，是棉花生产的大敌，近年来，迅速蔓延。枯萎病的特征是：植株矮化，叶色发灰绿色，脆硬，茎秆弯曲，茎结缩短，顶心下陷，茎秆内维管束变成灰褐色或浅黑色。发病条件：高温高湿，连茬种植，雨后晴天，会成行、成片死亡。

防治方法：改土，在施入有机肥、氮、磷、钾的基础上，每公顷增施 7.5kg 重茬剂，然后耕翻，可以杀除大部分土中病菌，并可使土壤中增加透气性，消除土壤中亚硝酸盐含量、破除板结，改良盐碱，增强植株抗病能力，减少枯黄萎病为害；适量施用氮肥；适时浇水，棉花单株平均有两个铃、天气干旱时浇第一水，提早浇水会促进病害发生；苗期、蕾期和花铃期定期喷洒恶霉灵等防治枯黄萎病；对已发病的植株可以动手术防治，在棉花基部茎秆上 5~6cm 处用小刀开 2~3cm 纵口，插入两段用枯黄急救原液浸泡 4h 以上的火柴梗，采取上述方法可以有效控制棉花枯萎病为害，也可以防治其他作物的枯萎病。

3. 病毒病

棉花病毒病主要有小叶病毒病、花叶病毒病、曲叶病毒病等，传播快捷，为害严重。

防治方法：在棉花生长前期用病毒医生、抗毒素、病毒立灭、枯病灵均可防治。

4. 茎枯病

棉花从苗期到结铃期均能受害，前期为害子叶、真叶、茎和生长点，造成烂种、叶斑、茎枯、断头落叶以至全株枯死，后期侵染苞叶和青铃，引起落叶和僵瓣。子叶和真叶发病初为黄褐色小圆斑，边缘紫红色，后扩大成近圆形或不规则形的褐色斑，表面散生许多小黑点（病原菌）。茎部及叶柄受害，初为红褐色小点，后扩展成暗褐色梭形溃疡斑，中央凹陷，周围紫红。病情严重时，病部破碎脱落，茎枝枯死。

防治方法：合理轮作，合理密植，改善通风透光条件；拌种，棉籽硫酸脱绒后，拌上呋喃丹与多菌灵配比为 1∶0.5 的种衣剂，既防病又可兼治蚜虫；喷雾，苗期或成株期发病，可用 65%代森锌 800 倍液，或 70%甲基托布津 1 000 倍液喷雾防治。

二、机械化技术

对于棉花苗期的病虫害可以根据种植面积选用不同的施药机械。对于小面积的棉田可以选用背负式电动喷雾机、背负式喷雾喷粉机等。对于较大面积的棉田可以采用背负式动力喷雾机、背负式喷雾喷粉机等。

由于在棉花花蕾期及棉花吐絮期棉花枝叶茂密，交叉封行，此时人工下田进行防治较为困难。所以此时期的病虫害防治通常选用担架式机动喷雾机、高地隙喷杆喷雾机、高地隙吊杆喷雾机及风送远程喷雾机等大型施药机械。对于小面积的棉田，通常选用背负式动力喷雾机及背负式喷雾喷粉机进行病虫害防治。

对于棉田中的草害防治，在选用施药机械时需要根据棉花的生长情况而定。在棉花还未出苗时，喷洒除草剂时选用施药机械可以与防治病虫害的施药机具相同。但是若在棉花出苗后喷施除草剂，需要在喷头上安装防护罩，喷药时要尽量压低喷头，避免将药液喷到棉花上。所以在棉花出苗后进行除草剂喷施时，一般选用背负式电动喷雾机、背负式动力喷雾机等进行定向喷雾，如采用喷杆喷雾机进行喷洒作业，需安装防飘喷头，以避免雾滴飘移造成农作物药害。

（一）棉花植保机械的分类

植保机械有多种分类方法，一般按所用的动力可分为人力（手动）植保机械、电动植保机械、机动植保机械、航空植保机械等；按施用化学药剂的方法可分为喷雾机、喷粉机、土壤处理机、种子处理机、颗粒撒播机等；按运载方式可分为手持式、背负式、担架式、推车式、悬挂式、牵引式、自走式等。植保机械的产品命名较为复杂，常常会出现一个产品名称包含多种分类方式，如担架式机动喷雾机就包含运载方式、配套动力和施用化学药剂的方法 3 种分类方式。

目前，用于棉花病虫害防治的植保机械主要包括背负式手动（电动）喷雾器、背负式喷雾喷粉机、背负式动力喷雾机、担架式（推车式）机动喷雾机、高地隙喷杆喷雾机、高地隙吊杆喷雾机、风送远程喷雾机等类型。在部分大型农场，航空植保机械也逐渐在棉花病虫害防治中得到应用。

（二）棉花植保机械的基本原理、结构及特点

1. 背负式手动喷雾器的基本原理、结构及特点

背负式手动喷雾器的基本原理与结构：背负式手动喷雾器由药液箱、唧筒、空气室、出水管、手柄开关、喷杆、喷头、摇杆部件和背带部件组成。作业时，通过摇杆部件的摇动，使皮碗在唧筒和空气室内轮回开启与关闭，从而使空气室内的压力逐渐升高（最高 0.6MPa），药液箱底部的药液经过出水管再经喷杆，最后由喷射部件喷雾实现防治作业。背负式喷雾器结构如图 4-16 所示。

背负式手动喷雾器的特点：背负式手动喷雾器是我国普及程度最广、保有量最大的传统型施药机具，它具有成本低、操作简单、适应性广等特点。通过更换喷头或改变喷

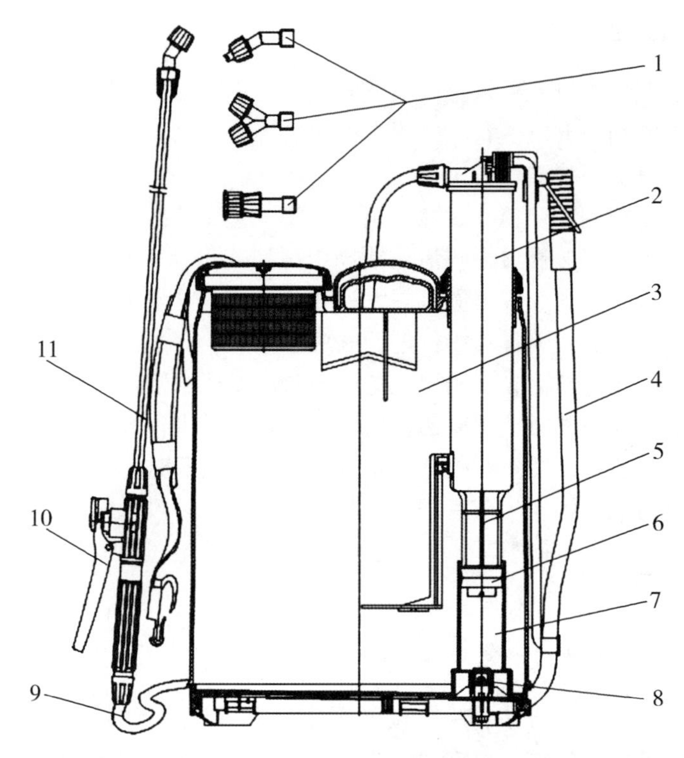

1-喷射部件　2-空气室　3-药液箱　4-摇杆　5-塞杆　6-皮碗　7-唧筒
8-进水阀　9-喷雾软管　10-开关　11-喷杆

图 4-16　背负式喷雾器结构

片孔径大小，既可进行常量喷雾，也可实现低量喷雾，满足了棉花不同生长阶段的病虫害防治需求。但由于其作业效率较低，难以适应规模化防治，因而仅适用于小面积种植棉花的植保作业。

2. 背负式电动喷雾器的基本原理、结构及特点

背负式电动喷雾器的基本原理与结构：背负式电动喷雾器由药箱、底座、蓄电池、微型电机、隔膜泵、输液管、喷射部件、背带部件、充电器等组成。低压直流电源（蓄电池）为微型电机提供能源，微型电机驱动隔膜泵工作，将药液箱内的药液吸入液泵并加压后排出，药液经过输液管，最后经喷射部件雾化后喷出。背负式电动喷雾器结构如图 4-17 所示。

背负式电动喷雾器的特点：背负式电动喷雾器是我国近年来迅速发展的一种新型喷雾器，市场保有量正在快速增长。与手动喷雾器相比，电动喷雾器具有省力、操作方便、喷雾压力稳定、雾化质量好等特点，是背负式手动喷雾器的理想替代产品。

3. 背负式喷雾喷粉机的基本原理、结构及特点

背负式喷雾喷粉机的基本原理与结构：背负式喷雾喷粉机（也称弥雾机）由机架、

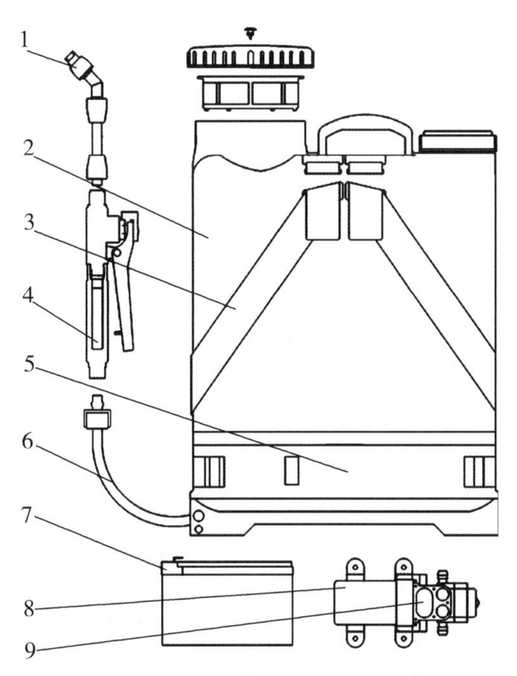

1-喷射部件　2-药箱　3-背带　4-开关　5-底座　6-输液管　7-蓄电池　8-微型电机　9-隔膜泵

图 4-17　背负式电动喷雾器结构

离心式风机、汽油机、油箱、药箱、喷管及喷射部件等组成。作业时，汽油机带动离心式风机，风机产生的高速气流把药粉喷入喷管（或把药液压送到喷头），再由喷管内的高速气流将药剂吹向靶标作物。背负式喷雾喷粉机结构如图 4-18 所示。

背负式喷雾喷粉机的特点：背负式喷雾喷粉机是采用气流输粉、气压输液、气力喷雾原理，由汽油机驱动的机动植保机械，具有轻便、灵活、高效等特点，可进行低量喷雾、超低量喷雾、喷粉等多项作业，满足了不同剂型农药的喷洒需求。该机具风机产生的强力气流不仅可使药液雾滴向远程分布，而且能增强雾滴在作物冠层中的穿透性，明显提高低量喷雾条件下药液在靶标作物上的覆盖密度和分布均匀性，在提高防效的同时，大大减少农药使用量。该机具适用于大面积种植农作物的病虫害防治，在棉花病虫害的区域性集中防治中具有独特优势。

4. 担架式（推车式）机动喷雾机的基本原理、结构及特点

担架式（推车式）机动喷雾机的基本原理与结构：担架式（推车式）机动喷雾机由机架、发动机（汽油机、柴油机或电动机）、液泵、吸水部件和喷射部件等组成，有的还配置了自动混药器。作业时，发动机带动液泵运转，液泵将药液吸入泵体并加压，高压药液通过喷雾软管输送至喷射部件，再由喷射部件进行宽幅远射程喷雾。以 3WKY40 型担架式机动喷雾机为例，其结构如图 4-19 所示。

担架式（推车式）机动喷雾机的特点：担架式（推车式）机动喷雾机具有作业效率高、有效射程远、雾滴穿透性强、雾量分布均匀等特点。该机具通过远射雾、圆锥雾

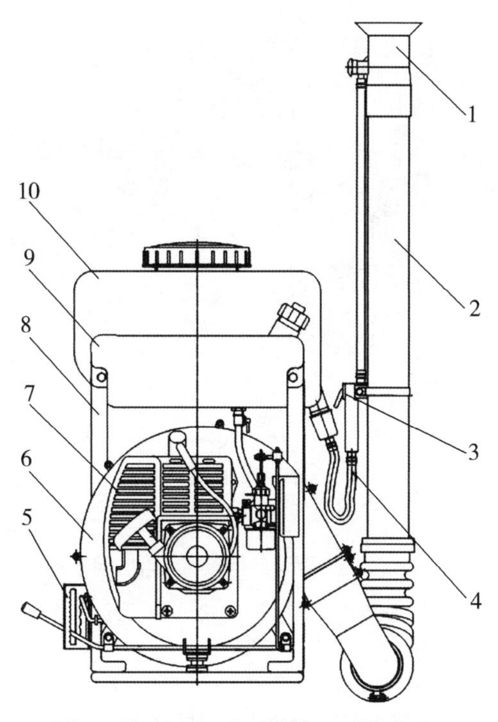

1-喷口　2-喷管　3-输液开关　4-输液管　5-操纵机构　6-风机部件
7-汽油机　8-机架　9-油箱　10-药箱

图 4-18　背负式喷雾喷粉机结构

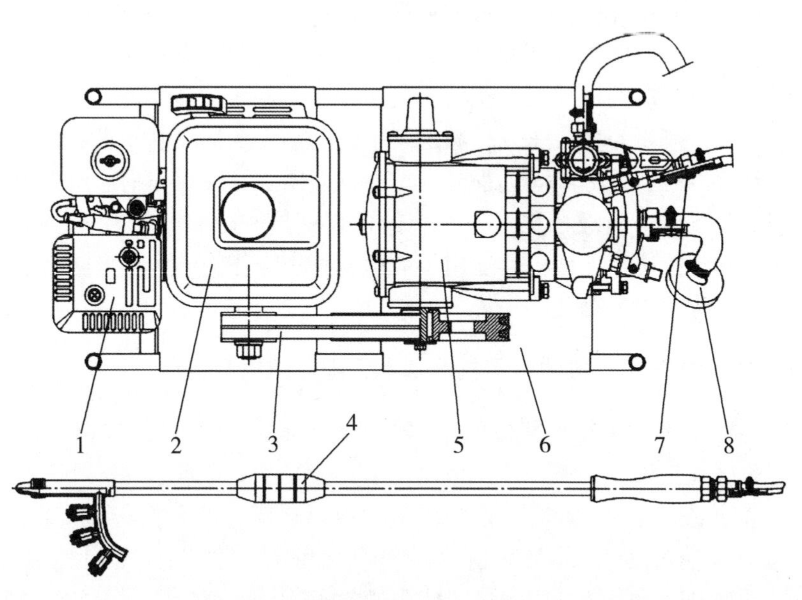

1-发动机　2-油箱　3-传动机构　4-喷射部件　5-液泵　6-机架　7-喷雾软管　8-吸水部件

图 4-19　3WKY40 型担架式机动喷雾机结构

和扇形雾等多种雾型组合喷洒，提高了雾量分布均匀性，通过高压喷雾，增加了雾滴在作物冠层中的穿透性和药液在作物中下部的沉积量，通过远程喷雾解决了棉花生长中后期，枝叶茂密，交叉封行，人工无法下田防治的问题。该机具适用于棉花生长中后期病虫害的规模化防治。

5. 背负式动力喷雾机的基本原理、结构及特点

背负式动力喷雾机的基本原理与结构：背负式动力喷雾机由机架、汽油机、液泵、喷射部件、管路、油箱、药箱等部件组成。液泵分别与进水管、出水管和回水管连通，进水管与药箱连通，出水管连接喷管，回水管连接药箱。作业时，汽油机驱动液泵，将药箱内的药液吸入后加压，高压药液通过喷雾软管输送至喷射部件，再经喷射部件雾化后进行喷洒。背负式动力喷雾机结构如图 4-20 所示。

背负式动力喷雾机的特点：背负式动力喷雾机是欧美国家小型植保机具的主机型，品种较多，造型美观，工艺先进，药箱容量 12～25L，液泵以微型柱塞泵、隔膜泵为主，喷射部件以单头可调式喷枪和小型喷杆为主。与背负式手动（电动）喷雾器相比，具有作业效率高、雾化质量好、雾滴穿透性强、雾量分布均匀等特点，与背负式喷雾喷粉机相比，则具有对靶性好、雾滴飘移量少等优势。该机具适用于不同种植规模、不同生长期的棉花病虫害防治。

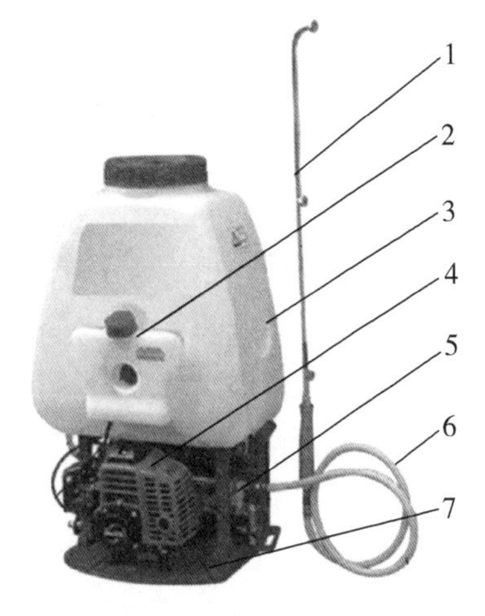

1-喷射部件　2-油箱　3-药箱　4-汽油机
5-液泵　6-喷雾软管　7-机架

图 4-20　背负式动力喷雾机结构

6. 高地隙喷杆喷雾机的基本原理、结构及特点

高地隙喷杆喷雾机的基本原理与结构：高地隙自走式喷杆喷雾机由高地隙自走式底盘和喷杆喷雾系统两大部分组成。喷雾系统部分由液泵、药液箱、液压升降机构、喷射部件、调压分配阀、多功能控制阀、风机、喷杆等部件组成。作业时，主药箱的药液经过滤器，流经泵产生压力，经过压力阀流向控制总开关和射流搅拌，此时流向控制总开关的一部分药液通过自洁式过滤器、分配阀至喷杆喷雾。以 3WX-2000G 为例，其结构如图 4-21 所示。

高地隙喷杆喷雾机的特点：高地隙喷杆喷雾机离地间隙高，田间通过性能好，喷杆升降范围大，可广泛用于玉米、棉花、甘蔗等高秆作物不同生长期，尤其是中后期的病虫草害防治。同普通拖拉机配套使用的悬挂或牵引式喷杆喷雾机相比，自走式高地隙喷杆喷雾机更具有机械化和自动化程度高、使用方便、通过性好、适用范围广、施药精准高效等优点，可有效提高农药利用率、减少农药使用量和对环境的污染。

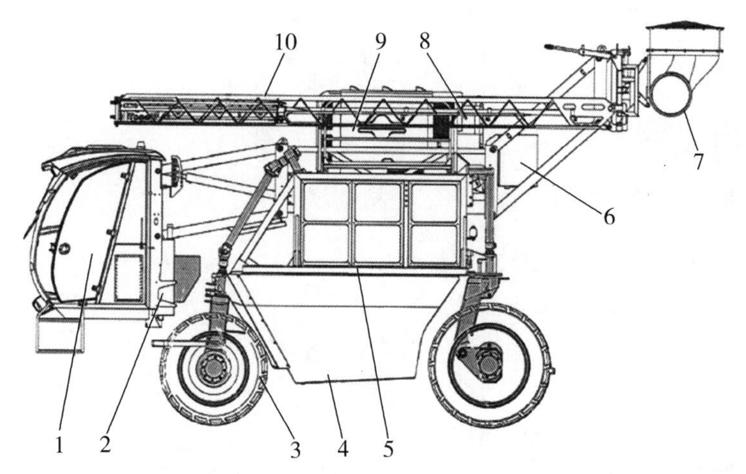

1-驾驶室　2-柴油箱系统　3-行走系统　4-药箱部件　5-车架部件　6-液压系统
7-风幕部件　8-电力系统　9-发动机部件　10-喷杆部件

图 4-21　3WX-2000G 高地隙喷杆喷雾机结构

7. 高地隙吊杆喷雾机基本原理、结构及特点

高地隙吊杆喷雾机的基本原理与结构：吊杆喷雾机主要由隔膜泵、旋水芯喷头、药液箱、射流泵、射流搅拌器、喷杆桁架、吊杆和机架等部件组成。作业时，先给药液箱加入适量的引水，并将未加水的药液箱的开关关闭，然后将射流泵软管接在调压分流阀上，旋转分流阀手柄接通射流泵，关闭喷杆管路，把射流泵放入水源中，开动机器即可自动加水。加水后，旋动调压分流阀至接通喷杆、关闭射流泵的位置，卸下射流泵即可作业。

高地隙吊杆喷雾机的特点：吊杆通过软管连接在横喷杆下方，工作时，吊杆由于自重而下垂，当行间有枝叶阻挡可自动后倾，以免损伤作物。吊杆的间距可根据作物的行距任意调整。在每个吊杆下部安装的喷头方向可调整。在对棉花进行喷雾时，对棉株形成了“门”字形立体喷雾，使植株的上下部和叶面、叶背都能均匀附着药液。此外，还可以根据作物情况可以用无孔的喷头片堵住部分喷头，用剩下的喷头喷雾，以节省药液。适用于棉花在不同生长期的病虫害防治。

8. 风送远程喷雾机基本原理、结构及特点

风送远程喷雾机的基本原理与结构：风送远程喷雾机由药液箱、离心风机、隔膜泵、调压分配阀、传动轴和喷洒装置等组成。当拖拉机驱动液泵运转时，药箱中的水，经吸水头、开关、过滤器，进入液泵。然后经调压分配阀总开关的回水管及搅拌管进入药液箱，在向药箱加水的同时，将农药按所需的比例加入药箱，这样就边加水边混合农药。喷雾时，药箱中的药液经出水管、过滤器与液泵的进水管进入液泵，在泵的作用下，药液由泵的出水管路通过输药管进入喷洒装置的喷管中。进入喷管的药液在喷头的作用下，以雾状喷出，并通过风机产生的强大气流，将雾滴再次进行雾化。同时将雾化

后的细雾滴吹送带棉花的各个部位。结构如图 4-22 所示。

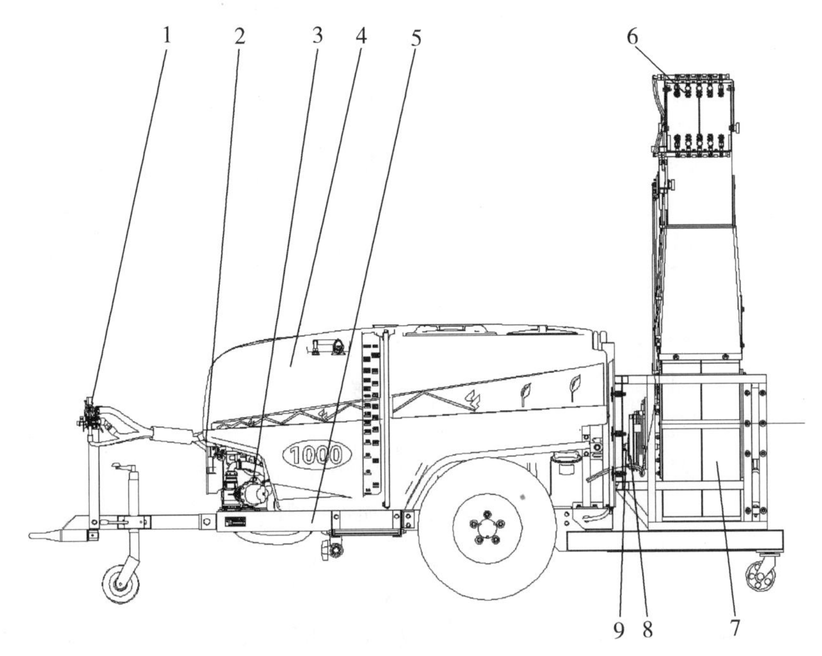

1-调压分配阀　2-液泵　3-过滤器　4-药箱　5-车架　6-喷洒装置　7-离心风机　8-增速箱　9-联轴器

图 4-22　风送远程喷雾机结构

风送远程喷雾机的特点：与高地隙的喷杆喷雾机、吊杆喷雾机相比，风送远程喷雾机具作业幅宽大、作业效率高的特点，风机产生的强力气流可直接将农药雾滴均匀送至靶标作物冠层的各个部位，而且无须下田即可进行病虫害防治作业。对作物的种植农艺要求低，不需要对作物的株行距等进行规划、控制。适用于棉花生长中后期的病虫害防治。

9. 植保无人机基本原理、结构及特点

（1）植保无人机的分类

根据市面上现有的植保无人机产品，对其进行分类，有多种分类方法：按照动力来源划分，可分为电动和油动植保无人机；按照机型结构划分，可分为固定翼式植保无人机、单旋翼直升机和多旋翼植保无人机，如图 4-23 所示；按照起飞方式，可划分为助跑起飞和垂直起降植保无人机两种。以下按照机型结构的分类方式进行介绍。

① 固定翼植保无人机：固定翼植保无人机动力系统主要由动力装置和固定机翼组成，是一种通过动力装置（电动或油动发动机）产生推力或者拉力，固定机翼产生升力，飞行过程中机翼位置等参数固定不变的无人机。固定翼植保无人机具有续航能力强、飞行效率高、飞行速度快、载荷大等优点，缺点是起飞和降落都需要较大的场地，并且不能空中悬停，因此适合应用于大面积地块的农作物植保作业以及农作物信息遥感、灾害预警等。

② 单旋翼直升机：单旋翼直升机，其工作原理是通过一个或者两个主旋翼旋转产生升力，同时依靠尾桨保持平衡。因为需要通过控制旋翼桨面的变化来实现直升机的位姿变换，所以不论主旋翼还是尾翼都有着非常复杂的机械结构。单旋翼直升机具有垂直起降和空中悬停的能力，其灵活性和可操作性要比固定翼好很多，所以在一些航空植保业发达的国家，广泛采用这种机型进行植保作业。该种结构机型的缺点是机械结构较为复杂，造成实现自动控制难度较高，后期维护保养费用也相对比较昂贵。

③ 多旋翼植保无人机：多旋翼无人机通常采用偶数个对称非共轴螺旋桨的布局方式，动力来自螺旋桨的旋转产生升力，通过改变不同螺旋桨之间的相对旋转速度，而使各个螺旋桨之间产生升力差，从而帮助多旋翼无人机完成前进后退、旋转等飞行动作。多旋翼飞行器也能够实现垂直起降和空中稳定悬停。多旋翼无人机具有简单的动力学结构和出色的飞行稳定性，同时购买、维护成本又很低，因而受到国人广泛的关注和使用。多旋翼目前动力技术有两种，一种是油动，采用汽油混合物做燃料，燃料易于获得，飞行时间长，但是实际飞行中，操控相对麻烦，由于发动机振动而引起的飞行稳定性降低问题难以解决，且不完全燃烧的废油会喷洒到农作物上，造成农作物污染。另一种是电动，采用的是锂电池作为动力来源，环保，不造成农田污染，外场作业需要及时为电池充电；但是由于结构及电源技术的限制，载重能力一般比较低（5~15kg），续航时间也较短（10~20min）。从操控、环保以及成本的角度出发，目前国内市场上应用最广的是电动多旋翼植保无人机。

(a) 固定翼“TH-02”

(b) 单旋翼“RMAX”

(c) 多旋翼“P20”

图 4-23　不同机型结构的植保无人机

（2）植保无人机的基本原理与结构

以常见的四旋翼植保无人机为例（图4-24），根据其作业需求，可以将四旋翼植保无人机系统划分成3个部分：机体部分、控制部分、动力部分。3个部分的功能各不相同，相互辅助。机体部分指的是机身机械结构，包括机架、喷洒装置、起落架等，它为其他部分提供机械连接和支撑保护；动力部分指的是电源、电动机、药液泵、螺旋桨等部分，它为植保无人机提供飞行动力以及控制能源；控制部分指的是无人机的控制系统，包含飞行控制器、传感器、遥控器等，它为动力部分发送精密准确的控制信号。笔者设计的四旋12翼植保无人机系统主要包含螺旋桨、电机、喷洒系统、飞行控制器、电源、GPS模块以及地面站设备等，该系统结构如图4-25所示。

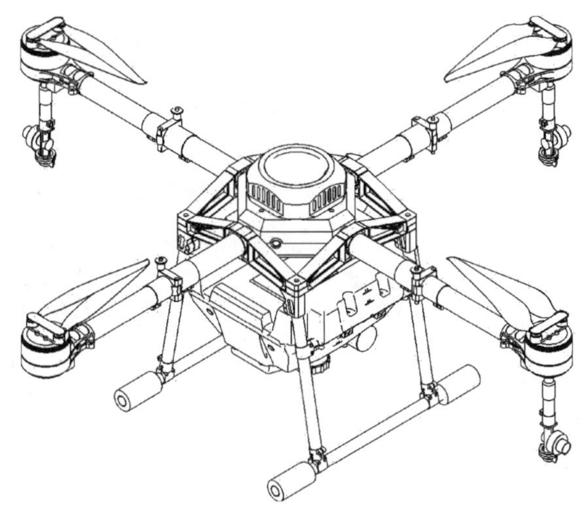

图4-24 四旋翼植保无人机

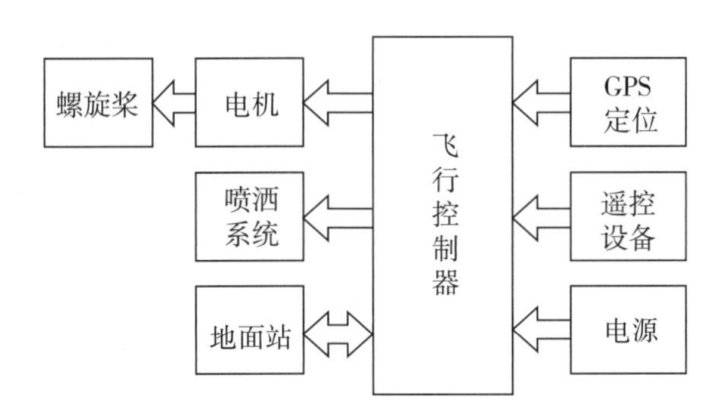

图4-25 四旋12翼植保无人机系统

植保无人机农药喷洒装置（图4-26）的工作原理：当进行植保作业时，操控人员首先将无人机飞行到指定作业区域上方，打开遥控器上对应通道开关，电源即给药液泵供电运转，抽取药箱中的药液并通过输送软管输送到喷洒杆，最后药液经由喷头喷出。采用无线遥控开关控制药液泵电源，能根据实际情况随时控制药液泵的工作状态，从而能实现选择性喷洒作业，避免了药液不必要的浪费，从而提高了农药的利用率。

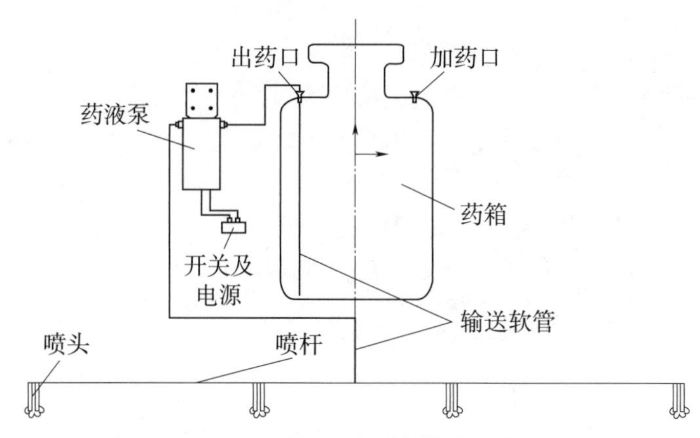

图 4-26　植保无人机农药喷洒装置

（3）植保无人机的特点

农用植保无人机克服了人工作业效率低、地面喷雾机具进地作业的难题，与地面植保机械相比其特点如下。

① 喷洒效果好。植保无人机施药方式为低空、超低空作业，机具利用精确的导航系统调节与农作物的距离，通过雾化器改善雾滴的雾化均匀性，使喷出的药液均匀地附着在作物的表面，有效减少重喷和漏喷的现象。

② 无人驾驶。无人机的作业过程直接由飞控人员通过远距离遥控实现，不需要专业飞行员操作，既降低了作业成本，又避免了人员与农药的直接接触，有效减少了农药带给施药人员的化学成分的伤害。

③ 喷雾效率高。以我国天鹰-3 小型农用无人直升机为例，作业效率 7~10hm^2/h，是普通喷洒机械的 3~4 倍，是传统人工喷药的 60 倍以上。无人机施药能够在大规模病虫草害突发情况下迅速并有效开展防治工作，最大程度降低病虫害造成的损失。

④ 适用性好。植保无人机可垂直起降，不受地形的限制，可解决地面机具难以进入山地、水田、沼泽等地作业的难题。同时，不受作物长势的限制，对于山地、水田、沼泽都可以利用无人机来进行病虫害防治，均具有良好的适应性。

⑤ 省药、省水、减少污染。无人机施药提高药物利用率，有效降低农药残留、土壤污染和水源短缺等问题。

⑥ 操控人员安全系数高。操控飞机飞行的人员通过无线远距离控制系统，实时发出指令对无人机的动作进行控制，同时通过安装在植保无人机的自主导航装置实现无人机的自动施药过程。

（4）多旋翼式植保无人机的优势

多旋翼式植保无人机相比于单旋翼直升机和有人驾驶的固定翼农业植保机有着自身独特的优势。

① 多旋翼式植保无人机因为其体积小，操控灵活，不仅易被广大农民接受，而且

能够实现精准作业；其动力特性使其具有垂直起降的功能，作业不受场地的限制。

② 喷洒均匀，雾化效果好；覆盖密度高，防治效果好。利用机翼叶片旋转而产生的下旋气流可以将农药雾滴直接带到农作物叶片的正反面，提高了防治效果与作业效率。

③ 多旋翼式植保无人机机械结构简单，后期的管理和维护工作难度不大；配套喷洒设备易于拆装，实用性强。

第六节　棉花打顶

一、棉花打顶概念

打顶是棉花生长过程中的关键环节，通过打顶可消除棉花顶端生长优势，调节植物体内水分、养分等物质的运输方向，促进营养生长和生殖生长平衡，使较多的养分供生殖器官生长，减少无效果枝对水肥的消耗，棉株早结铃、多结铃、减少脱落等，及时打顶可抑制棉株向外伸长，有利于棉桃的充分发育成熟及纤维品质提高。棉花打顶技术作为棉花生产过程中的重要技术之一，直接影响棉花产量，是棉花机械化生产技术的重要组成部分。

二、打顶原理

通过打顶可消除棉花顶部的生长优势，调节棉花体内的水分、养分等物质的运输方向使较多的养分供生殖器官生长，减少无效果枝对水肥的损耗，促进棉株早结铃、多结铃、减少脱落，有明显的增产、增收效果。棉花打顶的基本原理是抑制顶端优势。顶端优势是指顶芽优先生长，而侧芽受到抑制的现象。植物生长发育过程中顶芽产生生长素，而这些生长素向下运输，大量积累在侧芽部位，造成侧芽的生长素浓度过高，并且侧芽对生长素的敏感程度较顶芽强，因此会抑制侧芽的生长，表现为顶芽优先生长而侧芽受到抑制。因此，应抑制顶端优势。

三、打顶农艺要求

（一）合理选择打顶时间

棉花打顶时间需要根据棉花播种时间及棉花生长期的长度合理选择，遵循“时到不等枝，枝到不等时”的原则，无论植株有多高均要及时打顶。棉花打顶的具体时间是在初花期至盛花期期间，在不同棉区有所差别，西北内陆棉区北疆一般为每年的 6 月底至 7 月初，南疆通常为 7 月 1—5 日，7 月 10 日前完成打顶，黄河流域棉区通常为 7 月中下旬完成打顶，长江流域棉区在 8 月 10 日前后完成打顶。打顶要适时，若打顶过早，上部果枝长势强，使棉株形成伞状，田间阴蔽加重，通风透光不良，烂铃增加，增加了整枝用工；若打顶过晚，无效花蕾增多，吐絮成熟推迟，导致棉花减产质劣。实际生产中，需依据棉株的长势、地力、密度、品种、果枝数等灵活掌握。

从棉株长势看，棉株的顶心若低于顶部第一和第二片展开叶片时打顶则偏早，若顶心高出顶部两叶时打顶则偏晚，以顶心与顶部两叶持平时打顶正适时。农谚说得好“凹打早，凸打迟，平顶打心正适时”。一般说来长势弱、密度大、地力差的棉田，打顶时间应适当提早；反之，长势强、密度小、地力好的棉田，打顶时间应适当推迟。早熟品种晚打，中晚熟品种早打。

（二）正确选择打顶位置

棉花打顶应采用轻打去小顶法，需要打去棉株顶部的一叶一心，切忌“大把揪”的打法（图 4-27）。同时，兼顾侧枝，将部分较大侧枝顶部一并打去，并将打去的顶芽带出地块深埋，以防病虫害传播。在新疆地区，人工打顶的同时也进行适当的整枝打顶，一般要求保留 8~9 个果枝，株高控制在 65~70cm 为宜；对长势偏旺的棉田要提前进行人工整枝，保留 2~4 个营养枝，剪去空枝，以保证田间的通风透气条件，促进棉花早熟。

图 4-27　棉花打顶

四、打顶分类

（一）人工打顶

1. 人工打顶技术

在初花至盛花期间，人工摘除棉株主茎顶尖一叶一心，抑制顶端优势，促进果枝生长及棉株早结铃、多结铃、减少脱落，从而实现棉花增产增收。

2. 人工打顶方法

通过人工摘除棉花顶芽从而抑制顶端优势，将养分输送至果枝处，促进棉花果枝的生长，利于结桃结铃，增加棉花产量。人工打顶是前人在棉花种植实践过程中逐步摸索出来的，其效果的好坏关键在于选择打顶时间和方法。打顶时间过早，会造成棉花早衰、赘芽丛生，影响产量；打顶时间过晚易造棉花旺长，无效花蕾增多，贪青晚熟，吐絮成熟推迟，霜后花比例增加，影响产量和品质。

3. 人工打顶的应用

人工打顶精确度高，对棉铃伤害小，将打掉顶芽及时带出地块，减少了病虫害的传播，是目前植棉农户采取的主要措施（图 4-28）。长期以来，我国棉花打顶工作均是人工手动进行的，熟练的棉农打顶作业效率为每人每天 2~3 亩，而棉花打顶的最佳时期为7~10天，如果错过最佳打顶期，棉花产量与品质将受到影响。因此，对于大面积棉花种植的区域，棉花打顶工作需要大量的人工作业才能完成。面对日益短缺的劳动力，人工打顶已经成为制约棉花生产的一个重要因素，无法满足大规模的棉花生产方式，且无法适应现代农业的发展。因此，逐步涌现出机械打顶与化学打顶等先进打顶技术，人工打顶方式终将被取代。

图4-28　人工打顶

（二）化学打顶

1. 化学打顶技术

化学打顶是利用植物生长调节剂抑制顶端分生组织的分裂及伸长，延缓或抑制棉花顶尖和果枝尖的分化速率，限制棉花无限生长习性，调节营养生长与生殖生长，塑造棉花理想株型，从而达到类似人工打顶的作用（图4-29）。我国近10年来已开展了大量的棉花化学打顶技术研究，发现以植物生长延缓剂DPC和植物生长抑制剂氟节胺为有效成分的调节剂产品具有较好的化学打顶效果。化学打顶可减少对棉株的物理伤害，缩短打顶时间跨度，有效避免漏打和重复打顶的问题，塑造理想株型。

延缓剂DPC类应用较多的为增效缩节胺（25%甲哌鎓水剂），可借助助剂中的无机盐成分对幼嫩组织表皮形成轻微伤害，有效期长于普通DPC可溶性粉剂。在棉花上一般只需于初花期至盛花期期间喷施一次（其他时间正常使用常规DPC）。

氟节胺又名抑芽敏，为25%的乳油，具有接触兼局部内吸的高效抑制侧芽生长的作用。在正常使用DPC的条件下，一般在棉花蕾期和花铃期各使用一次，第二次喷施10d后停止生长。

2. 化学打顶方法

化学打顶的应用主要注意以下几个方面。

图 4-29 化学打顶

一是棉花化学打顶整枝剂与常规缩节胺化控技术配套施用，提高棉株顶部结铃率，提高稳产性。化学打顶技术成功的关键是合理运筹水、肥、密等栽培措施，促进棉株稳健生长。实际应用时需要根据气象因子（降水量）和种植密度决定是单独应用常规 DPC 化控技术，还是将常规 DPC 化控技术与增效 DPC 化学打顶应用相结合。此外，化学打顶技术对种植密度和施氮量等配套栽培措施的要求并不苛刻，这有利于该技术的推广。

二是喷药时间。西北内陆棉区：增效型 25%缩节胺水剂一般在 7 月 1 日左右喷施化控打顶剂，保障株高 70~80cm、果枝数 8~11 台。氟节胺悬浮剂需施药 2 次，第一次在棉株高度 55cm 左右、果枝达到 5 台时开始喷药；第二次在株高 75~80cm、果枝达到 8 台左右开始使用。

黄河流域棉区：增效型 25%缩节胺水剂一般在 7 月 20 日左右喷施化学打顶剂，保障株高 90~110cm、果枝数 10~13 台。

三是用药剂量。不同产品施药剂量不同，用药量按产品说明施用。

四是棉田后期合理管控水肥，避免棉花贪青晚熟。对于喷施氟节胺类打顶剂，第二次喷施氟节胺后，必须控水 5d 以上方可进行灌水，灌水量要适量，不宜大水大肥，做到不旱不灌。

3. 化学打顶剂的应用

（1）氟节胺

氟节胺（$C_{16}H_{12}N_{304}F_4Cl$）又名抑芽敏，其结构式见图 4-30，产品通常为 25%的乳油，具有接触兼局部内吸的高效抑制侧芽生长的作用。其分子里的 Et 链可以抑制顶尖纺锤体的形成，从而使顶尖细胞不分裂或少分裂，抑芽作用迅速、吸收快、药剂接触完全伸展开的叶片不产生药害，同时可塑造理想株型，促进早熟，提高棉花品质，增加棉花产量，替代人工打顶。

用氟节胺作为打顶剂时，须两次施药，严格按照包装上的标识使用：标识Ⅰ型为第一次施用，标识Ⅱ型为第二次施用，其配方不同切勿混淆。

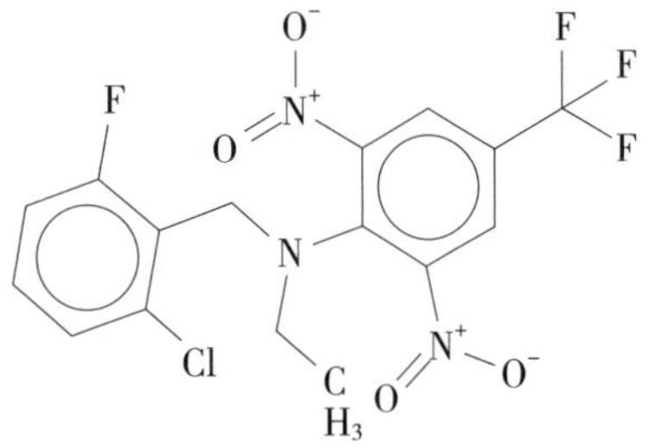

第一次喷施时间和剂量：机采棉株高度 55cm 左右，手摘棉株高度 45~50cm，或果枝 5 台/株左右时，采用机械顶喷，氟节胺用量 1 200~1 500mL/hm^2，兑水 500~600kg/hm^2；旺长棉田根据苗情长势需增加缩节胺 45~75g/hm^2（Ⅰ型控顶剂）。

图 4-30　氟节胺

第二次喷施时间：机采棉株高度 65~70cm（高密度棉田），手摘棉株高度 60~65cm，或果枝 7~8 台/株（正常棉田喷施时间 7 月 5—15 日）。顶喷加吊管喷施，氟节胺用量 2 250g/hm^2，兑水 600kg/hm^2；旺长棉田根据苗情长势需增加缩节胺 120~150g/hm^2（Ⅱ型控顶剂）。

氟节胺严禁与含有激素类的农药和叶面肥混用，可与微量元素（硼、锰、锌）混合使用。如施药后 4h 内下雨，要减量重新补喷。

（2）缩节胺

缩节胺，即植物生长延缓剂缩节胺（1,1-二甲基哌啶鎓氯化物），其结构式见图 3-31。缩节胺对植物营养生长有延缓作用，通过植株叶片和根部吸收，传导至全株，可降低植株体内赤霉素的活性，从而抑制细胞伸长，顶芽长势减弱，控制植株纵横生长，使植株节间缩短，株型紧凑，叶色深厚，叶面积减少，并增强叶绿素的合成，可防止植株旺长，推迟封行。缩节胺能提高细胞膜的稳定性，增加植株抗逆性。

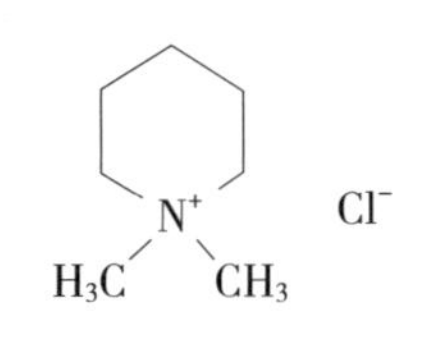

图 4-31　缩节胺

① 浸种：一般以每千克棉种用 1g，加水 8kg，浸种约 24h，捞出晾至种皮发白播种。若无浸种经验，建议在苗期（2~3 叶期）每亩用 0.1~0.3g，兑水 15~20kg 喷洒。

② 蕾期：每亩用 0.5~1g，兑水 25~30kg 喷洒。

③ 初花期：每亩 2~3g，兑水 30~40kg 喷洒。

④ 盛花期：每亩用 3~4g，兑水 40~50kg 喷洒。

（3）增效缩节胺的使用方法

延缓剂 DPC 类增效缩节胺（25%甲哌鎓水剂）作为打顶剂时，在棉花上一般只须于初花期至盛花期喷施 1 次（其他时间正常使用普通缩节胺）。西北内陆棉区使用时间一般在 7 月 1 日左右，保障株高 70~80cm、果枝数 8~11 台；施药时喷杆距棉株顶部高度 30~40cm，用药量 225mL/hm^2，喷液量 450L/hm^2。黄河流域棉区使用时间在盛花期前后，株高 90~110cm，果枝数 12~13 台/株；用量 750~1500mL/hm^2，机械喷施兑水量 450~600L/hm^2，农用植保无人机喷施兑水量 15~18L/hm^2。喷施时，喷杆离棉株顶心高度 30cm。喷施 6h 内遇雨，减半补喷。

4. 化学打顶剂施用机械

我国化学打顶研究起步较晚，但其普适性较强，化学打顶技术仍在研究过程中，可与之配套的施药机械较多。目前使用的化学打顶剂多为液态，因此，小型田块采用手动喷雾器、机动喷雾器等小型机械既可。对于大型农场，则可使用喷杆喷雾机等大型喷药设备以及无人机。

5. 化学打顶发展趋势

为将化学打顶剂推广开来，应加强不同打顶剂使用效果的研究，针对各地区气候条件及植棉种类，进行化学打顶对棉株光合特性、干物质积累与分配规律、主要营养元素积累与分配规律的影响，以及激素变化和其他生理生化相关性研究，筛选出适用性较广、打顶效果好、环保的打顶剂，开展打顶剂使用时间、次数及剂量试验，寻找最佳打顶方案。还可以塑造适宜化学打顶的理想株型，有研究表明，通过塑造株型，可以使化学打顶达到与人工打顶相同的产量，从而稳定棉花产量。不同棉花品种对打顶剂的反应不同，打顶时应根据品种特性选择适宜的打顶技术，从而减少打顶方式对棉花产量的影响。

（三）机械打顶

1. 机械打顶技术

棉花机械打顶技术是在如今农业生产机械化发展过程中逐步形成的替代人工打顶的物理打顶技术。其原理与人工打顶一致，通过棉花打顶机械替代人工，利用机械方法将棉花顶端切除实现打顶，从而提高棉花打顶作业效率，降低棉农劳动强度及棉花生产成本。

2. 机械打顶方法

机械打顶是采用机械的手段模拟人工打顶方法将顶芽去除，常用形式有圆盘切刀式、往复切割式、线刀式等，可对棉花顶芽进行仿形打顶或者“剃平头”的方式进行打顶。仿形打顶是采用超声波、激光、红外线、仿形板等方式对棉花高度进行检测，做到对不同高度的棉花进行仿形打顶。“剃平头”方式是不对棉花高度进行测量，只与设置的刀的高度有关，打顶之后棉花高度相同。

3. 机械打顶装备应用

简单打顶装置：1961 年，我国第一台马拉打顶机，由地轮传递动力，利用两套齿轮对滚筒切刀加速，切刀回转切去棉顶。但是，由于入地后打顶高度不变，造成漏切率和伤枝率高，作业质量差。随后出现了人工打顶的辅助装置，如用于辅助人工打顶的打顶指套。杨发展提出了手推棉花打顶机，是一种以蓄电池为动力，通过电机驱动刀片，模仿人手掐顶动作的手推、手提平台。陈延阳提出了手提式棉花打顶机（图 4-32），由人工背负电池，手提旋转切刀剪枝打顶。

大型打顶装置：20 世纪以来，出现了拖拉机挂接的多行棉花打顶机，打顶机进入机械动力阶段，并逐步向大型化和自动化方向发展。悬挂式棉花打顶机按高度仿形原理划分，主要有地面仿形、整体高度仿形和单株高度仿形 3 种型式。

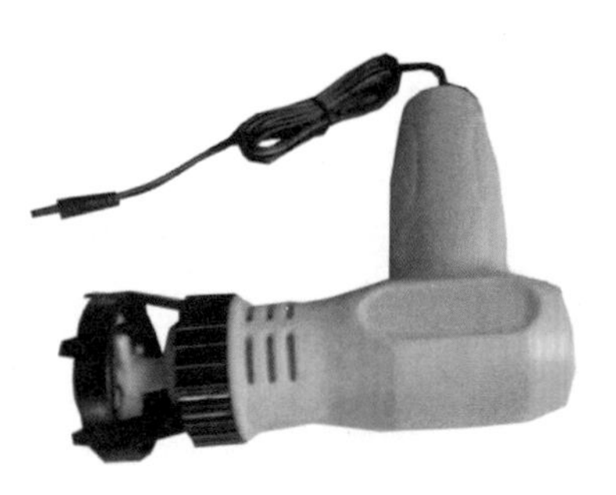

图 4-32　手提式棉花打顶机

（1）地面仿形棉花打顶机

地面仿形是指用打顶机地轮等装置依据地面高度改变切顶高度的控制方法。新疆大学王春耀、蒋永新等研制的 3DDF-8 型棉花打顶机（图 4-33），在机架的两侧采用地轮对地面整体仿形，每行又有仿形靴进行单行对地面仿形，在地轮上装有减震器以消减拖拉机越障带装的振动和冲击，打顶刀采用滚筒式切刀，虽然切刀切净率高，但位置精度不容易控制。

图 4-33　3DDF-8 型棉花打顶机

（2）整体高度仿形棉花打顶机

整体高度仿形是指根据作业幅宽内所有棉花顶尖的位置，由人工判断较合适的平均打顶位置，然后利用液压机构等装置将多行机组整体升降的高度控制方法，具有粗略仿形功能。

新疆石河子大学胡斌研制了 3MD-12 型后挂接打顶机，该机型由拖拉机输出轴经变速箱变速后带动甩刀回转，打顶高度以螺栓调节机架的基准后，人工操纵液压系统带动切刀和变速箱一起升降，实现整体仿形。在此基础上，胡斌等研制了 3MDY-12 型前悬挂棉花打顶机（图 4-34），以液压发动机驱动回转，解决打顶机构前悬挂动力，研制了采用平行四边形机架，以提升油缸确定打顶机的工作基准位置后入地工作；驾驶员根据局部长势，操纵举升缸升降整排 12 行打顶装置。

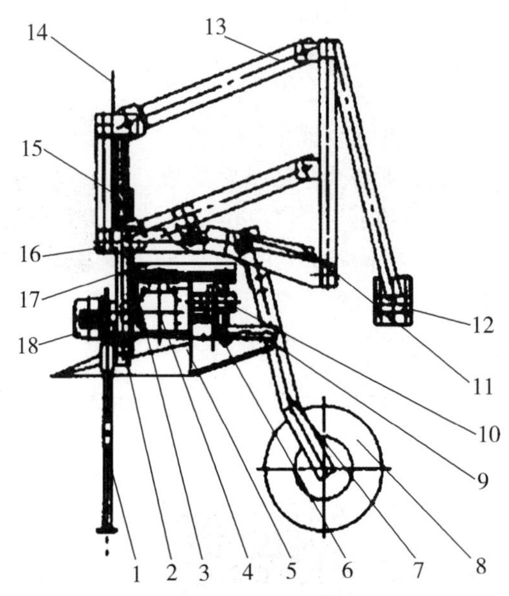

1-前支架　2-定轨道架　3-动轨道架　4-变速箱　5-扶禾器　6-刀轴扶禾器梁　7-仿形架　8-仿形轮
9-刀片　10-刀轴总成　11-油缸　12-支撑架　13-上拉杆　14-标尺　15-举升缸
16-主梁　17-V 带轮防护罩　18-液压发动机

图 4-34　3MDY-12 型前悬挂棉花打顶机结构

山东农业大学周桂鹏等研制的基于高地隙通用底盘的棉花打顶机（图 4-35），也属整体高度仿形棉花打顶机。驾驶员根据棉田状况，通过液压系统同时升降装有若干行打顶装置的机架，达到整体仿形的目的；这个机型还有喷药的附加功能。

（3）单株仿形棉花打顶机

单株仿形棉花打顶机可实现对每一株棉花的单独仿形，根据不同棉花高度实现打顶机构的上下动作。

3MDZF-6 型垂直升降式单体仿形棉花打顶机（图 4-36）

垂直升降式单体仿形棉花打顶机采用垂直升降式旋切原理切除棉花顶尖，而且切割器可根据棉花高度垂直升降，实现单体棉花的随即仿形，完成打顶作业。垂直升降式单体仿形棉花打顶机主要由组合式机架、液压系统、电气系统、平台切割器传动系统组成。传动系统包括套管伸缩装置、皮带、固定轴承、升降油缸、大带轮、变速器、中间带轮等可实现切割器的旋转和垂直升降；仿形平台位于组合机架下部，通过销子和轴承座分别与固定在机架上的升降油缸、套管伸缩装置内的切割器刀轴连接，在升降油缸与可拆卸导向器作用下垂直升降，其结构包括仿形底座、可拆卸导向器、可移动仿形器、扶禾器、销轴和轴承座等；电气系统包括遥控开关、电池、接近开关；液压系统包括升降油缸、油管、分配器、电磁换向阀、溢流阀。

工作原理是以三点悬挂方式与拖拉机连接随机车前行，拖拉机动力输出轴通过万向节将动力传递到变速器，与变速器连接的大带轮通过胶带将动力传递到中间带轮，中间带轮再将动力分配到两侧带轮，各带轮处于水平位置以此保证套筒伸缩装置的

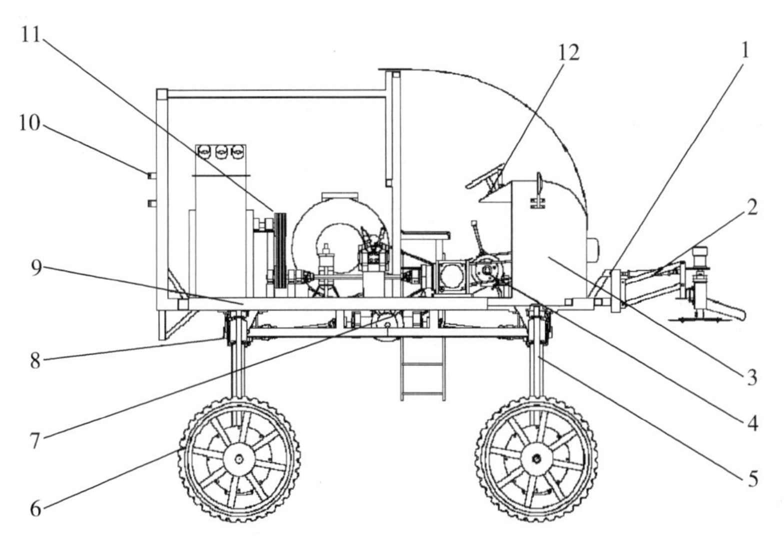

1-前挂接架　2-棉花打顶装置　3-发动机箱　4-变速箱总成　5-高地隙支撑架　6-橡胶轮
7-分动箱总成　8-转向油缸　9-车身　10-后挂接升降架　11-传动机构　12-驾驶室

图 4-35　基于高地隙通用底盘的棉花打顶机结构

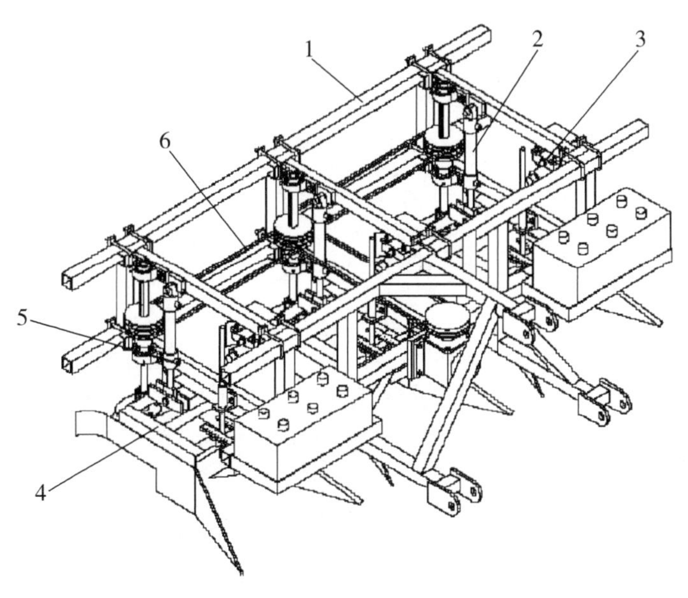

1-组合机架　2-液压系统　3-电气系统　4-仿形平台　5-切割器　6-传动系统

图 4-36　3MDZF-6 型垂直升降式单体仿形棉花打顶机结构

动力分配；带轮与套筒伸缩装置固定，套筒伸缩装置通过滚动销带动切割器产生旋转运动，伸缩套筒上的导向槽既保证动力的传递，在油缸作用下又能保证切割器具升降工作。当棉花比较低时，仿形板下降，接近开关导通，并将信号传遭到电磁阀，电磁阀控制升油缸带动仿形平台下降，切割器随之下降；当棉花高时，仿形板上开升，接近开关断开，另一个接近开关导通，将信号传递到电磁阀，电磁阀控制升降油缸带动仿形平台上升，与仿形平台连接的切割器随之上升；当棉花高度稳定不变时，仿形板处于接近开关之间，电磁阀处于中间截止位，升降油缸不动作，仿形平台连接的切割器工作离度不变，实现单体棉花的随即仿形，切割器根据棉花高度垂直升降切除棉花顶尖，完成打顶作业。

3MD-3 型自动棉花机械打顶机（图 4-37）

由农业农村部南京农业机械化研究所和滨州市农业机械化科学研究所共同研发的 3MD-3 型自动棉花机械打顶机是国内研制的一款智能型棉花打顶机，采用单体仿形结构可同时实现 3 行棉花打顶作业，每行均可独立进行仿形，实现精确打顶。棉花机械打顶机结构上采用独立的分体式结构，每个分体具有独立的升降仿形系统与切削系统。其升降仿形系统通过伺服电机驱动，再经过齿轮齿条机构转换实现切削刀具的升降仿形动作；切削系统采用双圆盘刀结构，由电动机驱动经过皮带传动到刀轴，并通过一级齿轮传动实现双刀轴的旋转，带动两切刀的旋切动作，从而实现棉花打顶过程的可靠切削。3MD-3 型自动棉花机械打顶机有别于传统的棉花机械打顶机，它采用一套 PLC 伺服控制系统来实现自动控制。其控制系统包括操控触摸屏、PLC 控制器、棉花高度传感器、电机驱动器、车速传感器等。自动棉花机械打顶机工作时通过安装于各个分体上的棉花高度传感器对棉花高度进行检测，并将数据传输给主控的 PLC 控制器，PLC 控制器结合棉花高度与用户设定的棉花打顶高度计算出切削位置，然后通过电机驱动器控制升降仿形系统，使打顶切刀升降至所要求的切削高度位置。另外，PLC 控制器同时根据用户设置的打顶切刀转速，实现棉花打顶刀的旋切，从而完成棉花顶端的切削和打顶动作。

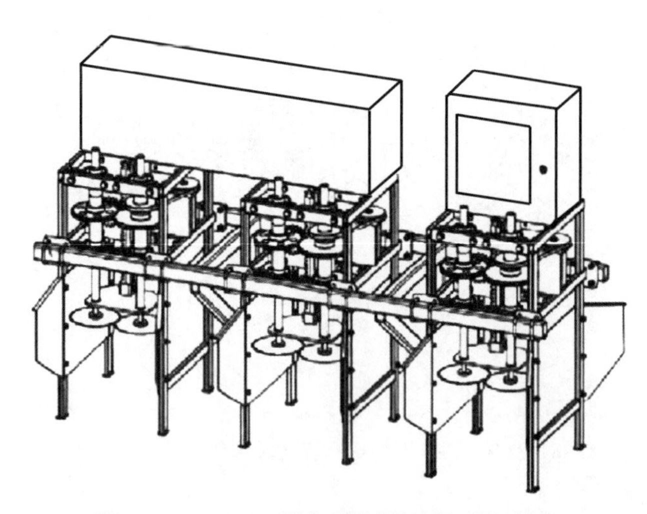

图 4-37　3MD-3 型自动棉花机械打顶机结构

3WDZ-6 型自走式棉花打顶机（图 4-38）

自走式棉花打顶机前后分别安装有打顶装置和喷雾系统，实现了多功能作业，自走式底盘的动力输出轴驱动打顶机械的齿轮泵，带动液压发动机，再通过胶带传动增速后由软轴传递使刀头高速旋转，同时扶禾器将棉株的主枝、侧枝聚拢扶至刀片旋转切割范围内，通过高速旋转的刀片切去棉株的主枝、侧枝顶部，切顶后逐渐放开，实现扶禾、聚拢、切顶、释放连续作业，达到棉花打顶的农艺技术要求。利用激光传感器检测棉株高度，并采用浮动支架整体仿形和刀具支架仿形相结合的方式实现棉株单体仿形。通过安装在浮动支架上的仿形地轮适应地表的不平，仿形地轮支架连接仿形地轮升降油缸，实现浮动机架离地高度的调节。浮动支架采用平行四连杆机构，保证刀具旋转平面与地面平行，实现刀具高度的整体仿形。利用激光技术测量刀具与棉株顶尖的距离，通过调整比例阀的流量以控制刀架升降油缸的伸缩速度，实现刀具支架的升降，达到适时、精确打顶，实现单体仿形。

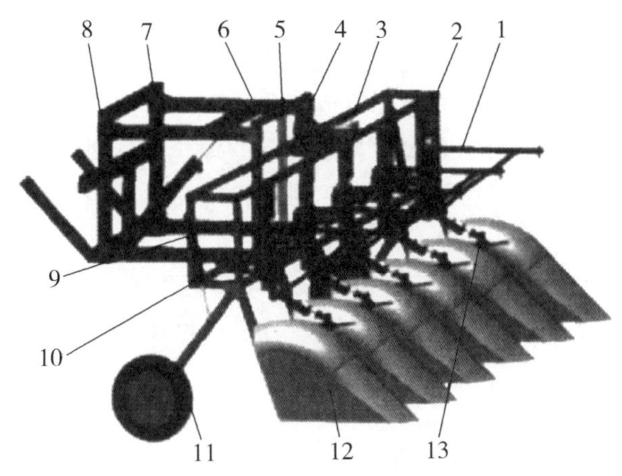

1-传感器安装座　2-刀架升降油缸　3-发动机　4-皮带轮　5-固定支架　6-浮动支架　7-油缸
8-悬挂架　9-地轮支架油缸　10-轴承座　11-仿形地轮　12-扶禾器　13-刀具

图 4-38　3WDZ-6 型自走式棉花打顶机

4. 打顶机的选用

棉花打顶机的选用需要注意以下几点。

（1）与打顶方式配套

由于棉花机械打顶与化学打顶属于 2 种完全不同的打顶方式，所采用的机械装备不同，因此要根据所需要的打顶方式选用相配套的打顶机械。化学打顶作业效率高，适应多种施药机械，但化学试剂对棉花品质、作物生长等方面存在一定影响，对土壤、水源等存在污染隐患；机械打顶作业效率高，采用专用设备维护成本低，前期投资购置成本较高。应合理选择打顶方式，根据棉花种植的规模及不同打顶方式对棉花产量、品质方面的影响进行综合考虑。

（2）与生产规模相适应

棉花打顶机械的选用需要与生产规模相适应。经济效益是棉花生产最终考核指标，而棉花打顶作为棉花生产的重要环节之一，是影响棉花生产效益的重要组部分。应根据生产规模合理选择打顶机械，提高打顶效率，降低打顶环节的成本，进而提高棉花生产收益。

（3）打顶机械的作业质量评价

目前棉花打顶机械的作业质量暂无统一的评价标准，其中机械打顶多沿用人工打顶的评价方式，主要考虑的是打顶长度，核心评价指标是打顶率、过打率；化学打顶则考虑打顶后棉株生长高度、棉铃单铃重等。尽管在评价方式上存在差异，但最终反映在棉花生产上的则是产量与棉花品质，因此在选用打顶机械时应综合考虑对棉花产量与品质的影响。

5. 打顶机械的应用前景

随着棉花生产机械化的发展，传统低效的人工打顶终将退出历史舞台，先进棉花打顶技术将取代人工，棉花打顶必定走上机械化道路。棉花打顶装备作为替代人工进行打顶的重要装备，是棉花生产机械的重要组成部分，无论是采用物理方式的机械打顶，还是使用打顶剂的化学打顶，均不能缺少与之配套的棉花打顶机械。合理选配相应的棉花打顶装备，提高打顶效率，节约打顶成本，对减少棉花生产投入，增加棉农收益将有重要作用。

① 向精确打顶发展。目前对打顶机械的研究都是为了提高其打顶精度，在今后很长一段时间内，如何应用现代新技术自动实现棉株高度识别精度问题，仍然是棉花打顶机械未来亟待解决的关键问题。

② 打顶机型将趋于多样化。由于机构的创新以及研究方法的不同，棉花打顶机械将向多样化发展，只要能够满足棉花全程机械化作业要求的棉花打顶机械都能得到推广。

③ 向智能化、大型化发展。未来的打顶机械将集机电技术、液压技术、传感技术等一体的智能化、大型化方向发展，自动化程度将大幅提高。

④ 向联合作业方向发展。实现打顶、除虫、中耕一体化等多功能作业，降低作业成本和设备投入费用。

⑤ 设计棉花顶芽回收结构，将打下的顶芽带出田地，避免交叉感染。

第七节　棉花脱叶催熟

一、背景及意义

随着人工成本的增高，越来越多的棉农选择使用机械采收，目前机械化采收已经成为采棉的主流方式，而为了不污染棉絮，提高棉花的品质，集中吐絮，需要提前喷洒脱叶催熟剂。其目的一是减少棉叶在机采时籽棉的含杂率，二是加速棉铃吐絮，缩短棉铃的吐絮时间。脱叶剂最好的效果就是棉花叶片在衰败过程中从叶柄处自然脱落，而不挂枝。在机械采棉前两周左右（棉花自然吐絮率约已 60%以上），使用药剂喷洒机械将脱叶催熟剂喷洒在棉花植株上，能促使棉株90%以上的棉叶快速脱落，棉铃吐絮相对提前和集中，为提高机收采摘率、避免机采棉被绿叶污染和降低含杂率创造条件。同时，增加霜前花比例，改善棉花色泽和品级。经催熟的棉花如图4-39所示。

图4-39　经催熟的棉花

二、作用机理

如图4-40所示，棉花通过叶片吸收喷洒的药剂，棉株吸收后释放出乙烯，使棉铃内乙烯含量增高，生长素的合成被破坏，棉叶内光合作用产物在短期内输出，加快棉铃开裂，同时促进棉花叶柄基部提前形成离层，实现脱叶，并且抑制贪青，使晚熟棉花提前均匀成熟。

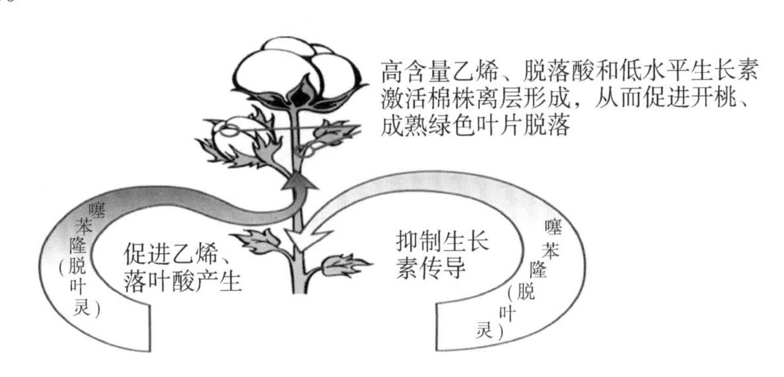

图4-40　棉花催熟的作用机理

三、药剂类型

生产中以噻苯隆为主要成分的脱叶剂种类最多，应用也较为广泛，主要有脱吐隆（噻苯隆+敌草隆）、欣噻利（噻苯隆+乙烯利）、瑞脱龙（80%噻苯隆）、棉海（敌草隆+噻苯隆）、脱落宝、落叶净、哈威达等。乙烯利与其他收获辅助剂合用既可促进棉铃吐絮又可促进叶片脱落；含有噻苯隆的混合物既可促进脱叶又可抑制二次生长；含有噻节因、百草枯、唑草酯、吡草醚或草甘膦的混合物除催熟脱叶之外还可催干杂草。

（一）药剂主要成分

1. 噻苯隆

噻苯隆的化学名称为 1－苯基－3－（1,2,3－噻二唑－5－基）脲，分子式为 $C_9H_8N_4OS$，结构式如图 4－41 所示。噻苯隆为无色无味晶体，熔点 213℃（分解），25℃时蒸汽压 4nPa，23℃时水中溶解度为 200mg/L。

噻苯隆会导致叶片脱落，决定着棉花的脱叶率，但催熟效果不如乙烯利。如果只喷噻苯隆，而不喷乙烯利，会导致脱叶速度慢，脱叶效果不好。噻苯隆显弱碱性，会与强酸性的乙烯利发生反应，因此配药时不能直接混合使用，必须分开二次稀释。噻苯隆是接触性药剂，需要与作用部位直接接触才能产生药效。打药时，如果叶片没有被噻苯隆喷到，就会没有药效。

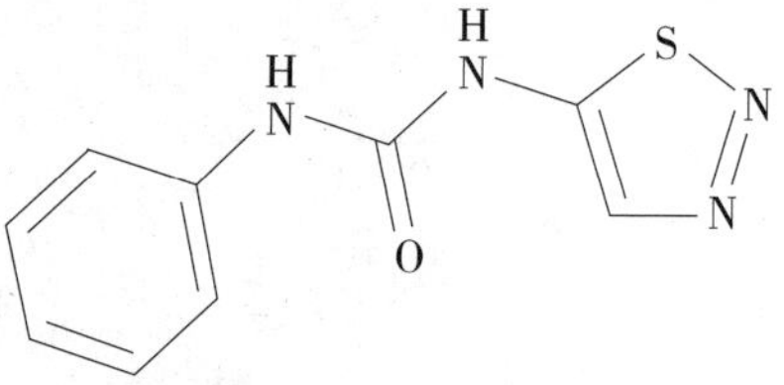

图 4-41　噻苯隆的结构式

2. 乙烯利

乙烯利化学名为 2-氯乙基膦酸，分子式为 $C_2H_6ClO_3P$，结构式如图 4-42 所示。乙烯利纯品为白色针状结晶，工业品为淡棕色液体。

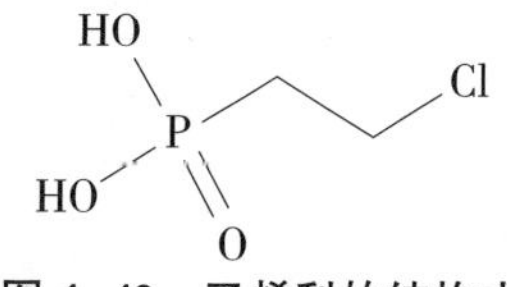

图 4-42　乙烯利的结构式

增强细胞中核糖核酸合成的能力，促进蛋白质的合成。在植物离层区如叶柄、果柄、花瓣基部，由于蛋白质的合成增加，促使在离层区纤维素酶重新合成，加速了离层形成，器官脱落。

3. 噻苯隆与乙烯利单独使用的利弊对比

（1）噻苯隆

噻苯隆脱叶效果极佳，催熟效果不如乙烯利，受天气制约较大，合理使用会发挥以下良好的效果。

① 使棉花植株本身产生脱落酸和乙烯，加速叶柄与棉株之间形成离层，棉叶自然脱落。

② 使叶片还在青绿状态时，迅速将营养成分转移到植株上部幼嫩棉铃，且棉株不会枯死，实现催熟、脱叶、增产、增质多效合一。

③ 使棉花早熟，棉铃吐絮相对提前、集中、增加霜前棉的比例。棉花不夹壳、不掉絮、不落花、提高衣分、增加纤维长度，有利于机械、人工采收。

④ 药效维持时间较长，叶片在青绿状态下就会脱落，解决“枯而不落”问题，减少叶片对机采棉的污染，提高机械化采棉作业的质量和效率。

⑤ 可以减少后期害虫的为害。

（2）乙烯利

乙烯利的催熟效果较佳，但脱叶效果比较差。在棉花上使用，它可以迅速使棉桃开裂，叶片失水干枯，但单独应用乙烯利也会带来以下风险。

① 催熟效果好，但脱叶效果差，使叶片形成“枯而不落”，特别是使用机械采收时对棉花污染很严重。

② 催熟的同时，棉花植株也迅速失水枯死，棉花顶部的幼铃也随之枯死，棉花减产较为严重。

③ 棉花吐絮不好，棉桃开裂时很容易形成夹壳，降低采收效率，特别是机械采收时，容易采收不净，进行二次采收，增加采收成本。

④ 影响棉花纤维长度，降低棉花品种，易形成僵瓣棉。

（二）复配剂

将不同的收获辅助剂进行混用/复配具有以下优点：一次使用同时解决多个问题，降低不利天气条件对催熟脱叶效果的影响，降低用量、节约成本。复配剂种类较多，其中，50%噻苯·乙烯利（欣噻利）是由噻苯隆和乙烯利按照一定比例混合而成，由中国农业大学研发，河北国欣诺农生物技术有限公司生产，使用相对简单，对环境敏感性低。

四、使用注意事项

在实际生产中，我们可将影响化学催熟剂和脱叶剂效果的因素分为环境因素、应用技术、栽培措施，以及植株自身生长状态。环境因素主要包括温度和湿度的影响，应用技术方面主要包括喷施器具及喷施时间的影响，栽培措施主要指种植密度和水肥管理等，棉株自身方面主要指棉株的高矮和长势方面。

（一）环境因素

1. 温 度

具体施药时间应根据天气情况确定，一般情况下，只要施药后最低气温≥20℃且维持3~5天，就能较好地发挥药效；反之，药效缓慢且效果较差。枯霜期一般在9月底10月初这段时间，催熟、脱叶应在9月上旬效果比较好。最佳施用时间一般在吐絮率达40%~60%。通常情况下在采收前18~25天且气温稳定在12~20℃。对机械采棉，使用时期应在棉花收获前20~30天；对手工采棉，应在集中采收前10~15天使用。一般情况下，北疆在8月底至9月上旬，南疆在9月中旬，华北地区根据温度适当调整，一般在9月下旬。当脱叶率达到90%以上，吐絮率达到95%以上时，即可进行机械采收。

2. 湿 度

生长季期间和脱叶剂应用时的棉田水分状况及空气湿度对脱叶效率也会产生比较大

的影响。新疆棉区的研究表明，土壤湿度保持在20%左右、空气相对湿度在65%左右脱叶剂效果最佳。

（二）应用技术

由于乙烯利喷在植株叶片上，被叶片吸收后向棉铃的运输极少，所以要求喷洒均匀，尽可能喷在棉铃上。为了提高药液附着性，可适当加入表面活性剂有机硅助剂，将有机硅按照0.05%~0.15%的浓度添加到脱叶催熟剂中混合喷施。喷施时要求雾滴要小，喷洒均匀，保证棉株上层、中层、下层的叶片都能均匀着药；在风大、降雨前或烈日天气禁止喷药作业；喷药后12h内若降中量的雨，应当重喷。为了实现喷洒均匀，应使用雾点小的机动喷雾器或超低量喷雾器，施用量可根据棉田和品种情况进行调整。

脱叶催熟剂的使用时间影响其效果，喷施早抑制棉花生长，影响棉花产量；喷施晚，受温度影响，脱叶效果差，直接影响棉花采净率。同时，由于选用的脱叶催熟剂质量与性能不同，所以其喷施时间也有较大差异。另外，脱叶催熟剂的使用量影响其效果，脱叶催熟剂用量不足，则达不到理想效果，过量使用又会造成棉籽成熟度低，吐絮不畅，增加摘花难度，并且会污染环境。

（三）栽培措施

较强的光照是收获辅助剂发挥作用的另一重要保障，长期寡照降低脱叶剂的效果。植株的倒伏一定程度上影响脱叶催熟效果，而合理的种植密度对植株有效进行光合作用和抗倒伏有一定的影响。棉花生长密度大，现有的喷雾设备对棉花中下部枝叶通常难以喷施均匀，造成脱叶效果差。此外，收获前最后一次灌水时间、灌水量控制不准，往往导致棉株贪青晚熟，影响脱叶效果。打脱叶剂的棉田，停水不能过晚，最后一水最好不要追肥，若追肥则不能过量，以免生长过旺影响脱叶效果。

（四）棉株自身长势

对正常棉田适量减少用量，过旺棉田适量增加用量；早熟品种适量减少用量，晚熟品种适量增加用量；喷期早的适量减少用量，喷期晚的适量增加用量；密度小的适量减少用量，密度大的适量增加用量。

（五）采棉机的选择

根据所采用采棉机的不同，对脱叶催熟的要求存在一定差异，目前常用的采棉机主要有摘锭式采棉机和指杆式采棉机。采棉机作业要求脱叶率达90%以上，吐絮率达95%以上，籽棉含水率不大于12%，棉株上无塑料残物、化纤残条等杂物；指杆式采棉机，要求脱叶率达85%以上，吐絮率达85%以上，籽棉含水率不大于12%，棉株上无塑料残物、化纤残条等杂物。

（六）其他注意事项

脱叶剂需要喷施均匀、完全覆盖植株，否则脱叶效果不理想。

乙烯利虽然具传导性能（棉花叶片吸收乙烯利后可向棉铃中运输），但为了尽快达到催熟效果和节约药品，喷雾时要求雾滴细小，直接均匀地附着在铃体上。

使用过噻苯隆（单用或混用）的喷雾器械需要彻底清洗，以避免翌年使用时引起植株在成熟前脱叶。

乙烯利勿与氯酸钠混用，可能会产生有毒气体。

参考文献

陈明，2017. 四旋翼植保无人机的总体设计及其气动特性分析［D］. 天津：河北工业大学.

郭涛，丁伟，2018. 棉花主要病虫害防治方法［J］. 植物医生，31（8）：59-60.

郭永旺，袁会珠，何雄奎，等，2014. 我国农业航空植保发展概况与前景分析［J］. 中国植保导刊，34（10）：78-82.

黄枭，2016. 基于STM32F427的植保无人机的设计与实现［D］. 绵阳：西南科技大学.

金永奎，薛新宇，秦维彩，等，2019. 电动单旋翼植保无人机性能试验［J］. 中国农机化学报，40（3）：56-61.

兰玉彬，陈盛德，邓继忠，等，2019. 中国植保无人机发展形势及问题分析［J］. 华南农业大学学报，40（5）：217-225.

连英惠，2011. 棉花田杂草化学防除现状及趋势［J］. 农药市场信息（25）：42-43.

林立恒，侯加林，吴彦强，等，2017. 高地隙喷杆喷雾机研究和发展趋势［J］. 中国农机化学报，38（2）：38-42.

娄尚易，薛新宇，顾伟，等，2017. 农用植保无人机的研究现状及趋势［J］. 农机化研究，39（12）：1-6，31.

司军锋，张玥，周鹏，等，2015. 植保机械变量喷药控制系统研究进展［J］. 农业机械（5）：89-93.

王涛，何金戈，廖宇兰，等，2008. 植物保护喷雾机械的发展研究状况综述［J］. 安徽农学通报（21）：163-164，146.

王子彬，2018. 基于六旋翼无人机的农业植保系统研究与设计［D］. 秦皇岛：燕山大学.

肖涛，朱源，张毅，等，2020. 一种植保无人机：中国，CN211519849U［P］. 2020-09-18.

周良富，张玲，薛新宇，等，2018. 农药静电喷雾技术研究进展及应用现状分析［J］. 农业工程学报，34（18）：1-11.

第五章　棉花收获农机农艺融合技术

棉花是我国主要经济作物之一，在国民经济发展中占有重要地位。但是在棉花生产全程机械化中，机械化采收率严重不足，在黄河流域棉区、长江流域棉区的多个地区棉花机收率偏低，有些地方甚至为零，这就需要尽快解决制约棉花机采的关键技术问题，努力加快机械化采收进程，实现节本增效。棉花收获迫切需要摆脱生产力对人员劳力数量的依赖关系，借助农业机械工业化、智能化、信息化水平的提高，实现棉花收获的机械化作业。

棉花是滨州市重要的经济作物，历史最高年份达到近 35 万 hm^2，随着植棉成本的逐年攀高，近几年种植面积下滑明显。滨州市既是产棉大市，又是用棉大市。棉纺工业是滨州市的支柱产业，全市拥有纺织、家纺、服装企业 800 余家，其中规模以上 392 家，占山东省的 30%、全国的 1/10。全市拥有 1 200 万锭以上的纺纱能力，还拥有在世界具有重要影响力的魏桥纺织集团，年需棉花 100 万 t 以上。棉花采收向机械化迈进已是大势所趋、产业需要、群众期待，刻不容缓。

滨州市在机采棉推广方面先行先试，2011 年通过农机农艺技术融合，在滨州市沾化区冯家镇建立棉花农机农艺融合示范基地，采取 76cm 等行距种植模式，播种密度 67 500 株/hm^2，全程按照机采棉农艺要求进行化学调控、化学脱叶催熟。同年，组织召开了棉花机械化收获现场演示会，山东省首台采棉机——石河子贵航 4M-3 型采棉机进行机械化采棉作业演示。

第一节　棉花收获农艺技术

棉花收获作为棉花生产过程中极其重要的一环，同时也是耗费劳动力最多的作业环节。长期以来，我国棉花收获以人工采收为主，而人工采收生产效率低、劳动强度大、生产成本高，难以满足棉花大规模收获需求。随着工业化、城镇化进程加快，农村劳动力转向第二、第三产业，采棉环节的“用工荒”矛盾日益突出，加上国家棉花产业政策不稳，棉花收购价格低迷，严重影响了棉农植棉积极性，植棉面积已呈现出逐年减小的趋势，制约了棉花产业的健康持续发展。在当前农村劳动力短缺的情况下，一台采棉机的工作量相当于 500 个人工的采摘量，可以大大减少因人工投入带来的高成本，缓解劳动力不足的矛盾。棉花采收机械化可以大大改善生产条件，降低劳动强度、提高生产率、减少劳动成本，增加农民收入，是棉花可持续发展的技术基础。

一、棉花机械化收获前的准备

棉花机械化收获是一项高科技、高技术、高标准的系统工程，它涉及棉花的品种选育、农艺栽培、田间管理、脱叶催熟、机械采收、清理加工、质量审核等诸多环节。同时，棉花收获机械化又是一项面广、量大的综合性、多科学的系列工程，需要发挥集体优势，实行统一的、强有力的领导，把各方面的积极性充分调动起来，集中必要的人力、物力、财力，统筹安排，协调配合，全面考虑农艺、农机、清理加工、产品供应、生产销售等各个环节。在我国，必须根据棉花收获机械化技术装备的要求，并结合棉花生产现状，从系统工程的高度进一步优化棉花生产机械化作业过程。

二、棉花机械化收获技术要求

棉花采收技术条件：脱叶率≥90%，吐絮率≥95%，适宜进行机采作业。

棉花采收质量标准：采净率≥95%，挂枝率≤0.8%，遗留棉≤1.5%，撞落棉≤1.7%，籽棉含杂率≤12%，籽棉含水率≤12%。

机采棉作业要求：作业时速度应控制在4km/h左右；根据棉株的高度、密度、地形等及时对采棉机进行调整，以保证机采棉的作业质量；机采棉作业时，每工作2~3圈应及时清理采摘头、脱棉盘和毛刷之间的杂物，并及时清除棉箱外部的棉絮和棉叶；严格控制好采棉机作业班次和进出地的时间。

三、棉花机械化收获工艺路线

在棉花收获机械化方面，借鉴国外棉花机械化收获模式与路线，经过长期的探索，形成适宜于我国棉花机械化收获的工艺路线，为我市棉花生产农机农艺融合技术的推广和应用，提供重要的技术支撑。

棉花机械化收获作业，首先要以硬件配置为基本前提，需要购置采棉机和改造配套的机采棉清理加工生产线。新疆生产建设兵团首先引进国际市场上成熟的采棉机推进机采棉系统工程，采棉机要求在760mm等行距范围内使用。为使采棉机既能进地作业，同时确保高产矮化密植栽培模式的落实，通过多年的反复验证，兵团创造性的采用了（660+100）mm行距模式。机械采棉的棉花含杂率8%~12%，为更好地清除杂物和叶屑，要在棉花轧花前配备清杂设备，确保清理籽棉后的棉花达到质量标准；为使清花设备减轻负荷，要在采棉机进地前10~20天喷洒脱叶剂等，将棉株叶片脱落，尽量降低机采棉的含杂量。

棉花机械化收获作业，要保证采棉机的工作效率。田地要平整、没有渠埂，长度不小于300m；棉花株型适合机采，最低结铃部位应高于地面180mm，且不倒伏，成熟期、吐絮期集中；种植模式适应采棉机，采用（660+100）mm宽窄行种植模式；在播种时严格控制交接行间距，误差不得大于2cm，以保证采棉机作业时能够正常进行，提高采净率和采摘效率；要适时适量适温喷施脱叶剂，喷施期一般不多于10天。运输籽棉方式应采用打模机打模、转运专用车、开模设备等组合工艺措施，机采棉工程保持均衡生产、提高整体效率。工厂清理加工籽棉要保证连续作业，正常发挥工作效率和能力；要采取措施防止废地膜混入机采棉花中；机采棉花清理加工前要求含杂率不大于12%，含水率不大于10%。

棉花机械化收获工艺路线：适应大型机械作业的田地条件→适应机采的棉花品种→适合采棉机采收的栽培模式→科学的田间管理→及时配施配方合理的落叶催熟剂→优质高效的采棉机作业→高效的转运→良好的贮藏→高效高质的清理加工→皮棉成品。

相关单位通过召开现场会在山东推广棉花机械化采收，棉花种植效益观念已经得到改变，对机采棉技术工程有了全面和深刻的认识，推进机采棉工程给棉农留下生产性的固定资产，还可以减少劳动力输出。机械化采棉经过多年的试验、示范、推广，其主要技术、机械设备和配套服务基本成熟，在棉花生产中已经发挥出明显的作用，且已具备了大面积推广条件。

第二节　棉花收获农机技术

采棉机被美国农业工程师协会评为20世纪农业工程领域人类最伟大的五大发明之一。棉花收获机械的研究最早起于美国，在1942年美国对采棉机进行批量生产，到1964年基本实现采棉作业的机械化，到1975年棉花机械化采摘程度已经达到100%，位居世界第一位。苏联在1924年开始进行机械化采棉技术的研究，目前机械化采棉覆盖率约为60%。世界上的棉花主产国，如美国、澳大利亚、巴西、以色列等国家的棉花生产基本实现全程机械化，机采棉技术在这些国家已成为一项成熟的常规生产技术。独联体产棉国棉花收获也已达到70%以上，其中棉花较集中的乌兹别克共和国机械采棉实现程度达90%以上。

我国在20世纪50年代才开始机采棉的研究，进展较慢。到1996年，新疆生产建设兵团开始进行采棉机械的引进试验和研究开发；到21世纪初，机采棉的技术趋于成熟，进入推广阶段。2015年以后国产采棉机开始崛起，2018年国产采棉机销量首次超过了外资品牌，2019年国产采棉机的比例进一步扩大。国内棉花种植面积约340万 hm^2，其中有240万 hm^2 在新疆地区，99%的机采棉作业也在新疆。数据显示，新疆北部九成以上棉田已实现全程机械化，南疆地区棉花采收机械化率在四成左右；2019年，新疆棉花机采面积首次突破1 150万亩。据统计，2018年新疆地区销售了650~700台采棉机，其中约翰迪尔进口大型高端5行机、6行机销售200台，凯斯进口加国内组装设备销售30台，二手采棉机从国外销售到国内100台。国产品牌钵施然、东风、星光农机、中农机等加起来销售350台左右，市场占有率51%，新机销售占有率超过60%。外资品牌主要是5行、6行高端和复式作业机器，国内产品80%是3行机，其余的是5行机和6行机。

一、棉花收获机械类型和特点

采棉机根据采摘原理的不同大致分为两大类：选收式采棉机和统收式采棉机。选收式采棉机按其摘锭机构与地面的相对位置可分为水平摘锭式和垂直摘锭式，水平摘锭式应用比较广泛。统收式采棉机是近几年研发的新型采棉机，主要有刮板毛刷式、复指杆式、刷辊式和指刷式等几种类型。

（一）选收式采棉机

选收式采棉机是根据棉花的成熟程度对棉花进行选择性采收。这种机型布局紧凑合理，适应性强、可靠性高，采摘率通常高达95%以上，且落地棉少，籽棉品级较高，但机型具有结构复杂、制造困难、价格昂贵和保养困难的缺点。目前常用的选收式采棉机主要是有水平摘锭式和垂直摘锭式。

1. 水平摘锭式采棉机

美国地区主要以滚筒水平摘锭式采棉机为主，该机型的采摘单体主要由水平摘锭滚筒、采摘室、脱棉盘、淋润器、积棉室、分禾器及传动系统等组成。采棉机的单体工作过程：棉株在扶禾器的作用下进入采摘室，随着机器的前进，棉株被压紧，旋转的摘锭伸出栅板呈垂直状插入被挤压的棉株，与吐絮的棉铃接触；摘锭上的钩齿钩住籽棉，籽棉随着摘锭的旋转从棉铃中被牵拉出来，并逐层缠绕在摘锭上；反向旋转的脱棉盘利用反向摩擦力使摘锭上的籽棉脱落，通过风机的作用产生负压，集棉室内的棉花被吸入棉箱，采摘作业过程完成。水平摘锭式摘棉机的结构复杂，对工作部件的制造精度要求高。棉花采净率可达90%左右，籽棉含杂率为5%~10%。

2. 垂直摘锭式采棉机

苏联于1939年研制出垂直摘锭式采棉机，该机型具有结构简单、制造容易和成本低的优点。1948年开始批量生产，1965年对原先的机型进行改进，从而得到大面积推广使用。

垂直摘锭式采棉机主要由扶禾器、垂直摘锭滚筒、输棉管、风机与集棉箱等部分构成。采棉机的工作原理：棉株由扶禾器引入采摘室，左右两侧滚筒从两侧挤压并相对向后旋转，使滚筒和棉株脱棉区接触的周边与棉株的相对速度等于零，保持棉株直立，高速旋转的摘锭与棉铃接触，其上的钩齿钩住开裂的籽棉并将其从铃壳中拉出来缠绕在摘锭上，待摘锭被转至脱棉区时，反向旋转的脱棉器从摘锭上脱下籽棉，再利用气流将集棉室中的棉花送入棉箱。

垂直摘锭式采棉机适宜采摘棉株分散少而短、棉铃集中、棉高小于80cm、行距为60cm和90cm的棉花，其代表机型有XBA-1.2型、XBH-1.2型、XH-3.6型和XC-15型采棉机。由于垂直摘锭式采棉机的摘锭比水平采棉机的摘锭少很多，所以垂直摘锭式采棉机有效采摘面积较小，棉花的采净率相对较低，一般只有80%~85%，落地棉10%~20%，通常需要多次采摘，机器效率比水平摘锭采棉机低20%左右，而且自动化水平低，操作性能差，人工辅助时间较多。垂直摘锭式采棉机目前只在乌兹别克斯坦等国家使用。我国在引进后的试验效果不理想，未能大规模推广应用，在国内已经停用。

（二）统收式采棉机

统收式采棉机，一次性将吐絮的棉铃和未成熟的棉桃全部采摘下来，然后通过籽棉预清理装置进行清杂处理。该机型具有适用范围广、结构简单、摘净率高和成本低等特点，能满足棉花多样化种植模式的采收，缺点是含杂率比较高。

1. 刮板毛刷式采棉机

刮板毛刷式采棉机，利用刮板和毛刷自转产生的离心力和摩擦力将籽棉脱落并甩到绞龙中，通过输送系统将籽棉送到预清理装置中。相比于摘锭式采棉机，刮板毛刷式采棉机作业，籽棉基本能够保持整瓣的状态，棉花的品级较高；减少了与杂质的混合程度，便于籽棉清理；结构简单，质量小，价格低，便于维护。

2. 复指杆式采棉机

复指杆式采棉机，采用双层指杆排结构对棉花进行分层采收，解决棉株高、产量高、密度高导致梳齿式采棉机梳齿上棉铃堆积过多而产生堵塞及杂质增加等问题，同时可以减少棉秆的拔秆情况。复指杆式采摘技术可适应多种棉花种植模式的要求，结构简单合理，操作方便，造价低，使用寿命长，作业故障率低。

3. 刷辊式采棉机

刷辊式采棉机，可适应不同棉区的机采棉种植模式。农业农村部南京农业机械化研究所设计的刷辊式棉花采摘技术、机载棉纤抑损清杂技术、棉桃清分回收技术、气压回流除碎叶技术等具有完全自主知识产权。我国长江、黄河流域两大棉区以及新疆棉区棉农众多、种植地块相对分散，适合推广应用中小型采棉机，刷辊式轻型采棉机能够很好地适应这些地区及起垄种植方式，突破了长江流域机采棉及其统收式采棉机含杂高的难题。该机具有作业成本低、采摘效率高、含杂率低、使用和维护成本低、结构简单、易于操作、价格低廉、适应性强、可靠性高及维护方便等优点。

4. 指刷式采棉机

指刷式采棉机，主要由采摘系统、输棉系统和除杂系统等组成。指刷式采棉机行进中，吐絮棉株经采摘头前部导棉区受挤压后进入采摘头内部摘棉区，采摘辊筒上均匀布置的弹指对摘棉区内部的棉花进行梳刷抽打，使吐絮棉从棉株上脱离，脱下的籽棉与杂质混合物被抛入搅龙内，然后经过输棉系统进入除杂装置，清理后的籽棉再送入集棉箱，实现采收。

二、采棉机结构与工作原理

（一）水平摘锭式采棉机

采棉机的采摘部装主要由水平摘锭滚筒、采摘室、脱棉器、淋洗器、集棉室、扶导器及传动系等构成，如图 5-1 所示。每组采棉单体有两个滚筒，前后相对排列；摘锭成组安装在摘锭座管体上，摘锭座管体总成在滚筒圆周均匀配置，每个摘锭座管上端装有带滚轮的曲拐。采棉滚筒作旋转运动时，每个摘锭座管总成相对滚筒回转中心"公转"，同时每组摘锭又"自转"。工作时，由于摘锭座管上的曲拐滚轮嵌入滚筒上方的导向槽，在滚筒旋转时，拐轴滚轮按其轨道曲线运动，而摘锭座管总成完成旋转运动、摆动运动，使成组摘锭均在同棉行成直角的状态进出采摘室，并以适当的角度通过脱棉器和淋洗器。在采摘室内，摘锭上下、左右间距一般为 38mm，呈正方形排列，包围着棉铃。脱棉器的工作面带有凸起的橡胶圆盘，与摘锭反向高速旋转。淋洗器是长方形工程塑料软垫板，可滴水淋洗摘锭。采棉机的采棉单体在驾驶室前方，棉箱及发动机在后部，采棉机采用后轮导向，大部分为自走型。

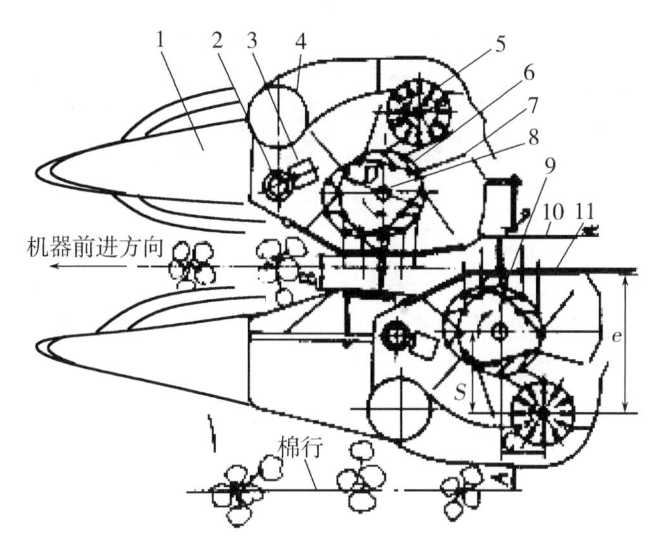

1-扶导器　2-润湿器供水管　3-润湿器垫板　4-气流输棉管　5-脱棉器　6-导向槽
7-摘锭　8-采棉滚筒　9-曲柄滚轮　10-压紧板　11-栅板

图 5-1　滚筒式水平摘锭采棉部机件结构

工作过程：采棉机沿着棉行方向前进时，扶导器将棉株聚拢，送入采摘室内，旋转的摘锭依次伸出栅板，垂直插入被挤压的棉株，摘锭钩齿抓住籽棉纤维，把棉絮从棉铃中拉出并缠绕在摘锭上，经栅板退出采摘室进入脱棉区，高速旋转的脱棉器把棉絮反旋向脱下，由气流管道送入集棉箱，摘锭从湿润刷下边通过，经刷洗，清除掉绿色汁叶和泥土后，重新进入工作室。代表机型：约翰迪尔 9970 型自走式采棉机、约翰迪尔 9996 型自走式采棉机、约翰迪尔 7660 型自走式采棉机、约翰迪尔 CP690 自走式打包摘棉机、凯斯 Cotton Express 620 自走式采棉机、凯斯 Module Express 635 自走打包式采棉机、贵航平水 4MZ-5 采棉机。

1. 约翰迪尔 9996 采棉机

约翰迪尔 9996 自走式摘棉机是迪尔公司 2006 年推出的产品，如图 5-2 所示。该机是约翰迪尔摘棉机的第三代 6 行机，与约翰迪尔自走式系列其他型号的摘棉机相比，具有以下特点。

图 5-2　约翰迪尔 9996 采棉机

① 动力匹配：350 马力（1 马力≈735.5W，余同）的 PowerTech™型涡轮增压、排气量 8.1 升、电子控制的柴油发动机，可以提供 9.5%的额外增加功率，确保摘棉机在高产棉田中或在恶劣的田间条件下稳定的工作效率。

② 整机结构：拥有强大的整体机架钢梁，整车优异的质量分配设计，质量比较轻。重量/马力比率、重量分配以及双前轮（6 行机的标准配置），保证了非常好的浮动性、机动性和极好的驾驶性能。

③ 采棉头设计：约翰迪尔“一字”排列采棉头行距适应性强，可以选装 PRO-16、PRO-12 和 PRO-12 VRS 三种采棉头。采净率高，棉花气流输送效率高，采棉头重量轻，零件通用性强。重负荷式采棉头传动齿轮箱采用液压油润滑，可旋出的湿润盘柱使驾驶员能够非常方便地清理湿润盘组。田间清理方便，维护保养方便。

④ 采棉箱：拥有大容量的 PRO-LIFT 棉箱，容积达到 39.6m^3。革新的卸棉系统具有强大的棉箱升起架、棉箱“装满”监视器增加了机器的稳定性和驾驶员操作卸棉的信心。棉箱升降迅速，卸棉快捷、准确。

⑤ 控制系统：具有多种电子自动控制和保护系统，使操作更方便和准确。电子采棉头地面仿形系统灵敏度高，反应迅速，可根据棉田情况在行进中调整采棉头仿形高度和灵敏度。采棉头堵塞传感器反应快速、准确。采棉头内置二级离合器保护，运行更安全，防止采摘部件意外损坏。滚筒和脱棉盘上均配置了运行检测传感器。

⑥ 行进速度：双液压驱动泵，保证强大、高效的驱动能力；三速范围的静液压无级变速箱使变速更平顺，一挡采摘速度可达 6.4km/h（两轮驱动）。

2. 约翰迪尔 CP690 型自走式打包摘棉机

约翰迪尔 CP690 自走式打包摘棉机在原有收获模式的基础上进行了改进，动力强劲，性能可靠，作业速度快，适用于 76cm、81cm、91cm、96cm、101cm 行距的棉花种植模式，机采 6 行，棉包形状为圆形或圆柱形，棉包重量 2 041~2 268kg，整机质量 29 937kg，如图 5-3 所示。

图 5-3 约翰迪尔 CP690 型自走式打包摘棉机

① 采棉头：采用选装 PRO-16 采棉头（可以选装 PRO-12 VRS），采净率高，棉花气流输送效率高，采棉头重量轻，零件通用性强。前摘锭 16 座管，后摘锭 12 座管，每个座管摘锭数达到 20 个，采棉效率高。

② 行走系统：采用 RowSense 对行行走系统，使驾驶员能够集中精力观察田间采摘环境，而不是单纯的控制机器转向。同时易于操作，尤其在黄昏和夜间的对行采摘作业，减轻压力和疲劳强度。

③ 动力系统：采用约翰迪尔 PowerTech 的柴油发动机，六缸、涡轮增压系统，排气量为 13. 5L，功率为 418kW，油箱容积 1 400L，另外还包括 30 马力带电子控制的动力爆发。CP690 摘棉机能够在 1h 内完成 60 亩的棉花收获作业。

④ 驾驶性能：采用 ProDrive 自动换挡变速箱，可以完成两挡四速自由切换，配备防止打滑控制系统以确保前后牵引力的稳定性。驾驶员在行进间只需通过电钮操作，即可实现平稳变速。该机的多功能控制杆也同样简单易行，采用模块化设计，一触式操作，即可实现棉包卸载。另外，该机采用高级 LED 驾驶室照明以及直管型 LED 照明设备，在能见度不甚理想的情况下，也能够实现正常作业，因此易于进行夜间操作。

⑤ 运行速度：CP690 的田间采摘行进速度，一挡采摘速度最高可达 7. 1km/h，提升了大面积的棉花采摘作业效率。该机的二挡刮采速度最高可以达到 8. 5km/h；道路运输速度最高可达 27. 4km/h。

⑥ 可靠性：CP690 型摘棉机的液压油的更换间隔周期是 1 000h。通过采摘头专用工具可以实现对采摘头脱棉盘系统的调整，简单方便。设置辅助风扇，有助于提高自清洁旋转过滤网和初级空气过滤器的清洗质量。采用低温启动技术，改善了机器在寒冷气候条件下的运行可靠性。

⑦ 操控系统：驾驶室配备数字角柱显示器，显示机器各个系统的运行状态参数。机器的安装配置标配 2630 中文界面触摸显示器和约翰迪尔 Command Center 触摸显

示屏。

3. 约翰迪尔 7660 型棉箱式摘棉机

约翰迪尔 7660 棉箱式摘棉机，是一种收获效率高、技术先进的棉箱式摘棉机，如图 5-4 所示。约翰迪尔 7660 型摘棉机配备了横置的、额定功率为 274kW 的约翰迪尔 PowerTech Plus 柴油发动机，适应在高产和泥泞的田间条件下进行六行采摘作业，不会降低收获效率。

图 5-4　约翰迪尔 7660 型棉箱式摘棉机

① 采摘头：7660 型摘棉机可以配备约翰迪尔 Pro-16 或 Pro-12VRS 采摘头。在需要调整采摘头间距或维修保养时，安装在高强度横梁上的采摘头能够很方便地进行移动。配置 Pro-16 采摘头时，可以选装 ROW-TRAK 对行行走装置，驾驶员可以不用手转动方向盘控制转向，使驾驶员的注意力集中在提高采摘效率上，减轻驾驶员疲劳。

② 采摘速度：配备了 ProDrive 自动换挡变速箱（AST）。一挡采摘速度 0~6. 8km/h，与采摘头转速保持同步；二挡刮采速度 0~8. 1km/h。

③ 风机配置：棉箱容积 39. 2m^3，配备了高效输送籽棉的双风机，确保机器在高产棉田中作业时保持正常的采摘速度。具有双风机配置的 7660 型摘棉机能够保持稳定的采摘速度，即使是在不平坦的棉田也会保持如此，特别是在早晚有露水的棉田中作业。双风机在发动机舱内增加的气流，可使机器内部更干净。

④ 操控系统：7660 型摘棉机的转弯半径仅为 3. 96m。由于减少了在转弯时所花费的时间，使机器能够在田间作业时保证出色的收获效率。7660 型摘棉机配备的 480/80R30 的后轮胎，具有较好的防陷能力和牵引能力，能够适合多种天气和田间条件。

4. 约翰迪尔 9970 型自走式摘棉机

约翰迪尔 9970 自走式摘棉机对棉花不同的种植规格有很强的适应性，标准的 9970 型为 4 行机和 5 行机，如图 5-5 所示。该机不仅可以同时采收行距为 76cm、81cm、91cm、96cm 和 101cm 的 4 行等行距棉花作物，也可以同时采收行距为 76cm 和 81cm 的

5 行等行距棉花作物。整机宽度 3 810mm（4 行机），质量 13 177kg。

图 5-5　约翰迪尔 9970 型自走式摘棉机

① 发动机：约翰迪尔 PowerTech Plus 电子控制柴油发动机，额定功率 186kW，6 缸，单缸 4 阀，高压共轨燃油供给系统，涡轮增压，中冷，排气量 6. 8L，油箱容积 454L。采棉头上的重负荷齿轮箱装有大齿轮轴承，持久耐用。采棉头齿轮箱的润滑方式为液压油润滑，在每个齿轮箱上都有一个液压油面检查孔，方便检查液压油是否短缺。

② 采棉头：配置 PRO-12 型号采摘头，有 18 排摘锭，前后双采摘滚筒，每个采摘滚筒装有 12 根摘锭座管，每个采摘头共有 432 支摘锭。采棉头高度可以实现自动控制。自动高度探测使采棉头能贴着地面摘到低位的棉桃，当高度探测器触到地势发生变化时，一个液压阀把液压油直接输送给采棉头升降油缸，及时调整。

③ 行走速度：四轮驱动，液压手柄平稳地控制行走速度，采棉作业速度有两个挡位作业，最高采摘速度达到 7. 2km/h，道路运输速度最高达 25. 1km/h。

④ 棉箱：采棉箱容积 32. 2m^3，棉箱升起后全高 4 824mm，棉箱落下后全高 3 579mm，装备电动液压控制系统，通过按钮提升或降低采棉头，开动或停止卸棉输送器。

5. 凯斯 Cotton Express 620 采棉机

凯斯 Cotton Express 620 采棉机，该机型发动机采用燃油电控，高压共轨，动力配置 298kW，6 个气缸，排量 9L，油箱容积 757L，如图 5-6 所示。行走速度为 3 级液压变速箱，一挡采棉作业速度 0~6. 4km/h，二挡复采作业速度 0~8. 0km/h，三挡运输作业速度 0~20km/h。采棉 6 行，前后滚筒从植株两侧同时采摘，提高采摘效率。采棉头前、后 2 个滚筒，12 行座管，每根座管 18 个摘锭，摘锭直径 12. 7mm，每个摘锭的钩齿数 3 行，每行 14 个；棉花输送采用气流吸入式，每行两个排气口和进气口，采棉箱容积 39. 6m^3，集成搅龙压实，重量 20 230kg。

图 5-6　凯斯 Cotton Express 620 采棉机

6. 凯斯 Cotton Express 635 采棉机

凯斯 Cotton Express 635 采棉机，该机型采用 FPT 发动机，动力配置 298kW，气缸数量 6 个，排量 9L，给采棉提供更加强劲的动力，如图 5-7 所示。采棉头是前、后两个滚筒从植株两侧同时采摘，确保更好的采摘效率。采棉头滚筒间的行距有 762mm、812mm 或 864mm 三种，可以很好地适用 76cm、(68+8) cm、(66+10) cm 等不同的种植模式，液压系统采用静液压无级变速系统。3 级液压变速箱，一挡采棉作业速度0~6. 3km/h，二挡复采作业速度 0~7. 7km/h，三挡运输作业速度 0~24. 1km/h。同时，带四轮驱动马达，可以适应各种状况的棉田。

图 5-7　凯斯 Cotton Express 635 采棉机

7. 贵航 4MZ-3 自走式采棉机

贵航 4MZ-3 贵航自走式采棉机，由石河子贵航农机装备有限责任公司生产，如图 5-8 所示。外形尺寸（长×宽×高）：8 200mm×3 540mm×3 800mm，采用德国道依茨发动机，功率 160kW，发动机转速 2 200r/min，采棉 3 行作业，两轮驱动，棉花采摘速度

0~5.8km/h，道路运输作业速度 0~24km/h，采棉箱容积为 21.7m^3，燃油箱容积为 285L，生产效率达 100~150 亩/天，采净率≥94%，含杂率≤11%，可靠性≥92%。

图 5-8　贵航 4MZ-3 自走式采棉机

8. 4MZ-6 型高端智能采棉机

4MZ-6 型高端智能采棉机，是由铁建重工新疆有限公司研发，如图 5-9 所示。该机具有动力强劲、传动优良、智能高效、操作舒适、安全可靠等优势，适用于（660+100）mm 或（680+80）mm 种植模式棉田的棉花采收。前轮驱动，后轮转向，可选择全液压两轮或四轮驱动，以适应不同土壤条件棉田采收工作，能更好地适应我国棉花种植和采收特点。

图 5-9　4MZ-6 型高端智能采棉机

① 发动机：采用康明斯 QSM11 大功率发动机，额定功率 400 马力以上，功率储备大，动力强劲。

② 采棉装置及控制系统：采棉头采用前 16 排、后 12 排座管结构，每根座管配备 20 只摘锭；框架采用高强度优质钢板制造，强度高，耐磨损；采用电子仿形，调整方便快捷，反应灵敏，采摘系统使用液压驱动，结构紧凑，可靠性高；采用新式脱棉盘结

构，调整刻度化，调整方便准确，更换快捷；新型采棉装置和智能采摘控制系统，具有采摘效果好、落地棉少、安装调整精准、方便、快捷、高效等优势。

③ 传动系统：采用两驱或四驱可转换液压驱动行走传动及转向系统，配置德国、意大利著名品牌分动箱、桥箱，工作平稳可靠，有效提高整车操控性和不良地面情况的通过性，极大提高整车功效。

④ 双风机：配备大功率双风机，风力强劲，输送效果好，排杂能力强。

⑤ 操控系统：设计的高端驾驶室、综控台和良好的中文显示屏、人机工作界面，操作更加舒适方便，电液双控负载敏感型转向液压系统，可对整机实现精准可靠的各项作业控制，倒车影像系统方便驾驶人员更好地观察路况确保安全驾驶。

⑥ 安全方面：采用了压力和温度检测报警传感器，研发了自带水箱的一键卸棉智能高效喷淋灭火系统，可在第一时间启动消防作业功能，预防、减少、消除火灾损失。同时设计安装了驾驶室绝缘保护、整车防触电近电的报警装置，可有效防止触电安全事故的发生。

⑦ 智能化、信息化：自主研发的整车监测控制系统可实现智能控制、自动监测、故障自诊断、危险报警等诸多功能。具有北斗、GPS 卫星导航、自动驾驶、信息传输等智能信息化平台，可实现无人驾驶、自动测产等功能。专家系统可根据地块情况为作业人员提供最佳作业性能和参数匹配，提高采收效果和作业效率。

（二）垂直摘锭式采棉机

垂直摘锭式采棉机的采棉部件主要由垂直摘锭滚筒、扶导器、摘锭、脱棉刷辊、清洗装置和传动机构等组成，如图 5-10 所示。每一个采棉工作单体有 4 个采棉滚筒，前后两个方向成对排列，通常每个滚筒上有 15 根摘锭，摘锭为圆柱形，直径约 24mm（长绒棉摘锭直径为 30mm），摘锭上有 4 排齿。每对滚筒的相邻摘锭呈交错相间排列，摘锭上端有传动皮带槽轮，在采棉室，由外侧固定皮带摩擦传动，摘锭旋转方向与滚筒回转方向相反，摘锭齿迎着棉株转动采棉。在每对滚筒之间留有 26～30mm 的工作间距，从而形成采摘区。在脱棉区内，摘锭上端槽轮由内侧固定皮带摩擦传动而使摘锭反转，迫使摘锭上的锭齿抛松籽棉瓣，实现脱棉。其工作过程与水平摘锭式采棉机基本相同，所不同的是这种采棉机配置了 1 个气流式落地棉捡拾器，在采摘的同时，将棉铃中落下的籽棉由气流捡拾器拾起，送入另一棉箱。与水平摘锭式采棉机相比，垂直摘锭采棉机摘锭少、结构简单、制造容易、价格低，但采净率低、落地棉多、适应性差、籽棉含杂率高。

（三）复指杆式采棉机

复指杆式采棉机，依靠双层指杆排、耙棉装置、螺旋输送器等部件实现对籽棉的一次性采收。指杆排采用侧弹性、纵刚性指杆结构，利用指杆间距与棉铃外形差将棉花从棉秆上分层采摘下来。工作时，随着采棉机前进，棉秆被嵌入指杆间隙中，棉花被复指杆分层分散采摘，采摘下的棉花被耙棉装置耙向螺旋输送器，再经风力输送到棉桃及籽棉清分装置。分离后的棉桃被送至集桃箱储存，棉杂混合物在风力作用下进入气压回流

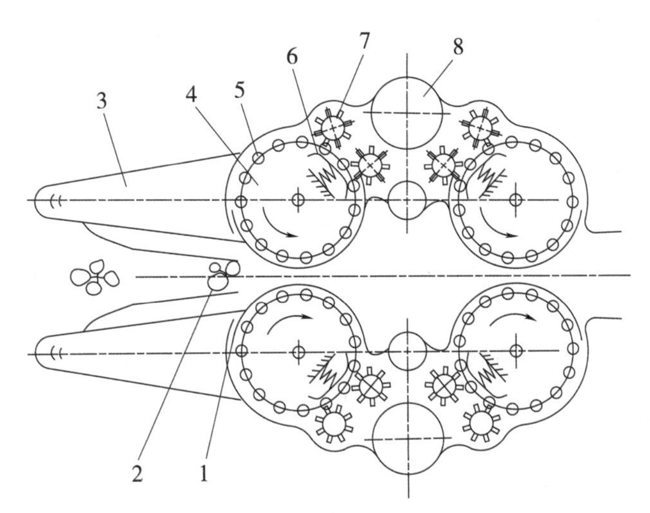

1-摩擦带　2-棉花　3-扶导器　4-采棉滚筒　5-摘锭　6-脱棉区摩擦带　7-脱棉刷辊　8-输棉风管

图 5-10　垂直摘锭式采棉机结构

除碎叶装置，棉碎叶等细小杂质随风排出，含杂籽棉进入棉纤抑损清杂装置进行处理，铃壳、枝秆等杂质排出，籽棉被送往集棉箱。

（四）刷辊式采棉机

刷辊式采棉机采摘台主要由刷辊组、输棉搅龙、传动部件、液压发动机、挑棉辊等组成。该采摘台包括安装在采摘台架前端的至少 1 对具有锥头的分禾器，分禾器之后装有采摘头，采摘头含有一对前低后高支撑在采摘台架上的同速反向旋转左、右刷辊，左、右刷辊上周向分布有径向延伸的一组刷板，左、右刷辊外侧下方分别安装具有“V”形接槽的纵向螺旋输送器，刷辊式采摘技术既解决了水平摘锭式采棉机采净率低、损失率高的问题，也解决了复指杆式采棉机棉秆易拔起的难题。采摘台工作时，刷辊在动力的驱动下将籽棉由下而上刷下来，通过输棉搅龙将籽棉送入螺旋输送器，再经风力输送到棉桃及籽棉清分装置。

（五）指刷式采棉机

指刷式采棉机的采摘台结构主要由分禾器、脱棉辊、指刷式采收辊、输棉搅龙等构成。采棉机作业时，棉株首先由分禾器导入指刷式采收辊进行采收，采摘的籽棉通过脱棉辊经由导流罩送入纵向搅龙中，籽棉再通过输棉装置送入机载清杂装置进行清理，清理后的籽棉再送入集棉箱，完成采收作业。

（六）摘棉铃机

该机能在棉田中一次采摘全部开裂（吐絮）棉铃、半开裂棉铃及青铃等，故也称一次采棉机。此机一般配有剥铃壳、果枝、碎叶分离及预清理装置，按采摘工作部件主要分为梳齿式、流指式、摘辊式。该机具结构简单，作业成本较低。由于工作部件为梳齿式、流指式、摘辊式，采摘后的籽棉中含有大量的铃壳、果枝、碎叶片和未成熟棉及僵瓣棉，造成籽棉等级降低。因此，此类机器适用于棉铃吐絮集中、棉株密集、棉行窄、吐絮不畅且抗风性较强的棉花，也可用于其他采棉机采收后的二次采棉作业。

（七）气流复合式采棉机

气流复合式采棉机，采用吹和吸的气流同时作用于被采摘的棉株上，如图5-11所示。机器工作时，棉株从机器的2个气嘴之间通过，其中一个产生正压气流，另一个产生负压气流，在这2种气流的联合作用下，籽棉被送入输送装置向外输出。为了提高效率，利用旋转的打壳器打击棉株，使籽棉更有利于从棉壳中脱出。这种采棉机采净率低，落地棉较多。仅在试验阶段，目前无产品使用。

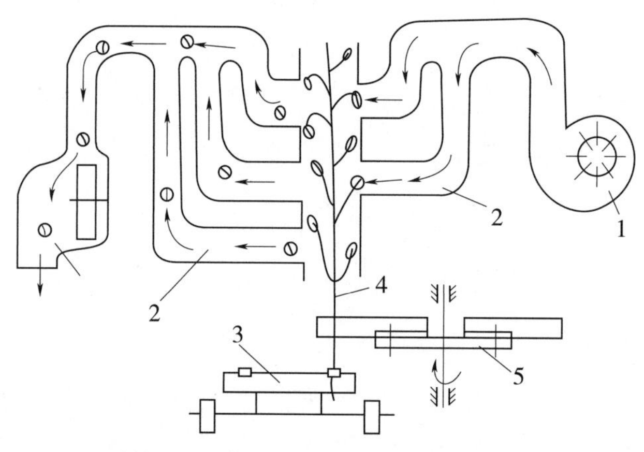

1-风机　2-风管　3-牵引车　4-棉株　5-打壳器

图5-11　吹吸气流机械振动式采棉原理

第三节　棉花收获机械的规范化技术操作

采棉机的技术工艺比较复杂，在应用过程中要注意的规范化操作，主要介绍采棉头的水平调整、采棉头前倾角度的调整、扶禾器的调整及仿形控制系统的调整等技术操作的。并且通过列举采棉机使用过程中的常见问题及排解措施，来推动棉花机采的应用推广。

一、采棉机的技术操作

（一）采棉头水平调整

采棉机停放在坚硬、水平的地方，如混凝土地面上；采棉头放置到稍高于地面的位置，将左右采棉头高度设为一致，结合液压锁定，发动机熄火并取下钥匙，在每个采棉头上部用水平仪检查采头的水平，采头顶部应当水平，从而使得采棉头上的喂入口和地面保持垂直，这能使采摘时棉花达到较好的喂入状态，如果需要调整，用采棉头连接板上的螺栓纠正采棉头的水平。

（二）采棉头前倾角度的调整

在正常的采收情况下，采棉头应当前倾50mm，这将使前滚筒引入的杂物在到达采头出口处时从采头底部漏走；同时，前滚筒比后滚筒低一点，将会使摘锭能够全面接触棉株，这样能提高棉株覆盖并提高采净率。

（三）扶禾器调整

正常的采摘情况下，滑靴应当比扶禾器底部低约50mm，通过松开定位螺栓来进行，可以根据不同的地面情况进行改变，调整时应当使得扶禾器尖部轻轻掠过地表而植株导向杆不会将杂物带进采摘头，当滑靴在地面上时，植株导向杆的末端应当与从下向上数第三排摘锭平齐，这将把底部倒伏的棉株运送到采摘区域，同时，也使收集的杂物能在进入采头前掉落。扶禾器底部应当比采摘头的底部低50mm，这个可以通过改变挂接链条的长短来调整，这项调整可以使得扶禾器可以自由下落以启动仿形阀。最后，调整弹簧以平衡扶禾器的重量，太松会引起频繁的跳动，太紧则会增加滑靴上承受的重量，使得扶禾器插入地面，并且滑靴过早磨损，这项调整可以通过改变链条连接板上的弹簧固定孔来完成。

（四）仿形控制系统的调整

将采棉机开进棉田约15m，使得采棉机完全处于棉行中，停下采棉机，将仿形设置到“ON（开）”的位置，油门全开，结合驻车，检查采棉头到地面的位置。

（五）调整压茎板

压茎板调整是采棉头调整中保证高采净率和采摘棉花质量最重要的一项调整，如果压茎板弹簧压力太小，棉株在采摘区域将不能很好地压缩导致采净率下降，压茎压力小对植株和绿桃的损伤小；如果压茎板弹簧压力太大，植株将在采摘区域能被很好地压缩使得采净率提高，但是植株和青铃的损伤大。

初始调整压茎板的压力，用脚蹬压茎板直到感觉力量合适为好，然后根据实地采摘时的情况，在保证最大采净率和合适的植株损坏的条件下，适当进行调整。除了压茎板压力的调整外，压茎板上部和下部分别有一个螺栓可以对压茎板与摘锭尖部的间隙进行调整，小一些的间隙会使摘锭能贯穿植株从而获得较高的采净率，较大的间隙则能避免青铃的损伤。在初始调整时，将压茎板间隙调整到6~13mm。大多数情况下，根据不同的棉田状况只需进行压茎板压力的调整。

（六）湿润系统调整

湿润系统是保证采棉头高性能的关键。棉枝汁液和棉绒缠绕在摘锭上会引起导致脱棉盘和湿润刷过早磨损，通过调紧脱棉盘来清洁摘锭会导致摘锭衬套和倒刺的过载、过量的脱棉盘凸块变形磨损以及摘锭镀铬层的早期磨损，摘锭不清洁会增加停车时间并提高保养费用。采摘滚筒转一圈，摘锭必须在很短的时间被湿润刷洗净，增加清洗液的浓度会提高清洗的效率，增加水量只会使得采棉头内部积水而产生堵塞。

（七）湿润刷柱的调整

湿润刷与摘锭的接触调整不当，同样会影响清洗的效果，通过湿润刷柱上部与下部的支架调整与湿润刷柱与摘锭座管的平行，调整湿润刷柱使得湿润刷的边缘与摘锭的根部（摘锭的锥套处）接触，这是摘锭上汁液和棉绒积聚开始的位置，如果不能保持清洁，杂物会积聚导致脱棉盘边缘的早期磨损。

（八）脱棉盘的调整

将摘锭座管放置在正常采收时刚要离开脱棉盘的位置，检查每个摘锭都应该在一个脱棉盘凸台下部，上下调整脱棉盘使得凸台与摘锭的间隙为 0.1mm，可以拿一张纸币检查。由于摘锭和摘锭座管在制造上的公差及平均规律，任何一个摘锭都可以用来检查。

脱棉盘的作用是移除摘锭上的棉绒，洁净的摘锭是保证良好脱棉效果的前提，通过脱棉盘的调整来补偿清洗液或调整湿润刷柱只能造成早期磨损，棉绒和汁液的混合积聚物很难从摘锭上去除，如果不去除，当摘锭通过脱棉盘时会增加脱棉盘凸台的变形和损坏。

二、采棉机的故障解决措施

以市场上应用最广泛的水平摘锭式采棉机为例，介绍采棉机常见故障的解决措施。采棉机在田间工作时，最常见的故障主要是采棉指被缠绕不能正常运行、采棉头堵塞和卸棉输送系统堵塞。

（一）采棉指缠绕故障解决措施

采棉指被缠绕主要是由于湿润系统不能正常运行引起的。当采棉指被缠绕时，监控指示灯和报警指示灯会闪亮，正常灯熄灭。可以按照以下步骤操作解决采棉指缠绕故障。

① 将变速箱放在空挡的位置，踩下驻车制动器，停止采棉头和风机的运动。

② 用摇把用力松开采棉头的螺帽，再用扳手打开压力板。

③ 用刀刮除采棉摘锭上的缠绕杂物，直到完全清除干净才能正常工作。

④ 摘锭上缠绕物多都是因为溶液用量过少而导致的，检查溶液使用量。

⑤ 调节湿润器柱的高度和位置，检查湿润器柱上的水刷盘，并清除上面的杂物。

（二）采棉头堵塞故障解决措施

采棉头发生堵塞后，滚筒离合器通常会发出打滑声，或者显示屏上提示相关信息。避免损坏采棉头，在没有检查和升起采棉头前，不得通过倒转采棉头的方式清除堵塞。

可以按照以下步骤操作解决采棉头堵塞故障。

① 将多功能手柄置于空挡位置，停下机器。

② 升起采棉头，关闭风机和采棉头开关。

③ 检查确认采棉机后面没有棉模和障碍物，然后驾驶机器往后倒车大约 2m。

④ 关闭发动机，并且拔下钥匙。

⑤ 降下采棉头提升油缸的安全限位器。

⑥ 检查采棉头并清除堵塞物。如有必要，释放压紧板上的张力。重新安装并调整在清理堵塞过程中拆下的零件。

⑦ 重新启动发动机，打开风机和采棉头开关。在驻车制动器处于结合状态下，缓慢操作采棉头，确认已经清除了堵塞。如果清除了堵塞物后离合器仍然打滑，检查是否还有堵塞物，摘锭座管是否弯曲或者脱棉盘是否没有对正。

（三）卸棉输送系统堵塞的解决措施

计量辊、击棉辊或者喂入皮带转速太低或者液压发动机停转时，可能会导致卸棉输送系统堵塞。如果出现这种情况，显示屏上一般会显示转速过低报警信息。可以按照以下步骤操作清除卸棉输送系统的堵塞。

① 机器停止，分离自动模式。

② 分离风机和采棉头开关。

③ 结合驻车制动器，检查机器有无堵塞。拆下防护罩，通过检查窗检查喂入器皮带顶部是否有棉花。

④ 通过显示屏上的检修模式图标，使机器进入喂入器清理检修模式。发动机必须高速运转。

⑤ 往外拉计量辊换向阀，同时按线控上的按钮操作计量辊。使计量辊倒转 15s，然后松开线控按钮和阀。

⑥ 按线控上的按钮操作卸棉输送系统。观察计量辊、击棉辊和喂入辊皮带是否旋转。如果部件工作正常，并且棉花正常喂入圆棉模成模机中，继续按住按钮，直到集棉箱清空。

⑦ 如果系统仍然堵塞，则重复第五步和第六步。

⑧ 如果计量辊倒转不能清除堵塞，需要将机器置于运输装置，然后人工清除喂入系统堵塞的棉花。人工清除采棉头的堵塞物前，必须先关闭发动机并且拔下钥匙。

（四）日常检查油位

作业前要按时检查油位，这是日常维护最重要的工作，做到及时加油。

① 查看机油油位。从发动机上拔出检查机油位的标尺，上面有两个刻线，只要不超过上刻线就好，标准油位应该在两个刻线中间为最好。

② 查看柴油油位。柴油的油位及驾驶室油表指针不低过红线为准。

③ 查看液压油油位。在液压油箱上有个油标，油位保持在油标的 2/3 处。

④ 查看冷却液液位。冷却液液位，应该保持在冷却液水箱的 2/3 处。

参考文献

毕新胜，2007. 采棉机采摘头水平摘锭工作机理的研究［D］. 石河子：石河子大学.

毕新胜，王维新，武传宇，等，2007. 采棉机水平摘锭的工作原理及采摘力学分析［J］. 石河子大学学报（自然科学版）（6）：786-789.

陈传强，蒋帆，陈昭阳，2014. 山东省棉花机械化生产农艺模式研究［J］. 中国农机化学报，35（5）：48-52.

陈传强，蒋帆，张晓洁，等，2017. 我国棉花生产全程机械化生产发展现状、问题与对策［J］. 中国棉花，44（12）：1-4.

陈贵林，2009. 机采棉发展需要解决的几个问题［J］. 中国棉花加工（2）：17-18.

陈雪梅，张晓洁，2013. 山东省发展机采棉的前景与对策［J］. 山东农业科学，45（12）：107-111.

代建龙，李维江，辛承松，等，2013. 黄河流域棉区机采棉栽培技术［J］. 中国棉花，40（1）：35-36.

董伟，2009. 梳指式采棉机的设计与关键技术研究［D］. 乌鲁木齐：新疆大学.

端景波，张晓辉，范国强，等，2014. 棉花机械化采收技术的现状与研究［J］. 中国农机化学报，35（3）：62-65.

樊建荣，2011. 采棉机的研究现状和发展趋势［J］. 机械研究与应用，24（1）：1-4.

付长兵，2010. 水平摘锭式采棉机采棉原理及关键零部件分析［D］. 乌鲁木齐：新疆大学.

付长兵，孙文磊，2011. 水平摘锭式采棉机采棉装置及关键部件分析［J］. 机械工程与自动化（1）：85-86，89.

郝付平，韩增德，韩科立，等，2013. 国内外采棉机现状研究与发展对策［J］. 农业机械（31）：144-147.

黄铭森，石磊，张玉同，等，2016. 统收式采棉机籽棉预处理装置的优化试验［J］. 农业工程学报，32（21）：21-29.

黄勇，付威，吴杰，2005. 国内外机采棉技术分析比较［J］. 新疆农机化（4）：18-20.

李冉，杜珉，2012. 我国棉花生产机械化发展现状及方向［J］. 中国农机化（3）：7-10.

李世云，孙文磊，毕新胜，等，2011. 采棉机械采摘原理解析［J］. 科技信息（7）：71-72.

李小利，2011. 水平摘锭式采棉机采摘机理及摘锭运动规律的研究［D］. 乌鲁木齐：新疆大学.

刘晓丽，陈发，王学农，等，2012. 国内外梳齿式采棉机技术比较分析研究［J］. 农机化研究，34（3）：14-17，24.

孙冬霞，张爱民，吴莉丽，等，2013. 黄河三角洲区域棉花生产全程机械化关键技术发展现状与方向［J］. 农业机械（4）：116-119.

孙巍，杨宝玲，高振江，等，2013. 浅析我国棉花机械采收现状及制约因素［J］. 中国农机化学报，34（6）：9-13.

陶湘伟，陈兴和，2013. 机采棉技术与发展趋势分析［J］. 农业机械（13）：97-102.

王刚，刘辉，赵海，等，2011. 新疆兵团棉花机械采收存在的问题及对策［J］. 中国棉花，38（9）：37-38.

王新国，2003. 国产采棉机技术应用与发展前景展望［J］. 新疆农机化（5）：30-31.

王志坚，徐红，2011. 新疆机采棉的调研与发展建议［J］. 中国棉花，38（6）：10-14.

翟超，周亚立，赵岩，等，2011. 水平摘锭式采棉机的研究现状及发展趋势［J］. 农业机械（25）：91-92.
张杰，刘林，2013. 新疆兵团机采棉与手采棉经济效益比较研究［J］. 农业现代化研究，34（3）：372-375.
张立杰，王志坚，彭利，2013. 基于统计分析的机采棉与手采棉品质比较［J］. 中国农机化学报，34（6）：89-94.
张山鹰，2012. 新疆机采棉发展现状及发展方向的思考［J］. 农业工程，2（7）：1-6.
赵峰，2011. 兵团机采棉发展背景、现状与发展前景［J］. 新疆农垦经济（1）：40-41.
周海燕，孙玉峰，杨炳南，等，2015. 我国棉花收获机械应用现状及展望［J］. 农业工程，5（3）：16-18.

第六章　棉秆收获农机农艺融合技术

我国是世界上最大的棉花生产国和消费国，已经形成长江流域、黄河流域和西北内陆三大棉花主产区。2017 年，全国棉花播种面积为 323 万 hm^2，全国棉花总产量 549 万 t，若按皮棉的草谷比平均值 5.02 计算，则全国棉秆总产量达到 2 750 万 t，棉秆资源丰富、产量巨大。其中，棉秆是棉花生产过程中的副产物，是重要的可再生资源。棉秆木质化程度高、韧皮纤维丰富、容积密度和热值高，是非常好的生物质资源。

第一节　棉秆利用及收获技术

棉秆通过有效的利用途径，由传统的焚烧和掩埋转化为资源化的利用，增加使用价值，将产生巨大的经济效益和社会效益。正确处理棉花秸秆，变废为宝，可实现供电、供气，缓解农村能源紧缺现状，防止由于焚烧秸秆所产生的大量有害气体，改善农民的生活环境。由于人工收获棉花秸秆强度大，缺乏规模化收获的适用设备，在现有种植生产模式下，除部分还田外，剩余棉秆被丢弃或就地焚烧，既造成资源浪费又污染环境。棉秆量大、分散、收储季节性强；人工收集棉花秸秆劳动强度大、效率低；棉秆收获机械的缺失，导致棉秆收集储运困难、成本高，严重制约棉秆规模化工业利用。

棉秆是棉花生产过程中的副产物，木质化程度高、韧皮纤维丰富、容积密度和热值高，是非常好的生物质资源，同样是重要的农业可再生资源。我国作为世界上植棉大国，已经形成长江流域、黄河流域和西北内陆三大棉花主要生产区，带来储量丰富的秸秆资源。根据国家统计局数据显示，2015 年我国棉花种植面积近 380 万 hm^2，约产棉秆 1 900 万 t，棉秆资源占到全国秸秆理论资源量的 3.1%，资源量非常丰富。棉秆既可作为燃料、饲料和有机质还田，又可作为建筑和包装材料工业原料。根据棉秆炭化技术试验，每吨棉秆原料可产木炭 300kg、木焦油 24kg、木醋油 220kg，据此计算，每 100 万 t 棉秆，生产总值可以达到 10 亿元。棉秆发电燃烧后的草木灰，还可以作为高品质的钾肥还田使用。按 1t 棉秆相当于 0.4m^3 林木用于制造纸浆的量计算，若全部利用每年可节省林木资源 1 200 万 m^3。伴随工业技术的发展与进步，棉秆在焚烧发电、造纸、生物利用以及板材制造等方面的应用越来越广泛。丰富的棉秆资源由传统的焚烧和掩埋转化为有效利用，增加价值，将产生巨大的经济效益和社会价值。正确的处理棉秆，可实现供电、供气，有效缓解农村能源紧缺现状，防止由于焚烧秸秆所产生的大量有害气体，改善农民的生活环境。

一、棉秆资源的综合利用

2015年农业部关于打好农业面源污染防治攻坚战明确指出，要打好农业面源污染防治攻坚战的工作目标，深入开展秸秆资源化利用，大力开展秸秆还田和秸秆肥料化、饲料化、基料化、原料化和能源化利用。建立健全秸秆收储运体系，降低收储运输成本，加快推进秸秆综合利用的规模化、产业化发展，实现秸秆全量化利用，从根本上解决秸秆露天焚烧问题。下面，我们分别从“棉秆五化”来分析棉秆的综合利用现状。

棉秆的肥料化利用。棉秆还田是补充和平衡土壤养分、改良土壤的有效方法，对于提高资源利用率、节本增效、提高耕地基础地力和农业的可持续发展具有十分重要的作用。通常采取以下办法实行棉秆还田：一是棉秆粉碎直接还田；二是利用高温发酵原理进行棉秆堆沤还田；三是棉秆养畜，过腹还田；四是利用催腐剂快速腐熟棉秆还田；五是通过分解棉秆中木质素的微生物，进行堆肥化处理，从而获得一种性能优良生物肥。

棉秆的饲料化利用。通过青贮、氨化、微贮、压块饲料等项技术，既解决了养畜的饲料问题，促进了农村畜牧业的发展，又实现了棉秆的间接还田，促进生态良性发展。棉秆饲料适口性强，纤维降解率可达20%~35%，蛋白质含量增加50%以上，并含有多种氨基酸，可代替40%~50%的精饲料，用于饲喂猪、牛等畜禽，效果显著。

棉秆的基料化利用。食用菌栽培已逐渐成为21世纪的新型农业，充分利用作物棉秆、籽壳筛选优良菌种，提高转化率和食用菌产量，进行高档食用菌生产，是棉秆综合利用的有效途径之一。利用它作为生产基质发展食用菌，大大增加了生产食用菌的原料来源，降低了生产成本。

棉秆的能源化利用。生物质是仅次于煤炭、石油、天然气的第四大能源，在世界能源总消费量中占14%。棉秆能源转化主要有两个主攻方向：一是棉秆发电工程。二是在农业中的开发与应用棉秆气化和沼气工程。建设一套棉秆气化集中供气配套装置，总投资约需120万元，每套装置产生的燃气能解决周围半径1km内的200~250户农民的日常燃料所需。

棉秆的原料化利用。利用棉秆生产高中密度纤维板制品，用于建筑装修等行业的应用，可大量减少原木材料的使用，创造巨大的经济效益。

二、国内外棉秆收获技术

美国、印度、澳大利亚等国外主要的棉花生产和贸易大国，棉秆收获设备主要以对行式为主，按照收获原理主要分为铲切式、刨挖式和拔秆式，有些是铲、割、拔与铺条，有些是铲、割、拔与切碎结合。在切碎后有些是集中，有些是直接还田。棉秆铲切技术，由挖掘铲深入土层中，把棉秆根切断，利用旋转星轮拔取棉秆，达到秆土分离。代表机型有乌兹别克斯坦生产的KV-3.6A型和KV-4A型。此技术的特点是入土切割铲动力消耗较大、磨损严重，优点是对行距要求不严，挖根较彻底。棉秆刨挖技术，主要是采用对称倾斜双圆盘刨挖。典型代表有美国的Dave Koenig和Orthman棉秆刨挖机。此技术相对于铲切来说，动力消耗相对减少，但是一般对行性要求较高。棉秆拔取技术，采用45°倾角安装的橡胶对辊夹取。典型机型有澳大利亚的Muti拔棉花秸秆机和美国的 AMADAS 棉花秸秆拔取切碎收获机。该技术对种植行距的标准性要求比较高，对机手操作的熟练程度也要求较高，适合有一定规模的标准化栽植。

在 20 世纪 60 年代中期，我国已经开始对棉秆收获机械的研制。到 70 年代末、80 年代初，棉花种植规模的扩大，引发棉秆收获机械的增多，但由于种种原因都未能定型生产和推广应用。近年来，棉秆被广泛应用于饲料、造纸及能源等领域，棉秆收获技术与装备的研究备受关注。总结我国研制的棉秆收获机具，主要有铲切式、提拔式、收割联合作业、拔取+捡拾联合作业、拔取切碎联合作业、拔取切碎打捆作业的收获方式。

铲切式棉秆收获机，主要是研学苏联两行铲切式棉秆收获机。这类棉秆收获机械结构简单、制造和使用方便，但是效率低、残留棉根较多，铺放不整齐。主要与小型拖拉机配套使用，需对行作业，对种植农艺的要求比较高。

提拔式棉秆收获机，用起拔器把棉秆从土壤中提拔出来，按起拔器的形状和结构又分为辊式、夹式和链杆式 3 种。目前，该类机型中最具有代表性的是 4MJ-2 型齿盘式棉秆收获机，作业时，由拖拉机前进推动机具前移，涤纶传动带动拨盘转动，前进中拔盘遇到棉秆将秸秆拔起，并将秸秆拨向后方，待集成一堆后放置于田间。

铲切式和提拔式主要是与小型拖拉机配套的机型，收获效率受到限制，中间处理环节多，后续作业仍然费时费力，且受到地域性影响显著，无法满足规模化收集需要。根据我国的地域特点和种植农艺的要求，研究了适用于我国华北、华东地区以捡拾型为主，新疆地区以收割型为主的两种不同的棉秆收获模式，为棉秆规模化收集提供了技术装备和收获路线，推动我国棉花秸秆的规模化工业综合增值利用。

第二节　常见棉秆收获机械

一、齿盘式棉秆拔取机

齿盘式棉秆拔取机是目前市场上应用最广泛的一种棉秆拔取设备，主要由拔秆齿盘、地轮、传动机构、机架等组成，如图 6-1 所示。工作原理：采用地轮传动方式，

图 6-1　齿盘式棉秆拔取机

通过地轮锥齿轮来驱动拔秆齿盘实现拔秆作业。工作时拖拉机带动收获机向前运动，地轮通过动力传动部件带动齿盘旋转，齿盘上的三角刃槽把棉秆钳住，在拖拉机的前推力与齿盘的旋转拉拔力的双重作用下将棉秆从土壤中拔出。此方式依靠地轮与地面间的摩擦力来实现动力传递，属于被动传动，这种结构具有结构简单、成本低的特点，具有较强的适应性，主要性能指标如表 6-1 所示。

表 6-1　齿盘式棉秆拔取机技术参数

项　目	参　数
收获方式	水平齿盘式
外形尺寸（mm）	1 100×1 320×1 130
配套动力（马力）	8~12
切刀转速（r/min）	1 100
作业速度（km/h）	4~8
收获行数（行）	2
作业效率（hm^2/h）	0. 8~1
拔净率（%）	≥95
拔断率（%）	≤5

二、自走式棉秆联合收割机

4MG-275 型自走式棉秆联合收割机由中国农业机械化科学研究院研制，如图 6-2 所示。作业时，随着机器的行走，收割台的割刀直接将地面上的棉秆剪切断送至横向输送器，经输送器输送至过桥喂入口，在过桥喂入辊的强制抓取作用下输送至喂入装置，由喂入装置的夹持喂入辊将棉秆输送到切碎装置，在切碎滚筒的作用下将棉秆切碎并抛送至储料箱，待储料箱装满后，由液压装置将切碎的棉秆侧翻卸至运输车内。各个部件、装置由底盘组合在一起，由发动机提高动力驱动行走和工作部件，可以一次完成棉秆的切割、输送、切碎、抛送装箱、液压自动翻转卸料等作业过程，主要技术参数如表 6-2 所示。

表 6-2　4MG-275 型自走式棉秆联合收割机技术参数

项　目	技术参数
收获方式	自走收割式
外形尺寸（mm）	6 510×2 800×3 293
收获幅宽（mm）	2 750
作业效率（hm^2/h）	0. 4~0. 8
主茎切断长度（mm）	≤60
发动机功率（kW）	64
整机质量（t）	5 280

三、自走式棉秆捡拾收获机

4MG-240 型自走式棉秆捡拾收获机由中国农业机械化科学研究院研制，主要由钉齿式捡拾台、辊式输送过桥、夹持喂入装置、切碎装置、储料箱、发动机、底盘、驾驶室、液压系统和电气系统组成，采用“T”形布置，结构紧凑，如图 6-3 所示。

图 6-2　4MG-275 型自走式棉秆联合收割机

图 6-3　4MG-240 型自走式棉秆捡拾收获机

工作原理：棉秆由拔棉秆机连根拔起并铺放在田间，经晾晒到适当含水率后进行捡拾收获作业。作业时，随着机器的行走，田间铺放的棉秆被钉齿式捡拾滚筒捡拾送至横向输送器，经输送器送至过桥喂入口，在过桥喂入辊的强制抓取作用下输送至喂入装置，由喂入装置的夹持喂入辊将棉秆输送到切碎装置，在切碎滚筒的作用下将棉秆切碎并抛送至储料箱，待储料箱装满后，由液压装置将切碎的棉秆侧翻卸至运输车内。各个部件、装置由底盘组合在一起，由发动机提高动力驱动行走和工作部件，可以一次完成棉秆的捡拾、输送、切碎、抛送装箱、液压自动翻转卸料等作业过程，技术参数如表6-3所示。

表 6-3　4MG-240 型自走式棉秆捡拾收获机技术参数

名　称	技术参数
收获方式	自走捡拾式
外形尺寸（mm）	6 510×2 800×3 293
捡拾幅宽（mm）	2 400
作业效率（hm^2/h）	0.4~0.8
主茎切断长度（mm）	≤60
发动机功率（kW）	64
整机质量（t）	5 350

第三节　棉秆收获机械的研发与应用

针对黄河流域棉秆收获过程中存在的收获效率低、棉秆拔净率不高，容易漏拔的问题，滨州市农业机械化科学研究所组成棉秆综合利用创新团队结合棉秆的结构特点，提出棉秆机械化收获的技术路线与装备。

棉秆根部属于直根系，分为主根和侧根，侧根又生长支根。大部分的根系分布在耕作层内，在土壤养分、水分和土质合适的情况下，根系生长相当发达。通过对棉秆的理论分析与田间的试验工作，得到以下结论。

① 棉秆沿着垂直方向拔取，其整个根系都受到土壤的阻力，需要较大的拔取力；以一定角度拔取，部分根系受力，使得棉秆的拔取阻力减小；经查阅资料和大田试验，棉秆拔取角度为 30°左右效果较好。

② 棉秆的拔取阻力跟土壤的含水率关系较大，土壤含水率越大，土壤对棉秆的附着力就越小，拔取作业越容易；反之，随着土壤含水率的降低，土壤坚实度增加，拔取棉秆困难。

③ 棉秆的拔取力跟棉秆的直径有正相关直线回归关系，随着棉秆直径的增大，棉秆根部越发达，拔取时消耗的动力也就越大。

一、4MG-2 型棉秆粉碎集箱收获机

4MG-2 型棉秆粉碎集箱收获机，主要由拔取机构、调直输送机构、铡切送料机构、集料箱、动力输出机构和装配机架等组成。棉秆拔取机构、调直输送机构采用前悬挂方式；铡切送料机构通过连接机构固定在拖拉机前端；集料箱置于拖拉机正上方，如图 6-4 所示。

工作原理：机具工作时，拖拉机前进推动棉秆拔取机构的一对传动地轮向前滚动，地轮轴的转动经锥齿轮副带动拔棉秆齿盘相对水平转动，棉秆卡入齿盘，随着齿盘的转

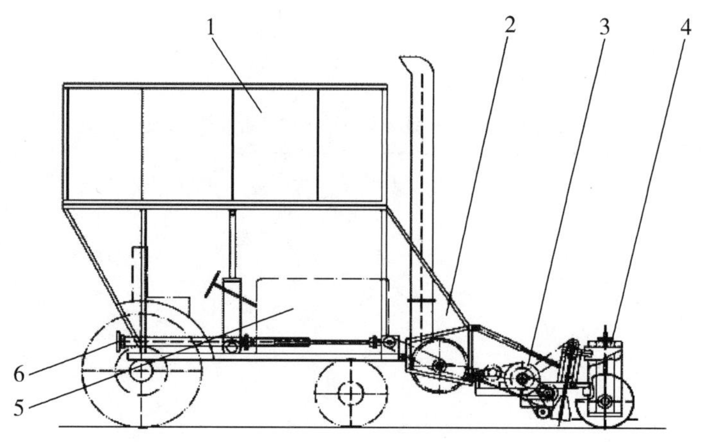

1-集料箱　2-铡切送料机构　3-调直输送机构　4-拔取机构　5-拖拉机　6-动力输出机构

图 6-4　4MG-2 型棉秆粉碎集箱收获机结构

动，棉秆被拔出并向中间集中；再经一对相对转动的拨秆轴拨向输送机构，通过相对转动的上下喂入辊夹持，沿着升运栅板向后斜上方输送，经两级拨辊输送到切碎滚筒的喂入口，喂入口下方的定刀和旋转刀轴上的切刀将棉秆铡切成 40～60mm 的长段；高速旋转的刀轴盘上的叶片以及铡切刀所产生的风力将切碎工序后的棉秆通过送料筒向上吹入集料箱；棉秆满箱后，通过操纵液压机构可以将切碎的棉秆从集料箱的箱体卸下，技术参数和性能设计指标如表 6-4 所示。

表 6-4　4MG-2 型棉秆粉碎集箱收获机技术参数

项　目	技术参数
收获幅宽（mm）	2 000
外形尺寸（mm）	4 930×2 100×3 400
配套动力（kW）	≥45
切刀转速（r/min）	1 100
作业速度（km/h）	4～7
主茎切断长度（mm）	40～60
拔净率（%）	≥90
拔断率（%）	≤10
切碎长度合格率（%）	≥92

（一）拔秆齿盘机构

机具前行，推动拔秆机构的地轮向前滚动，地轮轴的转动经锥齿轮副带动拔棉秆齿盘相对水平转动，卡入齿盘的棉秆随着齿盘的转动被拔出并向中间靠拢，再经一对相对转动的棉秆拨轴拨向输送机构，如图 6-5 所示。拔秆齿盘是拔秆的关键部件，其中主要的结构参数是拔秆齿的卡齿宽度 M 和卡齿角度 a 的确定。拔秆齿板的卡齿角度不宜过小，否则容易造成对棉秆形成剪切效果或者棉秆卡入齿槽后不易退秆。经查阅资料，棉秆与钢材间的摩擦角 $a_0=29.1°$。根据黄河三角洲棉田实地调研，棉秆在地表以上15~30mm 处大部分直径为 20mm 左右，因此设计卡齿宽度 $M=25$mm，卡齿角度 $a=25°$。

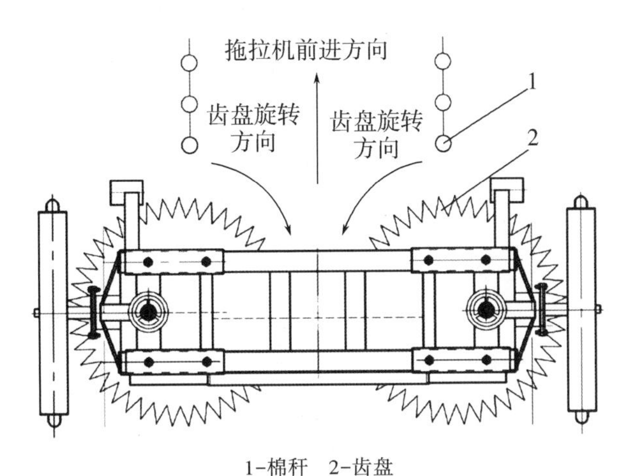

1-棉秆 2-齿盘

图 6-5 拔秆机构工作示意图

（二）调直输送机构

棉秆调直输送机构由机架、拨轮、上下喂入辊、中拨辊、升运栅板、传动链轮齿轮、安全防护罩等部件组成，如图 6-6 所示。经棉秆拔取机构拔取的棉秆，通过相对转动的棉秆拨轮进行调直作业，调直后的棉秆先由一对相对转动的上下喂入辊夹持沿升运栅板向后斜上方输送，再经两级拨辊送入切碎滚筒的喂入口。棉秆调直输送喂入，可以解决棉秆拔取后出现杂乱无章、输送不通畅的问题。

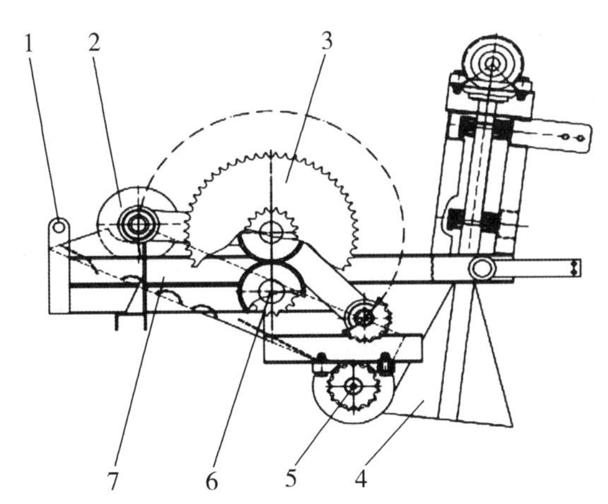

1-机架 2-后拨辊 3-传动链轮 4-棉秆拨轮 5-上下喂入辊 6-中拨辊 7-升运栅板

图 6-6 调直输送机构

（三）铡切送料机构

棉秆铡切送料机构由机架、切碎滚筒、定刀、铡切刀轴、风扇叶片、送料风筒、导流板、传动链轮带轮及提升液压油缸组成，如图 6-7 所示。铡切装置采用前后两端开刃的刀盘式铡切结构，具有铡切均匀、负荷小等特点，铡切刀具采用了 65Mn 材料并通过了特殊耐磨工艺处理，提高了刀具的使用寿命。动刀采用直刀型结构，结构简单，加工方便，功率消耗低，选用直刀型。棉秆风送装置采用叶轮式抛送器，具有功耗低、风力足的优点，抛送距离达 5~8m，粉碎的棉秆不容易堵塞。棉秆经两级拨辊送入切碎滚筒的喂入口，喂入口下方设有定刀和旋转刀轴上的切刀共同作用，将棉秆铡切成 40~60mm 的长段，高速旋转的铡切刀轴盘上叶轮片以及铡切刀所产生的风力将切碎的棉秆通过送料筒向上吹入集料箱。

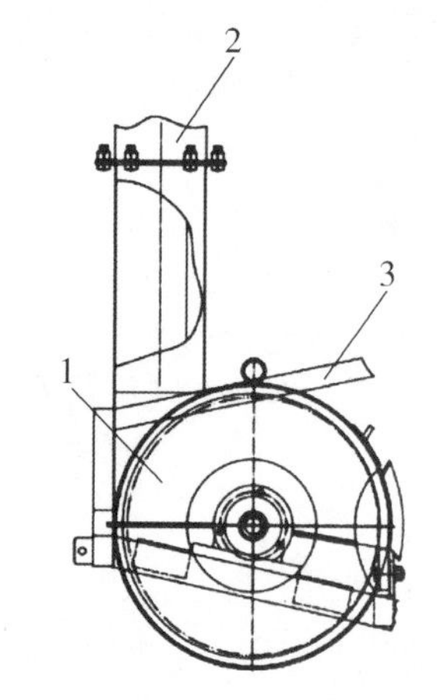

1-切碎滚筒　2-送料风筒　3-机架

图 6-7　铡切送料机构

二、4MG-210 型自走式棉秆拔秆打捆联合收获机

4MGB-210 型自走式棉秆联合收获机，主要由收获台、拨禾轮、铡切机构、打捆机构和动力机构等组成，如图 6-8 所示。工作原理：收获台中的拔秆辊位于机具的前端，

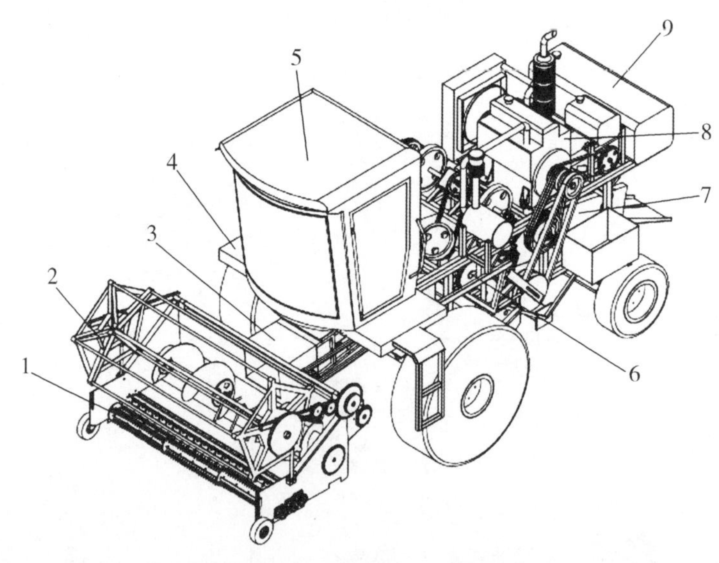

1-收获台　2-拨禾轮　3-链板输送机构　4-底盘　5-驾驶室　6-铡切机构　7-打捆机构　8-动力机构　9-油箱

图 6-8　4MG-210 型自走式棉秆拔秆打捆联合收获机结构

与拨禾轮的转动配合作业将棉秆拔除，清理辊在拔秆辊的上方，清理夹持在拔秆辊“V”形齿上的棉秆，拔秆辊将棉秆送到收获台搅龙上，将棉秆拔除后通过搅龙集中至链板输送装置入口处；接着链板输送装置将棉秆向后继续输送至棉秆切断装置，并且在输送过程中完成对棉秆的秆土分离过程；随后进入切断装置将棉秆铡切，切断后的棉秆沿溜板输送装置强制到达打捆装置的进料口，打捆装置的拨叉将棉秆扒到压捆室进行压缩打捆，最后完成切断后的棉秆打捆作业过程，主要技术参数和性能设计指标，如表6-5所示。

表6-5　4MG-210型自走式棉秆拔秆打捆联合收获机的技术参数

项　目	技术参数
收获幅宽（mm）	2 100
外形尺寸（mm）	6 320×2 430×3 250
发动机功率（kW）	48
作业速度（km/h）	3~5
作业效率（hm^2/h）	0.6~1.0
主茎切断长度（mm）	≥150，≤ 250
成捆尺寸（长×宽×高）（mm）	440×355×（300~1 320）
拔净率（%）	≥88
拔断率（%）	≤5
切断长度合格率（%）	≥90

（一）不对行拔秆机构

收获台（棉秆拔秆台）主要有拔秆辊、清理辊、拨秆辊、搅龙和拨禾轮等组成，如图6-9所示。拔秆辊轴上均匀布置3~4排“V”形齿板，后部是清理辊，清理辊上的清理齿与拔秆辊上“V”形齿板的齿槽一一对应，清理辊后面棉秆拔秆台的入口处是

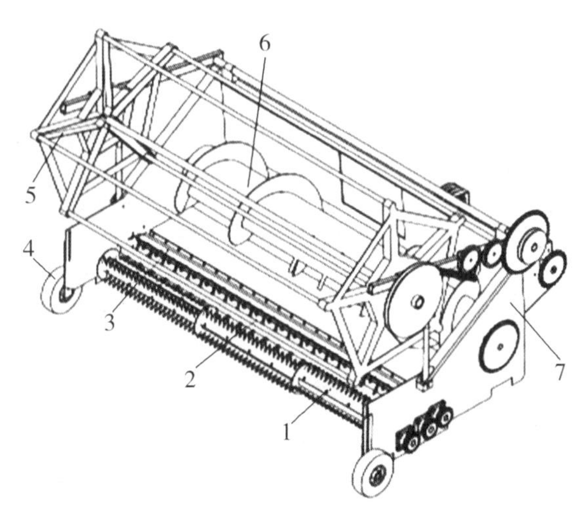

1-拔秆辊　2-清理辊　3-拨秆辊　4-限深轮　5-拨禾轮　6-搅龙　7-底座

图6-9　收获台结构

强制输送辊。工作时，拨禾轮在棉秆距离地面 1/3~2/3 处向后拨动棉秆，拔秆辊上的“V”形齿板与棉秆碰撞并将其夹持，随后在前推和旋转的双重作用下将棉秆拔除，克服棉秆的推拔阻力；拔除后的棉秆在拨禾轮的拨动和旋转“V”形齿板向后甩动的作用下倒向后方，通过离心力的作用从齿槽中脱出，若棉秆因夹持力过大未从“V”形齿板的齿槽中脱出，则在“V”形齿板转动到与清理齿交汇的时，清理齿将夹持棉秆从“V”形齿板齿槽中剃出，并落入到螺旋输送器上，完成棉秆的拔除过程。

（二）滚筒铡切机构

滚筒式铡切机构，通过在铡切滚筒布置间隔 1/2 圆周的切刀，配合固定在台架上的定刀，将棉秆铡切，动力消耗降低，刀具磨损减小，为棉秆的打捆创造条件，如图 6-10 所示。根据输送空间和压缩打捆的要求，棉秆的切断长度设计（20±10）cm，并依据此条件对滚刀进行选型，滚刀主要切断部件是与轴线有一定倾角的动刀刀片，动刀的刀刃旋转轨迹直径为 550mm。

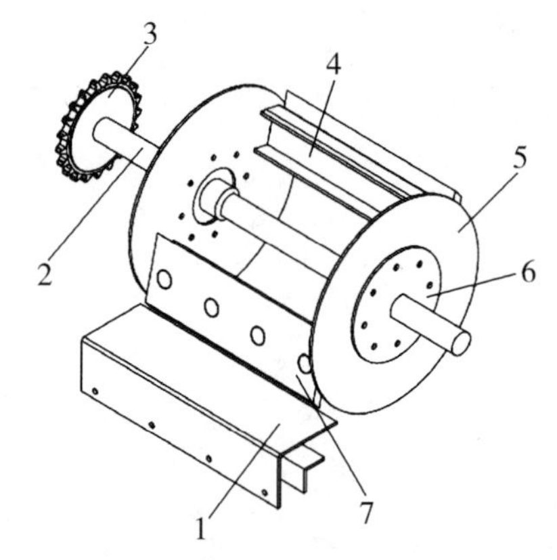

1-定刀　2-中心轴　3-传动链轮　4-动刀座
5-侧板　6-固定座　7-动刀

图 6-10　铡切机构结构

三、4MGB-260 型自走式智能棉秆联合收获打捆机

4MGB-260 型自走式智能棉秆联合收获打捆机的技术参数如表 6-6 所示。其整机结构主要由收获台、输送

表 6-6　4MGB-260 型自走式智能棉秆联合收获打捆机的技术参数

项　目	技术参数
收获幅宽（mm）	2 600
外形尺寸（mm）	6 300×2 935×3 010
发动机功率（kW）	92
作业速度（km/h）	4~6
作业效率（hm^2/h）	0. 8~1
主茎切断长度（mm）	≥150，≤ 250
成捆尺寸（长×宽×高）（mm）	（300~1 300）×460×360
拔净率（%）	≥95
拔断率（%）	≤5
切断长度合格率（%）	≥95
成捆率（%）	≥98
草捆抗摔率（%）	≥96

链板、切断装置、自走底盘、压捆机构、储捆平台等组成，一次进地作业可以完成棉秆的拔除、输送、清土、切断、压缩、打捆、储捆等作业，如图 6-11 所示。工作原理：棉秆在拔秆辊与拨禾轮的共同作用下从地里被整株拔除，拔除后的棉秆通过清理辊和拔秆辊输送到搅龙处，搅龙将棉秆输送至链板输送器的入口处，并且在输送过程中完成棉秆的清土作业，然后链板输送器将棉秆向后输送至铡切装置，随后铡切装置将棉秆切断，切断后的棉秆到达压捆装置的进料口，压捆装置的拨叉将棉秆扒到压捆室进行压缩打捆，成捆后的棉秆经由滑落板放置在储捆平台上。

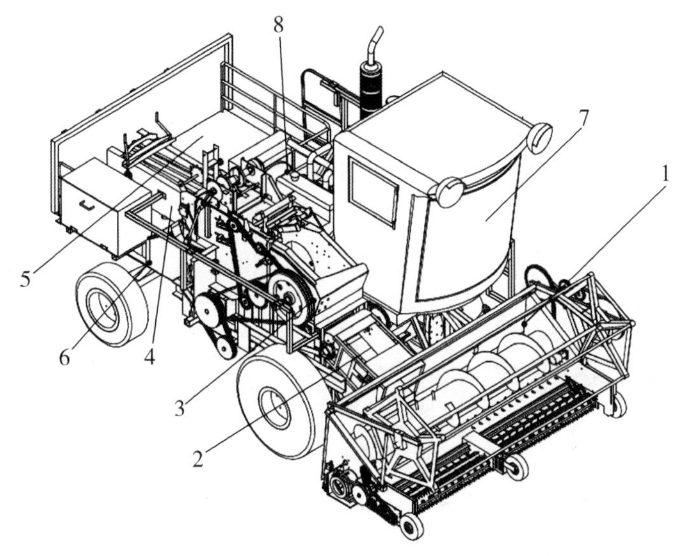

1-收获台　2-输送链板　3-切断装置　4-压捆机构　5-储捆平台　6-底盘　7-驾驶室　8-动力机构

图 6-11　4MGB-260 型自走式智能棉秆联合收获打捆机结构

（一）多辊组合拔秆机构

拔秆辊的关键部件是拔除棉秆的齿板，齿板通过螺栓固定在拔秆辊轴上，根据棉秆直径等数据，设计齿板的性状为“V”形齿板，齿形角为 29.55°，齿宽范围为 9～26mm。为保证齿板有足够的强度、刚度和稳定性，将拔秆辊设计成两个，分别由不同的液压发动机驱动；每个拔秆辊上沿着拔秆辊轴向将齿板设计成 3 片，沿拔秆辊周向均匀分布 3 片齿板。

清理辊的关键部件是清理齿，清理齿通过焊接固定在清理辊轴上。由于随着清理的齿槽不断增多，清理辊受到的力和冲击也在不断变大，因此，为提高清理辊的使用寿命，减小冲击负载，清理辊上的清理齿的布置方式为螺旋排列方式，相邻两个清理齿径向角度相差 120°，轴向间距 31mm，如图 6-12 所示。

（二）滚筒铡切机构

滚筒式铡切机构，主要包括铡切刀、铡切刀座、破碎板、定刀、定刀座、铡切滚筒和中心轴组成，如图 6-13 所示。在铡切滚筒上交错布置破碎板和切刀，配合固定在台架上的定刀，将棉秆实施破碎、铡切作业，然后进入压捆机构进行压缩打捆，降低动力

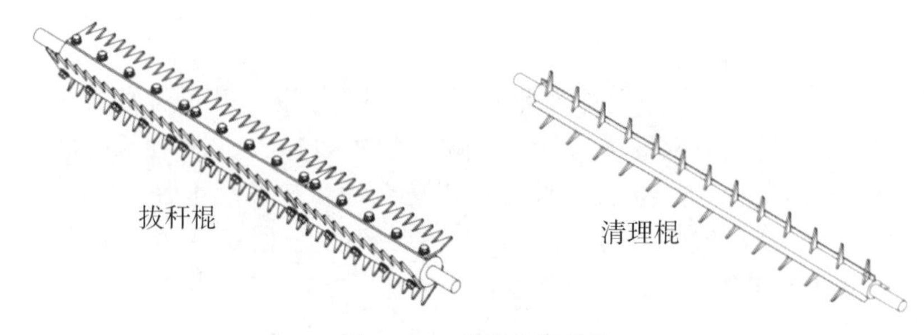

图 6-12　收获多辊结构

消耗；同时，棉秆破碎与切断交替作业，可以减小刀具磨损，延长刀具的使用寿命，棉秆切断长度合格率≥97%，超过行业指标 85%的作业要求。滚筒式铡切机构的转速为 185r/min，可知滚筒式铡切机构的工作频率为 6.5Hz，远低于仿真分析所得的最低阶频率 53.67Hz，工作时不会发生共振现象。

（三）压缩打捆机构

秸秆压捆机构，由喂入机构、活塞压缩室、方捆密度控制器和打结器等组成，如图 6-14 所示。工作过程中，在摇杆的控制下喂入拨叉按预定轨迹运行，并将堆积的物料添加到压缩室；活塞压缩室将喂入的物料压缩成形，两侧具有调整密度的控制器，可用捆绳将被压实的物料捆扎。打捆室左右侧板和打结器底板上装有鱼鳞状限位器，防止被压缩的物料反弹。

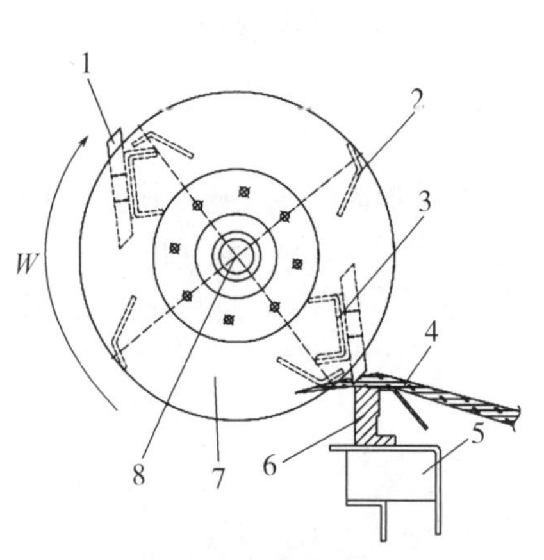

1-铡切刀　2-破碎板　3-铡切刀座　4-棉秆
5-定刀座　6-定刀　7-铡切滚筒　8-中心轴

图 6-13　铡切机构

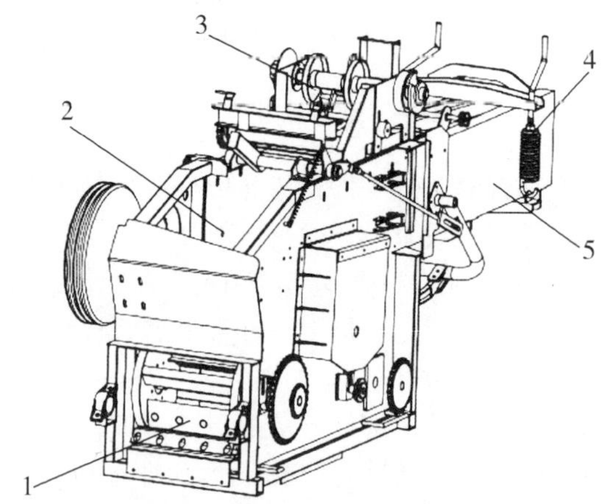

1-铡切喂料机构　2-压捆室　3-打结器
4-密度控制器　5-出料口

图 6-14　秸秆压缩打捆机构

（四）折叠式储捆平台

折叠式储捆平台，主要有侧折叠板、后折叠板和若干支撑杆等组成，如图 6-15 所示。该机构主要用来暂时存放打捆后的棉秆，避免机具重复入地对土地产生压实。机具道路行走时，储存平台折起，以便增加机具的道路通过性；机具田间作业时，将储存平台打开，用来暂存打捆后的棉秆。

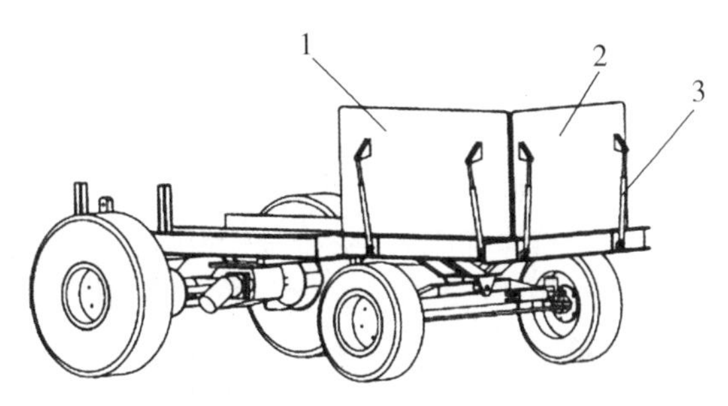

1-侧折叠板　2-后折叠板　3-支撑杆

图 6-15　折叠式储捆平台结构

（五）液压控制系统

4MGB-260 型自走式智能棉秆联合收获打捆机液压控制系统包括行走液压控制系统、转向液压控制系统、收获台液压控制系统和收获台与拨禾轮升降液压控制系统，如图 6-16 所示。

① 静液压驱动技术：自走底盘采用柱塞泵、操控装置和柱塞发动机等静液压驱动技术，通过调整柱塞泵流量来改变柱塞发动机的转速，实现行走速度的无级变速。

② 转向液压控制系统：通过齿轮泵控制液压转向器来控制后桥，实现转向动作。

③ 收获台液压控制系统：收获台采用双联齿轮泵、液压阀、两个摆线液压发动机分别控制左右两侧的拔秆辊，实现旋转动作；通过链轮和带轮的传动，实现清理辊、拔秆辊等的旋转动作。

④ 收获台与拨禾轮升降液压控制系统：收获台和拨禾轮的升降动作通过齿轮泵、液压阀、液压缸等实现。

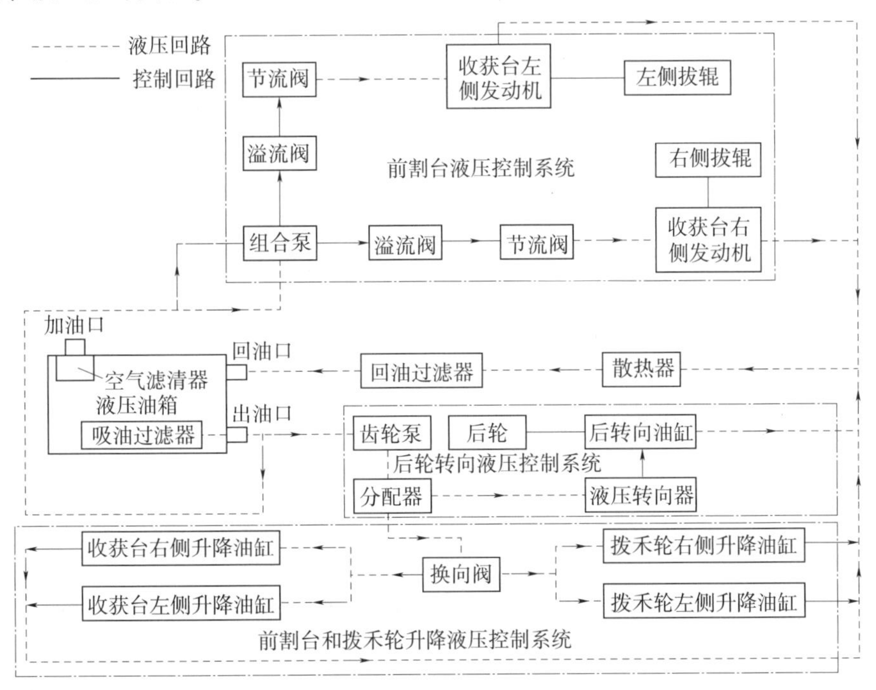

图 6-16　液压系统流程

参考文献

毕于运，2010. 秸秆资源评价与利用研究［D］. 北京：中国农业科学院.

陈佳林，曹肆林，卢勇涛，等，2018. 我国棉秆收获装备现状及前景分析［J］. 新疆农机化（2）：11-14.

陈明江，平英华，曲浩丽，等，2012. 棉秆机械化收获技术与装备现状及发展对策［J］. 中国农机化（5）：23-26.

陈明江，宋德平，王振伟，等，2016. 棉秆拉拔阻力的研究［J］. 农机化研究，38（6）：64-68.

陈明江，王振伟，曲浩丽，等，2015. 棉秆弯曲和拉伸力学特性试验［J］. 中国农机化学报，36（5）：29-32.

陈明江，赵维松，王振伟，等，2019. 齿盘式多行拔棉秆装置拔秆过程分析与参数优化［J］. 农业机械学报，50（3）：109-120.

陈明江，赵维松，王振伟，等，2019. 棉秆拔除相关技术研究现状［J］. 中国农机化学报，40（5）：29-35.

代振维，全腊珍，邹运梅，等，2015. 棉秆拉拔力影响因素的分析及试验［J］. 机电产品开发与创新，28（3）：41-43.

董世平，王锋德，邱灶杨，等，2010. 自走式棉秆捡拾收获机设计与试验［J］. 农业机械学报，41（S1）：99-102.

葛云，朱江丽，宗贵红，2008. 棉秆粉碎收割机的设计［J］. 农机化研究（8）：114-116.

贺小伟，刘金秀，李传峰，等，2019. 我国棉秆机械收获技术现状分析及对策研究［J］. 中国农机化学报，40（3）：19-25.

黄新平，2003. 棉秆粉碎收获机的设计［J］. 农业工程学报（4）：136-138.

李树君，杨炳南，王俊友，等，2008. 主要农作物秸秆收集技术发展［J］. 农业机械（16）：23-26.

刘进宝，郭辉，杨宛章，2013. 棉秆粉碎机的研究现状及展望［J］. 中国农机化学报，34（6）：17-20.

刘凯凯，廖培旺，宫建勋，等，2018. 棉秆燃料化利用关键技术及设备的研究分析［J］. 中国农机化学报，39（1）：78-83.

马继春，荐世春，周海鹏，2010. 齿盘式棉花秸秆整株拔取收获机的研究设计［J］. 农业装备与车辆工程（8）：3-5，12.

平英华，彭卓敏，陈明江，2014. 我国华北地区棉花生产耕种管机械化技术探讨［J］. 安徽农学通报，20（9）：130-131，164.

沈茂，张国忠，夏俊芳，等，2010. 收获期棉秆底部茎秆力学特性测试研究［J］. 山西农业大学学报（自然科学版），30（1）：49-51.

史建新，陈发，郭俊先，等，2006. 抛送式棉秆粉碎还田机的设计与试验［J］. 农业工程学报（3）：68-72.

孙玉峰，陈志，董世平，等，2012. 4MG-275 型自走式棉秆联合收获机切碎装置的研究［J］. 农机化研究，34（6）：13-16，21.

孙玉峰，燕晓辉，王锋德，等，2010. 4MG-275 型自走式棉秆联合收割机作业成本分析［J］. 农机化研究，32（2）：27-29.

唐遵峰，韩增德，甘帮兴，等，2010. 不对行棉秆拔取收获台设计与试验［J］. 农业机械学报，41（10）：80-85.

汪珽珏，陈明江，张佳喜，等，2020. 棉秸秆力学特性和拉拔阻力研究［J］. 农机化研究，42（4）：132-138.

王锋德，陈志，董世平，等，2009. 自走式棉秆联合收获机设计与试验［J］. 农业机械学报，40（12）：67-70，66.

王锋德，燕晓辉，董世平，等，2009. 我国棉花秸秆收获装备及收储运技术路线分析［J］. 农机化研究，31（12）：217-220.

王俊友，董世平，吕黄珍，等，2008. 国内外棉花秸秆收获技术发展状况［C］//中国农业机械学会. 走中国特色农业机械化道路——中国农业机械学会 2008 年学术年会论文集（上册）. 中国农业机械学会：334-336.

王振伟，2014. 不对行棉秆收获台的研究与设计［D］. 淄博：山东理工大学.

徐淑芬，高炳标，李震，等，2012. 山东省棉花秸秆收获机械使用情况的调查研究［J］. 农业装备与车辆工程，50（5）：54-55，58.

姚祖玉，2015. 棉秆收获机打捆装置的设计与试验研究［D］. 长沙：湖南农业大学.

尹莎莎，2016. 棉秆挤压揉搓机的改进设计与试制［D］. 杨凌：西北农林科技大学.

张爱民，廖培旺，陈明江，等，2019. 自走式不对行棉秆联合收获打捆机的设计与试验［J］. 中国农业大学学报，24（9）：127-138.

张爱民，刘凯凯，王振伟，等，2016. 多辊式棉秆收获台的研究与试验［J］. 农机化研究，38（3）：91-95.

张爱民，王振伟，刘凯凯，等，2016. 棉秆联合收获机关键部件设计与试验［J］. 中国农机化学报，37（5）：8-13.

张爱民，禚冬玲，王振伟，等，2014. 棉秆收获机的研究现状及发展方向［J］. 山东农机化（4）：36-37.

张佳喜，汪珽珏，陈明江，等，2019. 齿盘式棉秆收获机的设计［J］. 农业工程学报，35（15）：1-8.

张佳喜，叶菲，2011. 我国棉花秸秆收获装备现状分析［J］. 农机化研究，33（8）：241-244.

第七章　残膜收集农机农艺融合技术

第一节　棉田残膜污染的为害

棉田残膜污染的为害主要表现在降低棉田肥力、影响棉种发芽和棉花根系生长、影响棉花机具作业、影响机采棉质量等方面。

一、降低棉田肥力，不利于化肥减量

由于受到生产成本偏高、技术条件不成熟等因素的影响，可降解地膜在棉花生产上处于探索试验阶段，还没有被大范围应用，滨州市的棉田地膜主要还是以难以降解的聚氯乙烯塑料薄膜为主。聚氯乙烯塑料薄膜很难自然分解，连年覆膜种植已经导致棉田土壤中的残留地膜逐年累积。这些难以降解的塑料地膜会导致棉田土壤团粒结构的形成受到抑制，造成棉田土壤透气性和蓄水保墒能力降低，导致土壤胶体的吸附能力降低，棉田中速效性养分的挥发和流失加剧；由于土壤中的微生物活性受到残留地膜抑制，还会使迟效性养分转化、分解和释放受到影响，造成肥料的浪费，不利于化肥减量。

二、影响棉种发芽和棉花根系的生长

由于残留地膜对棉田土壤的不利影响，会间接降低棉种的发芽率。若棉种播到残膜上面或下面，会直接影响棉种发芽。若播在残膜上面，种子无法得到充足水分发芽，即使发芽根部也很难穿透残膜向下穿插，易造成死苗或弱苗；若棉种播在残膜下，即使发芽也很难穿透残膜破土而出，造成种子浪费。更重要的是由于现在棉花播种方式基本为单粒精播，以上情况就会造成棉田缺苗，从而造成棉花减产。棉花是深根作物，而残留地膜会限制棉花根系的穿插生长，使棉株根系不够发达，易遭受自然灾害影响。另外，棉花种植采用的76cm等行距模式能够合理利用光热资源，通透性好，而达不到根深蒂固标准的棉株被大风一吹会出现倒伏，造成棉株交叉重叠，影响棉花的光合作用，降低棉株相互间的通透性，造成棉花烂铃，导致棉花衣分及绒长降低、强度下降、产量降低。若棉田连年覆膜而不能将棉田中的残膜及时清理出去，会造成棉花产量及品质逐年下降，研究表明，连续覆膜3~5年不进行残膜回收处理的棉田，减产10%~23%。

三、对棉田机具作业产生不利影响

棉田残留地膜主要集中在0~20cm的浅耕层内，约占总残留量的80%，棉田耕整机械、播种机、施肥机、中耕机等机具作业时，开沟犁铧等极易缠绕残膜，穴播器、施肥耧腿等还极易被残膜堵塞，造成种子、肥料的漏播，直接影响机具的作业质量。由于棉田土壤中残膜的存在，许多棉株根系不能很好地穿插生长，在雨季遇到大风易产生倒伏，会影响植保化控等田间管理机具的行走和作业，也不利于后期采棉机的行走和对行机采作业。机械化采棉时采棉机还常将残膜等杂质一块收起，残膜缠绕或黏附在摘锭上，降低了采棉机的采净率，还会损坏脱棉盘等采棉机部件，导致机具故障率上升，从而影响机采效率。此外，倒伏后的棉株也不利于机采后拔杆机的棉秆收获作业，特别是齿盘式拔秆机的拔秆作业更会受到直接影响。可以说，棉田中的残膜影响着棉花全程机械化的各个作业环节，不利于棉花生产全程机械化的实现。

四、对机采棉质量影响明显，不利于机采棉推广

在采棉机的采收作业中，棉田残膜容易融附在高温摘锭上或被打成更加细小的残膜碎片，现有的杂质清理设备很难对这些地膜碎片进行清理，在后续加工处理中这些残膜会被打得更加细碎混入皮棉之中，将会严重影响皮棉品质；纺纱过程中残膜碎片附在成纱中成束丝状，疵点包卷在线条中或附着在纱条上，会使条干不均，断头率增加，棉纱棉结和杂质数增加，造成布料疵点增多直接影响成纱强力和织物外观。由于皮棉中含有的残膜碎片在染色时很难上色，会造成染色不均甚至白斑，造成织物疵点，将直接影响到印染产品的品质，产生印染次品。纺织企业不愿采购国产机采棉的主要原因就是其残膜问题，过量残膜碎片的存在已经成为机采棉品质不过关的主要原因之一，混入机采棉的残膜碎片作为最难清除的机采棉杂质，已影响到我国机采棉的推广，棉田残膜问题需要引起我们的高度重视。

第二节　国内外残膜回收装备特点

国外地膜回收机械研究始于20世纪初，我国始于20世纪80年代。由于使用地膜的厚度和强度的不同，国内外残膜回收机械研究方向区别较大：国外使用地膜厚度大于0.020mm，主要利用地膜自身的拉伸力实现地膜与土壤的分离，研究重点是卷收机构和清理机构。国内使用的地膜厚度小，回收时地膜拉伸强度低、膜面破损严重，因此，国内残膜回收机械研究重点围绕起膜、收膜、脱膜、集膜等关键部件，还包括膜土分离部件和膜杂分离机构的研究。我国地域广阔，农业技术措施地区差别大，开展研究的机具种类多，地域特点明显。

根据不同特征残膜回收机可分成不同类型。根据农艺作业时间的不同，可分为苗期地膜回收机、秋后残膜回收机和播前残膜回收机，其中秋后回收作业机应用最广泛；按机具不同作业形式，可分为单项作业机和联合作业机，其中联合作业机包括秸秆粉碎还

田、残膜回收联合作业和整地残膜回收联合作业；按工作部件入土深度不同，可以分为表层残膜回收机和耕层残膜回收机；按关键收膜部件的不同，可分为滚筒式、弹齿式、齿链式、滚筒缠绕式等，其中滚筒式收膜部件主要依靠偏心机构、凸轮或滑道实现捡膜弹齿的伸缩，完成残膜的捡拾与脱送，整机结构复杂，成本高；弹齿式收膜部件结构简单、造价低，在新疆地区广泛使用，但残膜回收率低。

播前残膜回收作业是指土地耕翻和平整作业后，播种作业前进行残膜回收作业。播前收膜可有效提高出苗率，目前在生产中广泛应用。运用的机具主要是密排弹齿式搂膜机、平地搂膜联合作业机，以及加装搂膜耙、扎膜辊的整地机，此时残膜主要以碎片状形式分布在耕层，回收难度大，主要采用搂、扎的方式回收，残膜回收率不超过50%，一般需要人工卸膜。该类机具作业幅宽大，作业效率高。播前回收残膜多为片状，弹齿式搂膜机具收集的残膜要及时处理，否则遇大风天气易被吹散；联合整地机上齿钉辊齿钉与残膜结合紧密，需要人工清理，清除难度大，影响作业效率。为减少人工卸膜时间，目前机具优化的重点是研究适应于搂膜和扎膜自动脱膜机构。随着残膜污染的加剧，收膜深度和卸膜方便性等问题均受到重视，出现了弹齿链耙式播前残膜回收机和振动筛式播前残膜回收机等新机型。此外，新疆地区春季多风，为防止地膜堆放在田间产生二次污染，便于将其收集、转运及存放，国内研究开发了地膜捡拾打包机、地膜捡拾压缩车等机具，开展了试验示范；废膜再利用方面，开始关注回收后地膜与杂质的分离问题，目前已验证、提出了风选法和筛选法相结合的解决思路，部分企业还研发出无水清理技术，并应用到生产中。

苗期地膜回收主要采用地膜卷收技术，地膜卷收技术是基于地膜强度能满足膜土分离的拉伸条件，主要应用于国外蔬菜地膜和我国苗期地膜的回收。国外早期研制机型多为半自动化回收机，由机架、地轮、切刀、起膜铲及切断圆盘等组成。工作时切刀将杂草、根茎切断，起膜铲沿行间两侧起膜，并抖落地膜上的覆土、杂草等，最后由切断圆盘将地膜由中部切开，以便人工捡拾残膜，工作效率较低。近些年，国外逐步研制出全机械化残膜回收机具，利用卷膜辊将地膜卷起，回收效率高，适用于苗期地膜回收。

国外针对卷收机具持续开展了试验研究，1993年，SAWYER等发明了地膜卷收设备，松土机构先将农膜起松并与土壤分离，由液压发动机驱动卷膜辊将地膜卷收，实现起膜和收膜的联合作业。1995年，BROOKS等发明了地膜回收和压缩打包装置，首先将地膜从种床上移除，通过机械振动清理地膜上的土壤和杂草，随后通过压缩打包装置将回收后的地膜成捆成型，便于田间转运。1998年，PARISH通过控制液压发动机转速，实现了地膜卷收速度实时调节，改善了地膜卷收机具工作的连续性和稳定性。ROCCA发明了不同作业幅宽的地膜卷收机，松土机构耕松地膜周围的土壤，再由栅条式输送链清理地膜上的土壤和杂草，由卷收机构将地膜缠绕。LAVO发明了卷筒式收膜机，起膜铲翻松土壤起出地膜，机组前进时卷膜辊旋转卷收地膜，中部液压驱动毛刷辊将膜上泥土等杂质清除，清理后的地膜卷在卷膜辊上。

以色列的地膜覆盖技术多用于大田作物，地膜在田间停留时间较短，作物出苗后即开始收膜，地膜厚度大于0.015mm，强度高，收卷时地膜不容易破碎。代表机型为A. V. I公司研制的收卷式回收机，利用液压发动机驱动收卷工作部件并控制其转速与拖拉机行进速度相适应，1 个作业行程同时回收 4 幅地膜。英国和俄罗斯主要采用悬挂式收膜机，工作时松土铲先将压膜土耕松，然后将残膜收卷到羊皮网或金属网上。日本是将地膜覆盖在土质疏松的火山灰土上，地膜强度大，覆盖时间短，地膜老化程度及破碎程度较低，回收时地膜完整，收膜机构简单。

我国苗期收膜主要是在作物浇头水前进行，此时地膜使用时间较短，完整性较好，相对容易回收。此类机具的设计基本上采用的是先起膜再卷膜的工作方法，工作时依靠地轮提供动力驱动卷膜作业，结构简单，工作可靠，地膜收净率一般在 85%以上。代表机型主要有新疆地区曾应用的 MSM3 型卷膜式棉花苗期残膜回收机和 CSM 型齿链式悬挂收膜机。机具研发方面，有早期新疆生产建设兵团第八师和兵团农机技术推广站联合研制的 CSM130 型苗期残膜回收机，东北农业大学研制的 MS2 型玉米苗期收膜中耕联合作业机，新疆农业科学院农机化研究所研制的 MSM1 型苗期残膜回收机和中国农业大学张东兴等研制的一种柔性弹齿起膜轮。苗期收膜会导致作物灌水量增加，与我国北方旱作农业区大面积推广的膜下滴灌技术要求不相适应，目前已很少应用。

综上所述，国外使用地膜厚度大，拉伸强度好，地膜回收机械多采用卷收原理，或者采用起膜机具与卷收机具相结合的方式，收膜机构相对简单，回收率较高。其中，卷膜机构多采用液压机构驱动，控制系统技术含量较高，可以实现卷膜速度与机具前进速度的自动匹配。

秋后收膜是在作物收获后、耕地前进行，主要回收当年铺设的地膜。该时期进行残膜回收不会对农作物收获和产品质量造成影响，是目前较为广泛使用的残膜回收方式。此时地膜处于地表，有一定程度的破损，膜土结合力较强，还需要考虑与秸秆还田等协调作业，回收有一定难度。但是，在苗期揭膜受到制约的情况下，秋后是回收残膜的最佳时机，因此，秋后残膜回收机是目前研究的热点。

秋季回收的残膜主要为当季使用的地膜，此时薄膜老化严重，作物秸秆影响部件作业，故秋后残膜回收难度较大。秸秆还田后的棉田存在大量棉秆根茬，残膜很容易黏附在根茬末端，这部分残膜的尺寸一般都很小，很难回收。有些地区采用先拔棉秆再收残膜的方式，减少残膜在根茬的缠绕，但由于棉花的根系比较发达，拔棉秆时根系带出大量的泥土，这些泥土大部分散落在未捡拾的地膜上，也加大了后续残膜回收的难度。根据作业功能不同，秋后残膜回收机主要分为单项作业机具和联合作业机具。单项作业机具只具备回收残膜的功能，应用最多的是弹齿式立秆搂膜机，与拖拉机配套使用，一次作业可完成搂膜、脱膜、卸膜等工序。此种机型对残膜的回收率较低，但结构简单，造价低，作业效率高，在新疆、甘肃和内蒙古①地区得到了广泛使用。

我国科研院校和生产企业针对残膜机械化回收技术开展的研究还有很多，其他如气力式、抖动链式、火焰式等，这些机型均因结构复杂、作业效率低、使用成本高、回收率低或可靠性差等原因，未在生产中得到推广应用。

我国目前使用较多的残膜回收机械如表 7-1 所示。

① 内蒙古自治区，全书简称内蒙古。

表 7-1　中国常用的残膜回收机械

名　称	机具图片	结构特点及适用性
ILM-5.0 型自卸式弹齿搂膜机		使用弹齿直径小于 10mm，同排弹齿间距小于 10cm，前后 2 排或 3 排弹齿组合，最大作业深度 5~10cm。适用于春季整地作业后、播种前的耕层中最大展开长度大于 5cm 的残膜回收。结构简单、作业幅宽大、效率高
整地与残膜回收联合作业机		常规联合整地机上加装 1 个或多个齿钉辊，钉齿长度 5~15cm，直径 8~15mm，钉齿为尖头。适用于春季整地作业时对 0~5cm 耕层中的片状残膜回收。结构简单、效率高，但从钉齿上退膜较为困难
1SM-2.0 型自卸式弹齿搂膜机		采用链扒驱动成排的弹齿入土作业，弹齿直径 5~8mm，长度 8~15cm，入土深度约 5cm。适用于春季整地作业后、播种前的耕层中的残膜回收。回收率高，但结构较为复杂，幅宽小，作业效率低，适用于播前残膜回收
MSM-3 型苗期残膜回收机		采用滚筒式膜机构将地膜缠绕回收，利用地膜自身拉伸力与地表分离，通常与中耕、施肥同步作业
1LMLG-7 型立杆搂膜机		扶禾器将棉秆与搂膜弹齿隔开，避免对搂膜作业干扰，多采用较大圆弧半径的圆形弹齿，弹齿直径大于 10mm，一次作业可完成搂膜、脱膜、卸膜等工序。该机型适用于收获后棉田残膜回收，结构简单，工作可靠，作业效率高，但回收率低于 50%
1MC-70 型起茬残膜回收机		采用“铲掘筛分”的工作原理，根茬和地膜在前部起土铲作用下先后进入振动栅条和滚筒筛，与土壤分离，最后进入后部收集框，适用于内蒙古和甘肃地区的玉米田地膜回收作业。整机结构紧凑，但幅宽较小，作业效率低。山东、山西、内蒙古等地区有类似机型

（续表）

名　称	机具图片	结构特点及适用性
4JSM-2000 型秸秆还田及残膜回收联合作业机		搂膜机构由 12 组搂膜弹齿组成，分成 5 个部分单独仿形，通过液压元件实现自动卸膜。粉碎的秸秆侧抛式机具由输送器单侧输出。该机具搂膜部件与秸秆还田机的作业速度相匹配，工作效率高，适用于新疆地区采收后的棉田残膜回收
4CMS-2000 型秸秆还田及残膜回收联合作业机		机具前部粉碎机构将棉秆粉碎，由输送风机抛送到机具后部，链扒式搂膜机构入土进行残膜回收。残膜拾净率高，但工作效率较低，适用于新疆地区采收后的棉田残膜回收
4JSM-2200 型秸秆还田及残膜回收联合作业机		该机有风机清理膜面枝秆残叶等轻杂，液压油缸控制搂膜齿入土深度，有两组搂膜齿处于浮动状态。粉碎茎秆由输送风机抛洒到机具后部，适用于新疆地区采收后的棉田残膜回收。作业效率和残膜回收率较高，但作业时粉尘较大，收集残膜中混有较多土壤
4JSM-2100 型棉秸秆粉碎还田残膜回收联合作业机		收膜部件采用弧形往复式挑膜齿残膜清理滚筒机构，挑膜齿伸出用于检膜，挑膜齿缩回用于脱膜，设计的刀片在粉碎秸秆的同时产生风力，将粉碎秸秆由输送管道吹送到机具后部，适用于新疆地区采收后的棉田残膜回收。作业效率高，回收残膜含杂少，但作业时粉尘大，回收率较低

第三节　残膜回收机械化作业技术路线

棉田残膜机械化回收的技术路线大致可归结为：起膜→收膜→脱膜→集膜→卸膜。下面分别对各环节做简要介绍。

一、起　膜

起膜环节主要是将残膜从地表和一定深度的土壤中托起、翻起根茬、疏松膜上覆土并实现膜土有效分离，是决定棉田地膜回收效果好坏的重要环节，在这个环节中可以选择合适的起膜部件，根据土壤硬度、湿度等入土到膜下的适合深度将残膜托起，并促进已硬化了的为防止大风揭膜而进行的膜上覆土松动并与残膜分离，由于膜土的分离会受到土壤含水率的影响，若土壤含水率过高，不利于膜土分离，要提高残膜回收率，就要避免在棉田土壤含水率过高的时候进行残膜回收。为提高棉田残膜的回收率，边膜松土是必不可少的，棉花收获后，棉田残留地膜中被覆土压住的边膜，这部分地膜为压在两边土壤中的部分，在棉花覆膜阶段为了使整个地膜固定，需要将两边地膜压入土中，这部分地膜避免了阳光照射与风化，所以棉花收获完成需要地膜回收时，这部分地膜的强度依然很好，抗拉性较强，这部分膜与其覆土有效分离则易于回收，边膜回收的质量，直接影响到机具残膜回收率，要提高边膜回收率，就要实现边膜覆土的松动并使得边膜与外侧覆土有效分离，绝大多数残膜回收机为实现这一功能，在正对行的膜边覆土位置安装松土铲进行松土。

二、收　膜

收膜环节是整个残膜回收技术路线中的最为关键的环节，是决定残膜回收效果的核心环节，残膜回收率的高低很大程度上取决于收膜环节，取决于收膜部件的携带率，所选择收膜部件要具有较高的携带率。

根据残膜回收机收膜部件是否可直接入土，可将收膜部件分为起收一体式和独立式，起收一体式收膜部件可直接从地面上将膜挑起并进行膜的空间输送，但要求收膜部件能够尽可能多地挑起地膜，且输送过程中不发生地膜的脱落；独立式收膜部件在起膜部件将膜与地面分离以后，携带地膜进行空间转移以进入下一步的收膜工序，在此过程中，同样要求收膜部件能与起膜部件顺利交接地膜，并在输送过程中不会丢失地膜。收膜部件的携带率越高，则残膜回收率越高。

在收膜环节中，由于收膜部件的运动和膜的吸附作用，有发生地膜缠绕或夹持在收膜部件的可能，影响机具运行的顺畅性和作业效率。这就要求收膜部件具有合理的运行轨迹，表面尽可能光滑，配以合适的脱模机构，能够有效避免地膜与收膜部件发生缠绕。

在收膜环节中，若收膜部件运行速率过低，会发生漏收现象；若收膜部件运行速度过高，又会导致功率浪费和地膜拉断等现象，因此，要求农机手技术熟练，保证收膜部件与拖拉机按照合适的速比运行，以达到最好的收膜效果。

残膜的回收率与收膜部件紧密相关，所以采用合适的收膜部件是提高残膜回收率的重要途径，下面简要介绍一下收膜部件及其工作原理。

收膜部件根据结构形式可分为滚筒式、输送链式、搂集式和其他式。

（一）滚筒式收膜部件

滚筒式收膜部件是由滚筒和挑膜齿组成的收膜部件，在滚动旋转过程中，地膜沿着滚筒外径自下而上进行空间转移，达到收膜的目的，目前已有的滚筒式收膜部件形式可分为伸缩杆齿式、凸轮滑道弹齿式、挑膜辊式和卷绕式 4 种。

1. 伸缩杆齿式收膜部件

伸缩杆齿式收膜部件采用偏心轮的原理设计而成，由滚筒和偏心转子组合而成。偏心转子上均匀分布多排杆齿，并与滚筒同步旋转。杆齿位于滚筒下方时，伸出最长，将残膜挑起，杆齿旋转到滚筒上方时，缩回滚筒，而挑起的残膜留在滚筒上方。伸缩杆齿式残膜回收机如图 7-1 所示。采用伸缩杆齿式收膜机构，由于滚筒在地膜上自由滚动，滚筒与地膜之间无相对运动，因而不会产生壅土、壅膜或拉断地膜的现象。由于齿杆有扎膜的功能，解决了超薄地膜易碎、难以回收的技术难题，但其地表仿形能力差，只适用于平整的地面，不适用于垄沟相间的地面，弹齿与滚筒间可能发生夹膜现象，对杆齿的齿形和运动轨迹有一定要求。

图 7-1　伸缩杆齿式残膜回收机

2. 凸轮滑道弹齿式收膜部件

凸轮滑道弹齿式收膜部件的外形与伸缩杆齿式类似，区别在于其滚筒内部设有固定的凸轮槽，弧形收膜弹齿一端嵌入凸轮槽内，并与滚筒上的铰链连接，如图 7-2 所示，滚筒转动时，弧形收膜弹齿对滚筒表面做伸缩动作的同时进行摆动式往复运动，有利于挑膜和脱膜。凸轮滑道弹齿式收膜部件在挑起地膜残膜和膜的分离方面具有一定优势，但凸轮槽的设计与制造有一定难度。凸轮长期受到弹齿的摩擦容易磨损，且弹齿直接入土时容易将杂草带入收膜部件，给膜杂分离带来麻烦，提高残膜的再利用成本。

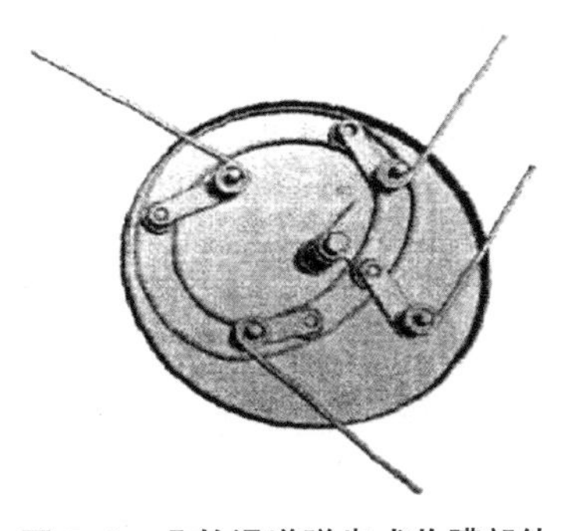

图 7-2　凸轮滑道弹齿式收膜部件

3. 挑膜辊式收膜部件

挑膜辊式收膜部件，由传动轴、挑膜辊轴和挑膜弹齿组成，如图 7-3 所示。工作时，弹齿入土深度为 20～40mm，挑膜弹齿的旋转方向与拖拉机地轮转向相同，实现“入土挑膜—膜土抛送—入土挑膜”的循环运动，这种宽型弹齿结构的优点是不容易出现残膜缠绕，有较高的强度，能抵抗受力较大时的弯曲变形，弹齿寿命较长，但须考虑后续膜土如何分离。

4. 卷绕式收膜部件

卷绕式收膜部件的弹齿与滚筒是相互固定的，弹齿直接入土扎膜，膜在弹齿的携带下绕着滚筒做圆周运动，最终缠绕在滚筒上，如图 7-4 所示。由于卷绕式收膜部件的弹齿与滚筒没有相对运动，因此可以将弹齿布置得很密，捡拾田间残膜较为干净，对碎膜也有一定的回收能力，但脱模比较困难。

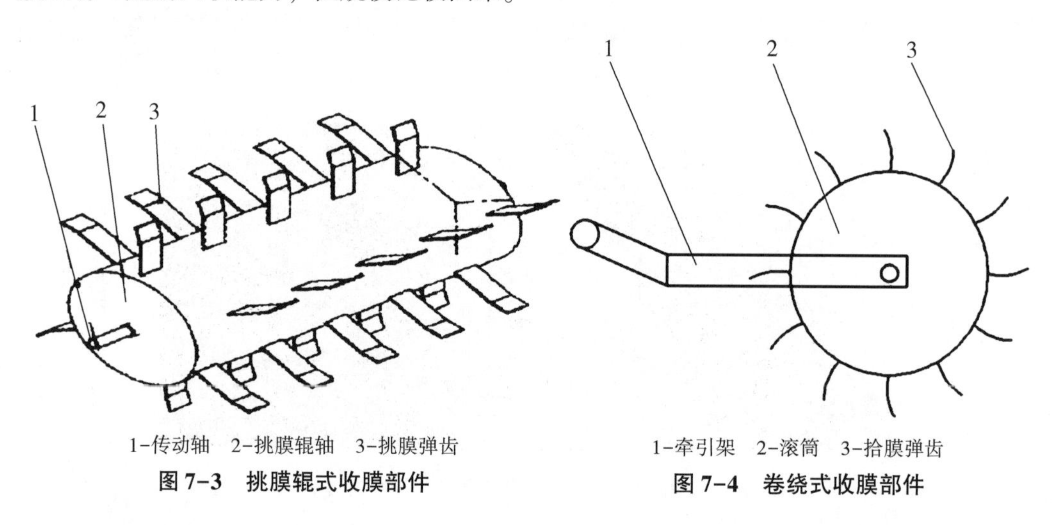

1-传动轴　2-挑膜辊轴　3-挑膜弹齿

图 7-3　挑膜辊式收膜部件

1-牵引架　2-滚筒　3-拾膜弹齿

图 7-4　卷绕式收膜部件

（二）输送链式收膜部件

输送链式收膜部件的主体是一对输送链，辅以齿杆、刮板或输送带组成的收膜部件，地膜在输送链的运转下由输送链的一端移动到另一端，完成地膜的空间转移，从而达到收膜目的。目前已有的输送链式收膜部件形式包括刮板输送带式、链齿式和筛链式。

1. 刮板输送带式收膜部件

刮板输送带式收膜部件依靠输送链轮的转动，带动膜与其混合物在刮板输送带上传动，以此达到收膜的目的，这种收膜方式不能直接入土收膜，因此必须与起土铲配合使用，由起土铲将土和膜铲起，再由刮板输送带进行输送，由于膜土同时输送，后续必须配有膜土分离装置。这种收膜方式的结构形式简单，不易漏膜，对膜的完整性没有要求，特别适合对碎膜、深膜的收集运输，但对后续的膜土分离和膜杂分离部件有着较高要求。

2. 链齿式收膜部件

链齿式收膜部件主要由一对输送链和安装在输送链上的耙齿杆组成，如图 7-5 所示。当输送链传动时，耙齿杆上的耙齿带动地膜沿输送链方向运动，完成收膜动作，链齿式收膜部件由于其较长的输送行程和可控的挑膜角度，根据作业要求可以前置或者后置，在布局方面具有一定优势，但对于碎膜的输送能力十分有限，且容易将杂物带入收膜部件。

图 7-5　链齿式收膜部件

3. 升运链式收膜部件

升运链式收膜部件由一对链条和链条间的圆杆组成，通过升运链自身的转动带动膜与土杂向后输出，升运链收膜部件的主要特点是在输送过程中可初步分离土壤，减轻后续膜土分离的压力，但对土壤性能有一定要求，且容易漏膜。

4. 筛链式收膜部件

筛链式收膜部件如图 7-6 所示，这种收膜部件将收膜动作与膜土分离动作合二为一，其工作原理是依靠加静电装置经负极加电刷给残膜捡拾装置加负电，加静电装置经正级加电刷给筛链输送器加正电，带负电的残膜与带正电的筛链输送器相互吸引并被筛链输送器输送至集膜箱内，完成收膜作业，而残膜装置挑起的碎土经筛链输送器的筛孔落在地里。

这种收膜方式理论上在收膜的同时解决了膜土分离的问题，同时对于碎膜也有较好

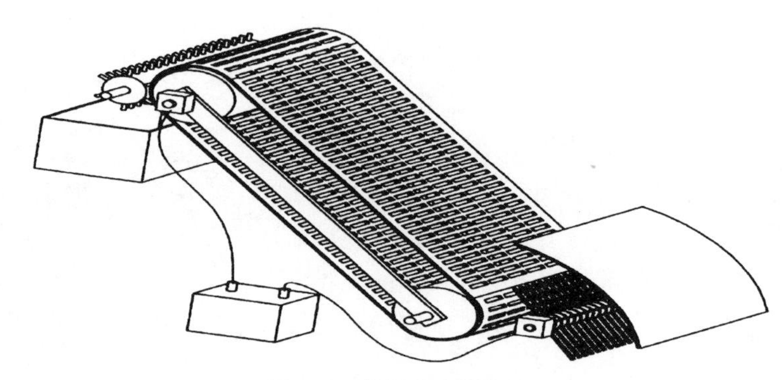

图 7-6　筛链式收膜部件

的携带能力，但实际应用效果有待进一步验证。

（三）搂集式收膜部件

搂集式收膜部件的主体是按照某种规律排列的 1 排或几排弹齿，在弹齿与膜相对运动的过程中，将膜钩住并沿着弹齿相对于膜的运动方向进行输送，以此完成收膜动作，目前已有的搂集式收膜部件包括密排弹齿式和搂膜连杆式。

1. 密排弹齿式

密排弹齿式收膜部件由多排按照一定方式排列的弹齿组成，工作时由拖拉机带动，弹齿入土 30~50mm，由密排弹齿将地表和浅层的残膜收集成条，如图 7-7 所示。密排弹齿式收膜部件结构简单，造价低，对于平整地的残膜回收率较高，但生产效率较低，每隔一段时间就需要升起机架进行卸膜，且卸膜有一定困难，需要人工辅助。

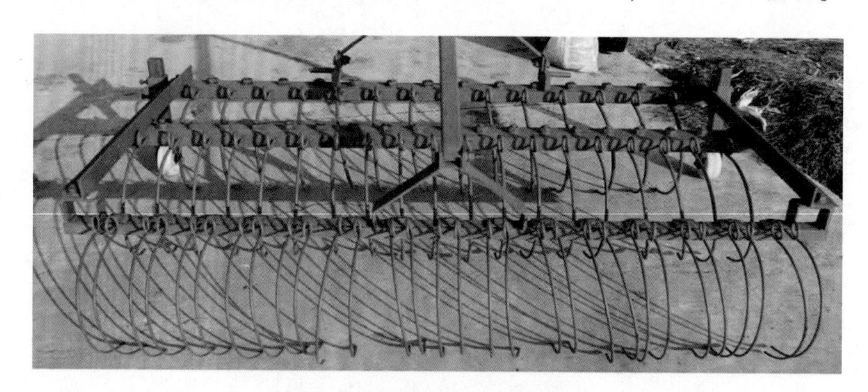

图 7-7　密排弹齿式收膜部件

2. 搂膜连杆式

搂膜连杆式收膜部件由横向排列的弹齿和曲柄摇杆机构组成，如图 7-8 所示，工作时，曲柄旋转带动安装在摇杆上的弹齿往复运动，实现连续输送和搂集残膜的动作。

搂膜连杆收膜方式解决了搂集式收膜方式经常存在的脱膜困难问题，但对于搂膜弹齿运动轨迹的设计有较高要求，若设计不合理将会发生膜在弹齿顶端缠绕的现象。

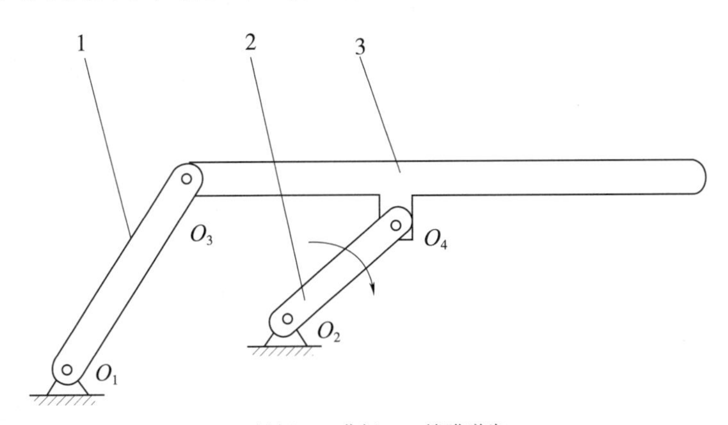

1-摇杆　2-曲柄　3-搂膜弹齿

图 7-8　搂膜连杆式收膜部件

（四）其他形式的收膜部件

除了上述收膜部件以外，还有一些其他形式的收膜部件同样能完成残膜在机具内部的空间位置转移，主要形式有夹持式、气力式、振动筛式和组合式。

1. 夹持式收膜部件

夹持式收膜部件是利用“夹持”的原理回收残膜的收膜部件，工作时，偏心夹持起膜轮转动，夹膜板随起膜轮做圆周运动，当夹膜板接近地膜时，在夹膜凸轮的作用下夹膜板张开，起膜轮继续转动，张开的两片扎膜板便扎入地表土层，此时夹膜板另一端离开凸轮，在弹簧力作用下夹膜板开始闭合，在闭合过程中地表土层中的残膜被夹膜板夹住，当夹膜板离开地面转至残膜输送装置入口时，夹膜板在脱模凸轮的作用下张开，夹起的残膜在重力和输送装置弹性刮板的作用下进入输送装置，随即夹膜板又闭合，在输送装置的作用下残膜进入膜箱，即完成一个收膜过程。夹持式收膜方式能同时回收不同大小和强度的残膜碎片，但机构较为复杂，且含杂率较高。

2. 气力式收膜部件

气力式收膜部件利用风机产生的气力将残膜经风道吹至集膜箱内，一般来说，为了配合气力式收膜部件顺利工作，需要事先将地膜切成较小膜块，并利用弹齿将膜挑起，以便于气力输送。气力式收膜部件结构简单，布局方便，对碎膜有其特有优势，但容易将土、杂物一起吸入集膜箱内。

3. 振动筛式收膜部件

振动筛式收膜部件由摇杆、筛架、筛子及铰支臂组成，工作时，进入振动筛组的大部分土壤通过筛子上的筛孔在振动的作用下漏于地表，小部分土壤以及全部的残膜和残茬在振动筛组的振动作用下，被运送到机械的后部尾筛，将混入残膜和残茬中的土壤进一步进行分离。该收膜部件对耕层内 50~80mm 的残膜回收效果较好，但是遇到土壤过湿或土块过大时，振动筛的工作负荷过大，土膜分离效果不佳，工作时，土壤含水率较低时，机械工作时灰尘较大，机械工作环境恶劣。

4. 组合式收膜部件

组合式收膜部件不作为一种独立的收膜部件，而是由两个或多个收膜部件组合在一起，共同完成膜的空间位移任务，将不同收膜部件按照合理的顺序组合使用，可以充分利用各个收膜部件的优势，以适应不同的收膜环境，一般而言，组合式收膜的前一套收膜部件是为了保证后一套收膜部件的顺畅性。组合式收膜部件的结构较为复杂，但可在一定程度上解决单一收膜部件的缺陷，为收膜部件的设计提供了多样化的思路。

三、脱　膜

脱膜环节也是残膜回收机械化作业路线中的一个重要环节，如果脱膜效果不理想，甚至需要依靠人工进行脱膜，势必影响机具的工作效率，为提高残膜回收效率，在进行残膜回收过程中要实现良好的脱膜效果，才能够保证机具连续作业，提高作业效率，而保证脱膜效果的关键是保证脱膜装置工作的可靠性。下面介绍一下脱膜装置和其脱膜原理。

（一）弹齿式收膜机脱膜装置

弹齿式收膜机主要由拾膜轮、推板、松土器三大部件组成，如图 7-9 所示，拾膜轮为拾膜部件，其上装有弹齿，每根齿用护板隔开，弹齿的运动轨迹由滑道控制，每根齿的上部有一块推板，作用是协助弹齿脱膜，防止返带，并将捡起的残膜推进集膜箱

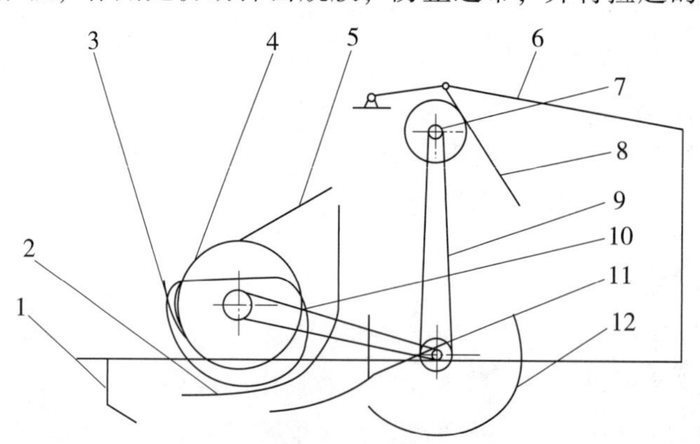

1-松土器　2-护板　3-控制杆　4-拾膜轮　5-弹齿　6-集膜箱　7-曲柄　8-推板　9-链条
10-滑道　11-脱膜铲　12-行走轮

图 7-9　弹齿式收膜机结构

内，弹齿式收膜机工作时，先用松土器将垄两侧的膜土疏松，弹齿拾膜轮由行走轮驱动控制，在转动过程中弹齿由拾膜轮后下方入土，将垄面上的残膜向上方挑起，转至上方送至集膜箱内。

弹齿以水平状态从护板间隙中抽出来，位于弹齿上方的推板，由护板间隙处从箱体外部向箱内运动，将已捡起的残膜推入箱内，同时协助弹齿脱膜及清除护板间隙中可能存留的残膜，避免弹齿返程时回带降低拾膜率。

（二）耙齿式收膜机脱膜装置

耙齿式残膜回收机包括牵引架、机架、搂膜机构及脱膜机构 4 个部分，如图 7-10 所示，脱膜机构与机架相连，脱膜机构由脱膜杆、脱膜连接架、液压装置及脱膜刮板构成，脱膜刮板为三角状折弯平板，脱膜刮板按照脱膜板的轴向顺序安装在脱膜杆上，并且半径相同，满足平行四杆结构，脱膜杆一共有 3 排，前密后疏，液压装置的一边与脱膜装置铰接，另一边与整体机架铰接。作业时，将牵引机悬挂装置中央拉杆的后端孔与收膜机中央拉杆连接孔用销轴连接起来，用来调节机具工作时的机具前后的高度，方便拆装及下田工作。机具在前进过程中，3 排除膜耙齿放入土壤，土壤中的残膜把除膜耙齿勾住并挂在除膜耙齿上，从而达到清除土壤中残膜的目的，同时通过两边的液压缸推动残膜连接架，使脱膜杆带动脱膜刮板转动，脱去除膜耙齿上收集到的残膜。

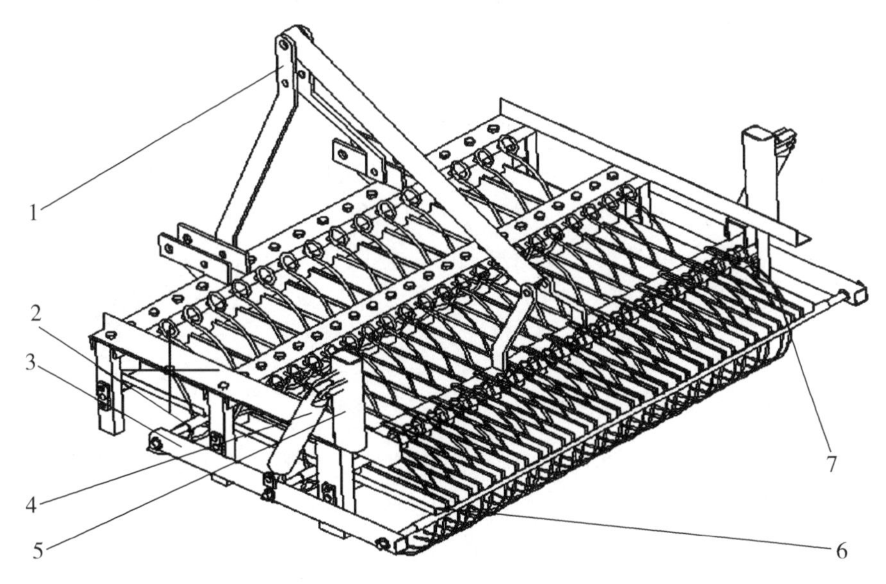

1-牵引架　2-脱膜杆　3-脱膜连接架　4-液压装置　5-机架　6-脱膜刮板　7-搂膜齿

图 7-10　耙齿式残膜回收机结构

（三）齿链式收膜机脱膜装置

齿链收膜机包括机架、起膜铲、输膜轮、密封帆布、脱膜轮和集膜箱，如图 7-11 所示，齿链式收膜机作业时，由牵引机带动机具前进，起膜铲将机具前方的土壤松动，牵引机通过后置的动力输出轴输出动力，再经过变速箱带动起膜链条和卸膜链轮转动，收膜作业过程中，起膜齿穿透残膜，在前进转动的同时将残膜挑起，挑起的残膜通过起膜齿与盖板之间的间隙向后上方输送，到达集膜箱上侧后，在脱膜叶轮的刮送作用下落入集膜箱，待集膜箱中的残膜堆积到一定程度后，再由人工将残膜取出装袋，机具再继续作业。

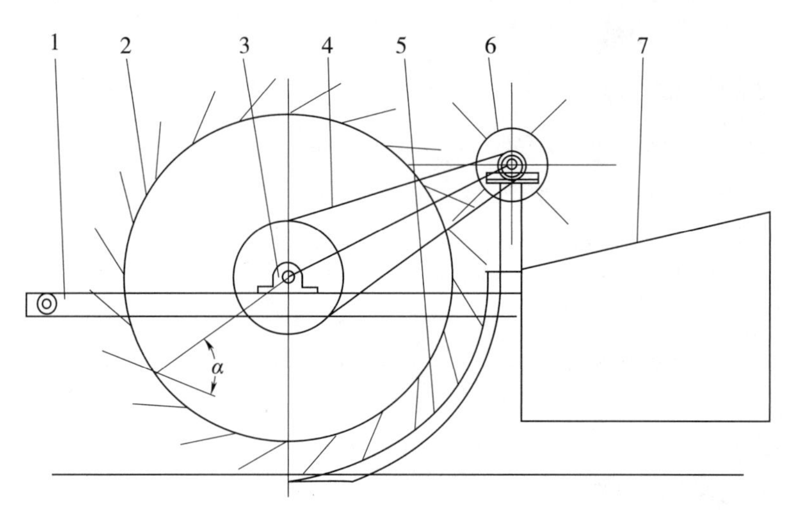

1-机架　2-输膜轮　3-轴承　4-传动装置　5-起膜铲　6-脱膜轮　7-残膜箱

图 7-11　齿链式收膜机结构

脱膜轮由脱膜轮轴和叶片组成，叶片固装在脱膜轮轴上，叶片采用柔性材料，脱膜轮也可以采用尼龙刷辊。脱膜叶轮与轮轴平行安装且脱膜叶轮的宽度与轮轴的宽度相等。弹齿刷片高度与起膜齿高度相同，弹齿刷片在两者交集的部位开有让起膜齿通过的切口，起膜齿通过卸膜叶轮的弹性刷片上时，弹性刷片的顶端可以刷到起膜齿的根部，从而起到较好的刮送残膜作用。在整个收膜过程中，盖板对揭起的残膜保护较好，解决了送膜过程中易丢膜的问题。

（四）轮齿式收膜机脱模装置

轮齿式收膜机结构如图 7-12 所示，脱膜滚筒上安装有胶皮材质的脱膜板，工作时其空隙从片状捡膜齿的两端刮过，将勾起的地膜脱下，并甩入集膜筐中，脱膜滚筒安装在捡拾滚筒的上方机架上，表面均匀分布着软毛刷脱膜齿，脱膜齿与指状捡拾齿相互交错配合，两滚筒在转动的过程中将残膜从捡拾齿上脱下，后方的机架上安装有集膜箱，通过液压缸的连杆做前后翻转运动，将收集的残膜倒出，在捡拾滚筒后上方的机架上装着输膜叶轮，输膜叶轮与集膜箱的进料口相互配合收集残膜，该脱膜装置在脱膜过程中脱膜平稳顺畅，脱膜干净，残留少，脱下的废膜保留也比较完整，基本上实现了捡膜、脱膜、集膜一体化作业流程。

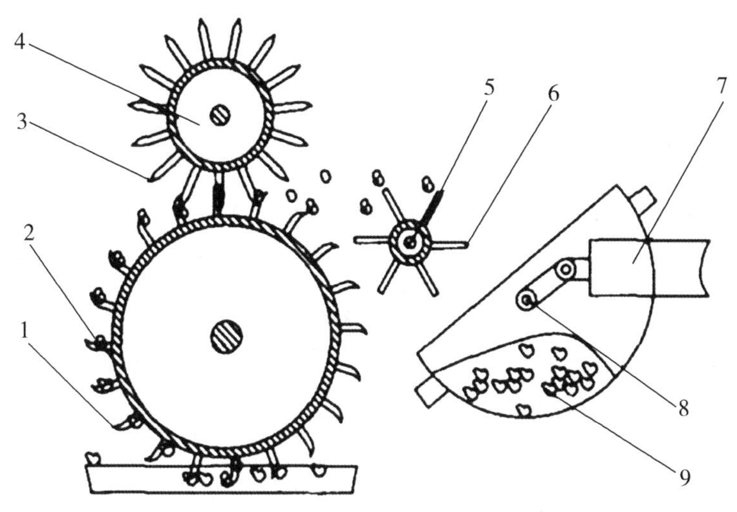

1-指状捡拾齿　2-捡拾滚筒　3-脱膜滚筒　4-脱膜齿　5-输膜叶轮　6-风扇叶片　7-液压缸　8-连杆　9-集膜箱

图 7-12　轮齿式残膜回收机结构

（五）伸缩杆齿式捡拾滚筒收膜机脱膜装置

伸缩杆齿式捡拾滚筒收膜机由伸缩杆、滚筒、偏心滚筒和集膜箱组成，如图 7-13 所示，作业时，滚筒里的伸缩齿杆随着滚筒的转动扎入地表残膜，并带动残膜沿滚筒圆周方向运动，随着齿杆逐渐缩入滚筒，齿杆与残膜分离，残膜被带到脱膜位置，然后由脱膜叶轮从捡拾滚筒上脱下并抛送到集膜箱中。

图 7-13　伸缩杆齿式捡拾滚筒收膜机脱膜装置

脱膜辊是残膜回收的一个重要组成部分，由脱膜板，叶片式脱送滚筒、橡胶板构成，如图 7-14 所示，工作时叶片式脱送装置旋转，其转动方向与挑膜滚筒旋转方向可同向亦可反向，脱送装置上安装的叶片式橡胶板与挑膜滚筒弹性接触，控制好间隙，保证零件之间互不损伤，同时又可以很好地抓取挑膜滚筒上的残膜，使残膜脱离挑膜滚筒表面。脱下的残膜在脱送滚筒和护罩形成的输送空间里被输送到膜箱，极少量没有进入膜箱的残膜随叶片式脱送装置旋转，经过脱膜板后再次进入输送空间，其中，脱膜板的作用是防止碎膜卷入皮带与滚筒之间而影响工作。

（六）铲起式膜旋转滚筒筛收膜机脱膜装置

铲起式膜旋转滚筒筛收膜机将含地膜的表土和根茬从耕地表面一起铲起，送入旋转滚筒筛进行膜土分离，收集大量残膜和少量根茬到集膜箱中，其结构如图 7-15 所示。工作时，用拖拉机带动行进，前排的松土铲刀将埋在土壤中的残膜和根茬一并铲出，经过传动机构输送到旋转滚筒筛中。残膜、残茬及土块在滚筒筛内旋转，通过离心力作用，土块被击碎通过筛网孔甩到地面，而留在滚筒筛里的残膜和根茬被甩到集膜茬筐内，收集满时，由人操作将残膜和根茬卸放成堆，完成地膜回收和起茬作业。

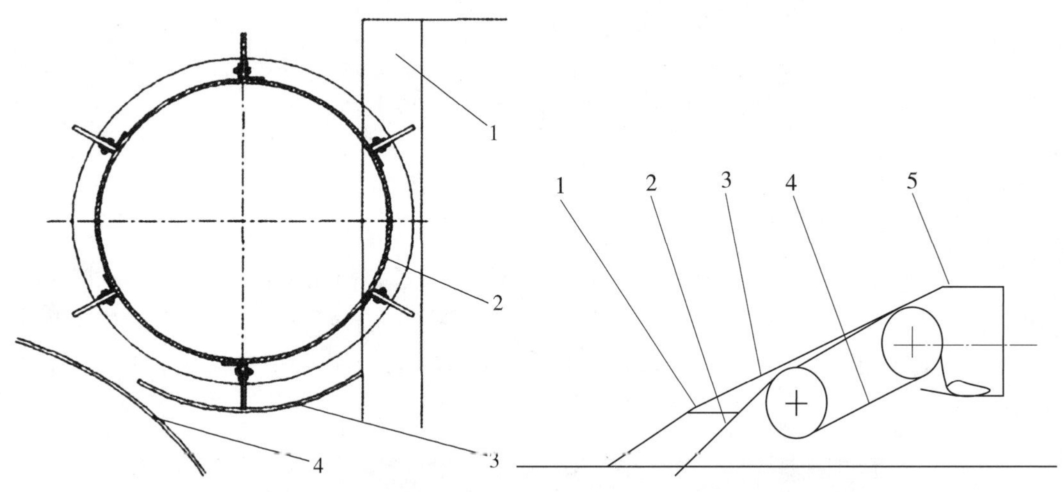

1-膜箱　2-脱膜滚筒　3-托膜板　4-拾膜滚筒

图 7-14　脱送膜装置结构

1-土壤　2-起膜铲　3-残膜　4-输送带　5-滚筒

图 7-15　铲起式膜旋转滚筒筛拾膜机结构

四、集　膜

集膜环节主要是要对收集的残膜进行暂时的存放，当集膜装置集满残膜后再卸掉残膜，集膜的方式主要有两种：一是通过卷膜轮卷膜，这种方式只适用于连续性好，破坏程度小的残膜；二是集膜箱集膜，这种集膜方式既可以收集连续的残膜，又可用于收集破损严重、连续性较差的残膜。

目前，我国的大部分棉田使用的地膜实际厚度为 0.006～0.008mm，甚至还有部分更薄的地膜，这些地膜原本强度就差，且棉花的生长期较长，从 4 月播种到 11 月底进行秋后残膜回收，这些残膜在田间还要经受风吹、日晒、高温、高湿和田间作业（如棉秆拔除作业棉花根茬拔出时对残膜完整性的破坏）等多种因素的影响，在进行残膜回收时，地膜的完整性已遭到破坏，已极易被拉断、破损，不适用卷膜轮卷膜的方式进行集膜回收，相比而言，采用集膜箱集膜是棉田残膜回收集膜更为合理的集膜方式。

集膜箱的容积有限，膜杂分离环节就显得格外重要，只有将残漏的茎秆、拔断的根茬、田间的杂草、收膜部件带进的土块等与残膜有效分离才能够使残膜集膜箱的有效容积增加，避免频繁卸膜造成的残膜回收效率降低和残膜二次污染。

为了方便残膜的运输，滨州市农业机械化科学研究所还提出了将残膜进行打捆收集的思路，残膜打捆后更便于运输，可以避免已回收残膜置放于田间地头被大风吹散造成的二次污染。棉田残茬废膜收集打捆机如图 7-16 所示。

图 7-16　棉田残茬废膜收集打捆机

五、卸　膜

棉田残膜回收的卸膜环节主要是在集膜满箱后，将残膜从集膜箱集堆倾倒到田间地头或是残膜运输车，这个环节中，大多数的残膜回收机都开始采用自动卸膜来提高工作效率，例如新疆农业科学院农业机械化研究所滚刀式秸秆粉碎残膜回收联合作业机，采用了液压翻转膜箱，通过液压油缸推动连杆机构，翻转膜箱以两侧的铰接点为轴心进行翻转，卸完膜后在油缸的作用下将膜箱归位，无须人工辅助，解决了以往卸膜难的问题，同时解决了作业时间和作业成本问题。

第四节　棉田残膜机械化回收存在的问题

一、棉田土壤深层的残膜得不到及时有效回收

从已有机型来看，绝大多数的棉田残膜回收机具仅仅对土壤表层或浅层的残膜回收效果明显，而我国的棉田大都已经过多年覆膜种植，受耕翻作业等因素的影响，棉田土壤深层的残膜不断累积却得不到及时有效地清理，年复一年地碎化，更难以回收，而深

层残膜的为害不像土壤浅层残膜那样显而易见，得不到棉农重视，生产企业研制生产相关机具的积极性也不高。

二、棉田残膜处理不当，造成二次污染

目前滨州市棉田机械化回收后的残膜往往是直接堆积在田间地头，这些残膜会被大风吹散到棉株上会造成二次污染；也有些棉农会将收集的棉田残膜集中焚烧，焚烧地膜产生的气体对人体有害，造成了二次污染。

三、残膜回收机具购置积极性低

棉田残膜的回收，短时期内的可见经济效益不明显，残膜回收又需要一定作业费用，导致部分农民残膜回收的积极性不高，机具购置的积极性也不高。对此可以考虑加强残膜回收与耕整地联合作业机具的研制和推广，这样可以减少机具进地次数，一次作业完成残膜回收和棉田耕整两个工序，避免土壤多次受到碾压板结，降低棉农的机具使用成本，便于机具的大范围推广应用。

四、其他问题

除以上的问题外，滨州市棉田残膜机械化回收还存在农膜厚度达不到要求、抗拉强度不高、韧性差、质量不过关等其他问题。这类不达标地膜不但给前期覆膜工作带来难度，同时也造成残膜机械化回收过程中地膜更易破碎细化，变得更加难以回收。此外，部分棉农对棉田残膜回收的认识存在误区，甚至会直接将残膜耕翻到土壤深层，进一步加大棉田残膜回收机。

第五节　棉田残膜污染防范对策

从系统学的观点来看，地膜的合理使用应该有如图 7-17 所示的几个环节。地膜生产部门提供质量可靠、便于回收的地膜，在地膜覆盖种植中给农业带来显著的经济效益，地膜使用量的扩大反过来促进了地膜生产的发展；残膜回收减少污染，保证地膜覆盖种植的持续发展；残膜的再生利用给残膜回收带来经济效益，促进残膜回收技术发展及回收率的提高，并给地膜生产单位带来经济效益。这 4 个环节相互联系，相互制约，忽略其中任何一个环节，都会破坏整个系统的平衡，带来严重后果。因此棉田残膜污染防治要从以下方面入手。

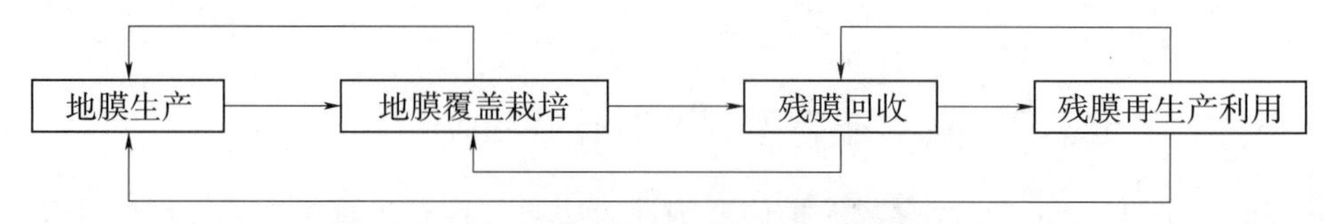

图 7-17　地膜合理使用的 4 个环节及相互关系

一、严格执行农膜厚度的国家标准

大量生产和使用超薄农膜已出现废旧农膜难以回收的难题，废旧农膜的日积月累并难以降解阻碍农业的可持续健康发展，因此必须严格执行我国农膜厚度的国家标准，随着源头控制的加强以及农膜厚度的增加，后期的废旧农膜回收率必定会大幅提高，从而有效减少土壤中的废旧农膜残留量。

二、加强环保宣传教育，增强农民的农田保护意识

农民作为废旧农膜污染治理的最大受益者，同时也是治理的主要力量，亟待通过各种渠道对农民进行环保知识宣传，定期举办新型职业农民培训会，逐渐培养更多的新型职业农民，把好“意识关”，让农民真正意识到废旧农膜污染的为害，增强农民的农田保护意识，让农民自觉使用厚度达标的农膜，提高他们进行棉田残膜回收的积极性。

三、加大农用地膜回收机具的研发和政府补贴力度

政府应大力补贴残膜回收机械的研制和生产，把残膜回收机械纳入农机补贴目录，并相应提高补贴标准，促进残膜回收机械的大量使用，提高回收率，降低农用地膜污染，更好地保护农业生态环境。

四、加强对残膜再生利用产业化的科技投入

目前废旧塑料的再生利用主要是再生造粒，制成塑料制品的原料，这种再生利用方法对废旧塑料的清洁程度要求较高。由于清洗去杂工艺比较复杂，致使再生利用效益不高。应当研究其他再生利用方法，降低对清洗去杂的要求，减少生产成本，提高再生利用的经济效益。

参考文献

曹肆林，王序俭，沈从举，等，2009. 残膜回收机械化技术的专利分析研究［J］. 中国农机化（4）：48-50.

李成松，王丽红，坎杂，等，2006. 加快残膜回收，提高机采棉质量［J］. 中国棉花，33（1）：2-3.

李明洋，马少辉，2014. 我国残膜回收机研究现状及建议［J］. 农机化研究，36（6）：242-245，252.

吕江南，王朝云，易永健，等，2007. 农用薄膜应用现状及可降解农膜研究进展［J］. 中国麻业科学，29（3）：150-157.

孟俊婷，魏守军，唐淑荣，等，2014. 浅析残膜对棉田及棉花产品的危害与风险［C］//中国棉花学会 2014 年年会论文汇编. 中国棉花学会：58-60.

戚江涛，张涛，蒋德莉，等，2013. 残膜回收机械化技术综述［J］，安徽农学通报，19（9）：153-155.

秦朝民，王旭俭，周亚立，1999. 农用地膜回收的现状与思考［J］. 农机与食品机械（4）：1-2.
孙志浩，2005. 残膜对棉田的污染及治理［J］. 农村农业农民（7）：37.
卫国，吴爱儿，张奎，2008. 浅析色纺纱对染色原棉质量的要求［J］. 棉纺织技术（5），32-33.
徐弘博，胡志超，吴峰，等，2016. 残膜回收收膜部件研析［J］. 农机化研究（8）：242-249.
闫海涛，2009. 棉田残膜回收机械化工程综合效益分析与评价研究［D］. 乌鲁木齐：新疆农业大学.
严昌荣，何文清，刘爽，等，2015. 中国地膜覆盖及残留污染防控［M］. 北京：科学出版社.
严昌荣，梅旭荣，何文清，等，2006. 农用地膜残留污染的现状与治理［J］. 农业工程学报，22（11）：269-272.
张佳喜，陈发，王学农，等，2012. 一种新型可自动卸膜滚刀式秸秆粉碎残膜回收联合作业机的研制［J］. 中国农机化（1）：122-125.
赵燕，李淑芬，吴杏红，等，2010. 我国可降解地膜的应用现状及发展趋势［J］. 现代农业科技（23）：105-107.
周新星，胡志超，严伟，等，2016. 国内残膜回收机脱膜装置的研究现状［J］. 农机化研究（11）：263-268.

第八章　棉花储运与加工农机农艺融合技术

第一节　棉花的储藏与运输

机采棉的运输大致可分为“散花”运输和“打模”运输两种模式。“散花”运输就是采摘的棉花采棉机直接倒入运输车辆内，拉运至轧花厂交售。“打模”运输是农场统一安排打模车辆对采摘的籽棉进行打模，由运模车辆进行运输交售。具体又可分为4种技术，如图8-1所示，从上到下分别为：机采散状籽棉储运技术、压模车田间压模储运技术、散装籽棉运输场地压缩储运技术、采棉机直接压模储运技术。

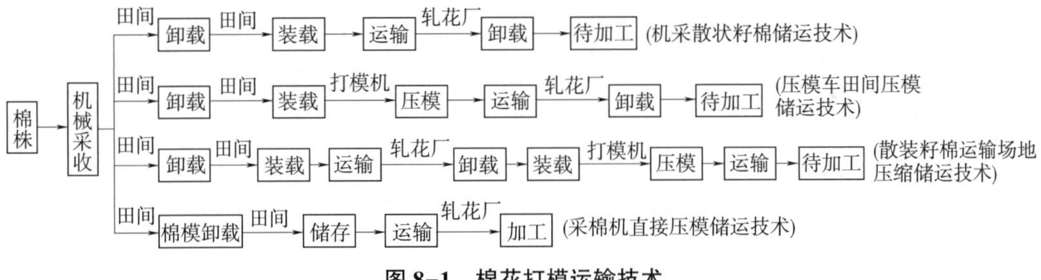

图8-1　棉花打模运输技术

由于采摘时间集中，造成部分机采棉加工不及时而出现发霉甚至腐烂，因此加工厂不得不定期对机采棉进行翻垛，这在一定程度上降低了加工厂的经济效益，通过打模可有效解决机采棉的运输和存放问题。

一、棉花打模的工艺方案

我国邯郸金狮棉机有限公司引进消化吸收国外采摘、运输等技术，结合多年来的实践充分发挥自己的技术优势，推出了系列田间地头打模、运输棉模和货场打模的装置，是国内该项技术发展较为成熟的公司，它提出两种打模工艺方案。

（一）田间地头打模工艺方案（图8-2）

工艺流程：机采籽棉→籽棉运输车→MDMC10打模机→MYMZ10运模车→MWYD-2800移动棉模喂料机（MSZW-2800L散装籽棉喂料机）→轧花车间外吸棉管。

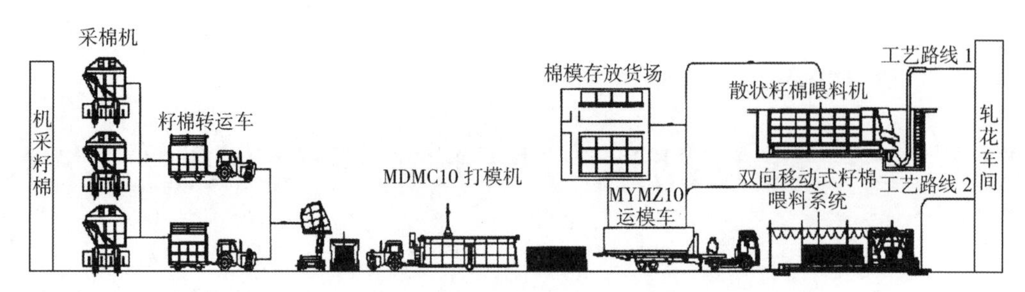

图 8-2 邯郸金狮棉机有限公司采棉田间打模运储工艺流程

工作过程：采棉机采摘的籽棉直接卸到籽棉转运车里，由籽棉转运车运至地头，卸到打模机中。打模机将籽棉踩压制作成尺寸为 10m×2.2m×2.2m，重量 8～10t 的棉模，然后用拖拉机牵引打模机缓缓向前移动，棉模便脱离出来，最后系好棉模罩。运模车利用自身提升链条将打好的棉模装上车运输至加工厂，可以直接卸在 MWYD-2800 移动棉模喂料机或 MSZW-2800L 散装籽棉喂料机上进行加工，也可以储存在货场。

特点：10t 打模机采用柴油机动力驱动，避免了田间使用电缆的弊端，打出的棉模质量大，减少了打模机数量，不但方便棉模运输，而且运模车可以兼顾几个棉区工作，适合田间作业。该模式大大减少籽棉运输成本，解决了加工厂籽棉收购时棉农排队的问题，降低了籽棉货场的压力，减少了操作人员，节约了用工成本，提高了加工效率。

（二）货场打模工艺方案（图 8-3）

工艺流程：机采籽棉→装载机（抓棉车、输送带、高效机采棉预处理中心或者直接喂入）→MDMC3 打模车→叉车→MWTD-2800 移动棉模喂料机（MSZW-2800L 散装籽棉喂料机）→轧花车间外吸棉管。

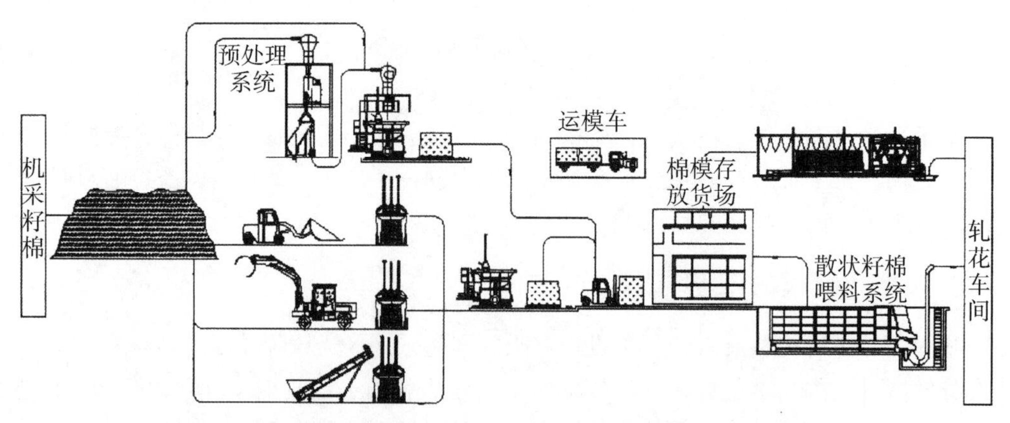

图 8-3 邯郸金狮棉机有限公司采棉货场打模运储工艺流程

工作过程：籽棉可通过多种方式，如装载机、输送带利用风机把籽棉吸入卸料器、经过高效机采棉预处理中心或上垛机输送带喂入打模车内，打模车将籽棉压制成尺寸为

3.3m×2.2m×2.2m、重量为2.6~3t的棉模，然后卷扬机带动的滑轮将棉模带底盘从打模车中拉出来，接着用配备专用运模工具的叉车将棉模运至棉模存储场地或直接放在MWYD-2800移动棉模喂料机或MSZW-2800L散装籽棉喂料机上进行加工。

特点：3t打模车采用电机驱动，在加工厂使用时用电方便，打出的棉模质量小，叉车可以轻松运输棉模。该模式减少了籽棉堆放场地以及机采籽棉来回倒垛通风的成本，便于统一管理。

二、打模过程

按正确方式建好的棉模能经受住恶劣天气的考验，减少储存、装卸和运输时的损耗。往打模机卸入籽棉时，应先倒在打模机的两头，后倒入中间处，紧接着立刻摊平籽棉并夯实，如此反复直到打好棉模。棉模大的越结实，棉模侧面淌水越好，存储及运输期间的损耗越少。恰当倾倒籽棉，使打好的棉模顶部是圆形的，这样的棉模盖上雨布后排水效果好；若顶部凹陷，容易存放积水，会产生严重问题。如果往打模机里卸棉时能将籽棉均匀地撒在打模机中，这样卸棉快、撒漏少，特别是当棉模快完成时，摊平和夯实更容易。打模机操作者应在打棉模圆顶时请相关人员指挥其倾倒过程。

① 打模机被倒入籽棉后，摊平、夯实。应杜绝用手将篮子中的籽棉倒入打模机中。

② 将踩头降低到籽棉中，移动踩头使籽棉分散到打模机的四周，摊成均匀的一层。

③ 籽棉摊平后，提升踩头，然后全压夯压，夯压时，操作者应在控制平台上操作。踩头以35.56~40.64cm的间距，全压踩压。

④ 要使棉模在装载过程中不受损，周边必须打实。为了防止边角脱落，籽棉先倒在两头，再倒在中间。

三、棉模的储存

在棉模放置的场地要选在排水情况较好的地头或田间道路，如果棉模位于水中或潮湿的地面上都会引起籽棉霉烂，为便于排水最好中间高两边低。在降水量较多的植棉地区，棉垛停放应南北朝向，这样在雨后比东西朝向的棉垛可更快地散失水分。尽量选择没有沙土、茎秆或杂草且平整坚实一致的表面，在下雨天也能方便地到达棉模旁边，应远离交通繁忙的高速公路以及其他有可能造成火灾或故意破坏的地点存放，且要求顶部没有障碍物（如高压电线等）。存放籽棉棉模地面示意图如图8-4所示。

如果棉模存放地点排水不畅、打好的棉模形状不好、不使用雨布或者雨布遮盖不恰当，一旦遇到强烈的暴风雨就会造成巨大的损失。如果在地点的选择和准备上遵循一定原则，则可以延长籽棉的安全存放期。

选择棉模存放地点应遵循如下原则。

① 排水好的地头或田间路（不要放在低地势处）。

② 上面不要有障碍物，如电线。

③ 光滑、坚固的平整地面。

④ 运模车出入方便，即使在雨天也能进入。

⑤ 没有砂砾、土块、草梗以及草木。

⑥ 避开交通拥挤的道路。

⑦ 避开存在火灾隐患和其他危险隐患的地方。

垫高地头是储存棉模的好办法。棉模存放地的排水措施的好坏非常重要，积水以及持续潮湿的土壤会导致靠近地面的一层籽棉发霉。有些情况下，使用籽棉手推车能提高采棉效率，应将籽棉放在采棉地以外的合适地点。

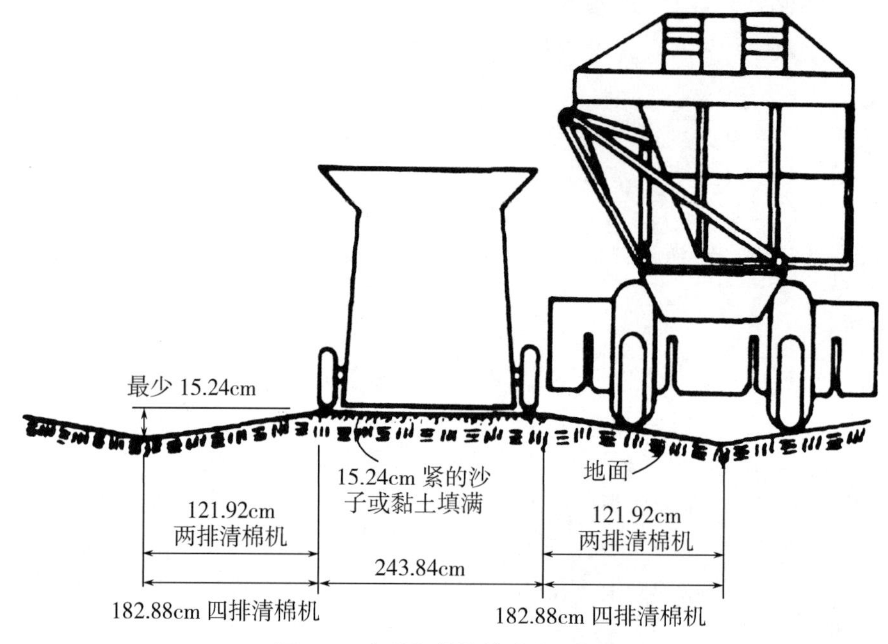

图 8-4　存放籽棉棉模地面示意图

四、监测棉摸

棉模存放初期轻微的温度升高是很正常的。前 5~7 天应天天检测棉模内部的温度，如果快速或连续升温 8. 4~11. 2℃，甚至更高，则表明回潮率过高，应尽早轧花。不同回潮率的棉模典型温升曲线如图 8-5 所示。试验表明棉模温度陡升会导致纤维变黄及疵点的出现。如果温度达到 43. 33℃，为避免造成巨大损失应立即轧花。储存期过了 5~7 天后或暴风雨过后，所有棉模每周都要检查两次最高温度。回潮率高的棉模，特别是气候温度比较低时采摘的晚季籽棉打的棉模，可能几周后温度还会缓慢增长，任何时候只要温度增长超过 11. 2℃，就立即轧花。回潮率在安全储存范围内的棉模温度增长不会超过 5. 6~8. 4℃。随着储存时间的增长，其温度会平稳下来，随后降低。

五、棉模运输

棉模运输是棉花机械化采收过程中的一环，棉模运输车是将棉模转场运输时必需的一种机械装备。棉模运输车分为自走式和半挂牵引式（图 8-6），总体呈现由半挂式棉模运输车向自走式棉模运输车过渡的趋势。

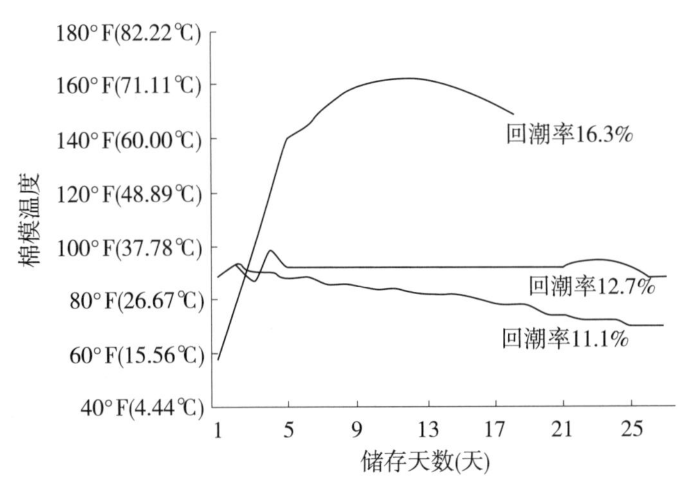

图 8-5　棉模典型温升曲线

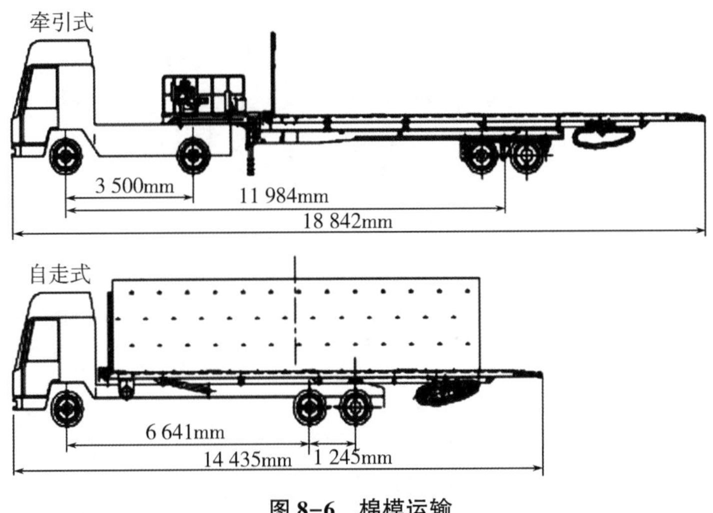

图 8-6　棉模运输

自走式棉模运输车相对于牵引式棉模运输车结构不同，具有一定优点，与牵引式运输车之间形成互补，可以细化棉模运输车市场。自走式棉模运输车除了具有安全性高、舒适型好、相对环保的优点，还具有优点如下。

① 结构简单，易操作。自走式棉模运输车采用一体式结构，车头与车体之间不需要牵引销铰接，整体式布局使得驾驶员的操控性有较大改善。在装卸棉模时，需要一定对正要求，其易操作性尤为突出。

② 动力足，适应性好。自走式运输车采用后驱。驱动桥同时又是主承重桥，轴荷较大，大的轴荷带来更大的摩擦力，增加了冰雪等摩擦力较低路面的行驶通过能力。

③ 动力可靠性高，维护成本低。一体式棉模运输车在装卸棉模时采用取力器直接

从底盘发动机获取动力，动力更充沛的同时，节省了一个发动机的购买成本以及维护成本。用户不再需要同时维护两台发动机，明显提高整体的可靠性和降低维护成本。减少一台发动机也同时降低了驾驶员的操作复杂度，驾驶员只需在驾驶室内就可以进行装卸棉模的操作。

④ 举升方式简化，提高装卸效率。因为采用一体式地盘，也就是不再需要采用移动式轮滑结构，操作时只需要直接进行链床的举升动作，同时微调履带位置，从而减少了装卸棉模的操作时间，提高了装卸棉模的工作效率（表 8-1），明显提高地区棉花储运进度。

表 8-1　工作效率参数对比

棉模运输车形式	装/卸棉模速度（min/个）	道路行驶速度（km/h）
自走式	3.5	75
牵引式	5	50

第二节　喂　花

喂花环节是籽棉被运到轧花厂将要进行的第一道加工，可见喂花机的性能对棉花加工有着很大的影响，下面通过分析国内现有的 3 种典型的喂花机来对喂花环节的作用进行说明。

一、MKMZ-20 型开模喂花机

MKMZ-20 型开模喂花机具有棉模开松、籽棉清杂功能，可以实现均匀喂花的喂花机。它主要由 6 辊开松部、输棉绞龙、排杂绞龙、前后行走系统和电气系统组成，结构如图 8-7 所示。工作时，由电机带动开模机在"V"形导轨上向棉模方向移动，由开松机将棉模开松，开松过的籽棉通过输棉绞龙将籽棉排出机外落在输送机上或直接进入外吸棉管道通风口。在绞龙输棉过程中，籽棉在绞龙上抖动、翻滚前进。籽棉中的杂质通过筛网孔进入排杂绞龙排出机外。

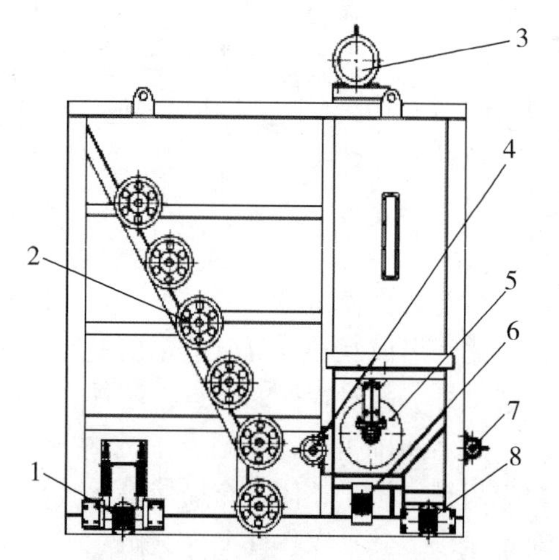

1-前行走轮　2-开松辊部装　3-开松辊驱动电机
4-绞龙驱动电机　5-输棉绞龙　6-排杂绞龙主轴
7-行走驱动电机　8-后行走轮

图 8-7　MKMZ-20 型开模喂花机结构

按照目前棉花加工企业的工艺配备，如果要提供连续的籽棉流必须安装两台开模喂花机。这是因为开模喂花机在工作时，开松机向棉模方向进行开模喂花，一台开模机在工作的同时，由运模车将棉模放置在另一台开模机的导轨中间，当一台开模机加工完棉模后，开启另一台开模机进行开松加工，如此循环才能保证车间加工籽棉的连续性。该机的主要参数：外形尺寸 4 430mm× 3 120mm× 3 460mm，整机重量 5 000kg，配套动力 23.7kW，最大开松量 20t/h，排杂效率≥30%，籽棉开松率≥70%。

开模喂花机的优点是采用了开松机和棉模两种可以提高开松效率的方式进行开松加工，从而减轻了使用散花喂花的劳动强度和人工成本，并且提供了连续不间断的籽棉流，轧花生产效率提高了 10%~25%。但由于其结构的特点，生产中也存在着一定的局限性，开模喂花机主要用于棉模的加工，如果加工散花，依然需要人工喂花的方式进行喂花，设备的利用率大大降低。如果棉花加工厂同时需要对棉模和散花进行加工，这就需要购置另一套棉花加工设备，不仅提高了加工成本，也降低了棉花加工的效率。

二、6MLKZ10 型地坑喂花

6MLKZ10 型地坑喂花机主要由储棉箱、喂棉链床、开松机组成，结构如图 8-8 所示。储棉箱是一个长方形箱体，置于地坑内，下端固定于输棉链床上，周边用角钢固定在地坑侧壁上，上口敞开以便装籽棉；喂棉链床由 7 组特制刮板链条和链床主轴结合而成，籽棉可以用铲车直接倾倒于地坑内，由电机驱动链轮轴从而带动刮板链条运动，链条的运动带动下层籽棉向开松机运动，由于籽棉间的层间摩擦力，各层籽棉相互粘连，储棉箱中的籽棉整体向开松机移动。开松机由 6 个刺钉辊和半封闭式箱体组成，刺钉辊的高速选装对籽棉团进行打击开松，由于刺钉辊之间有间隙，籽棉被刺钉抛射出去，有淌棉板呼入吸棉管道，吸棉管道将开松过的籽棉输送到轧花车间。喂花机喂入量可以根据车间的实际生产进行调节，从而保证了均匀合理的喂入量。此地坑喂花机有效工作宽度 2 610mm，地坑尺寸 18 000mm× 4 300mm× 4 000mm；功率配置：开松机电机 18.5kW，喂棉链床减速电机 5.5kW；生产率 15t/h。

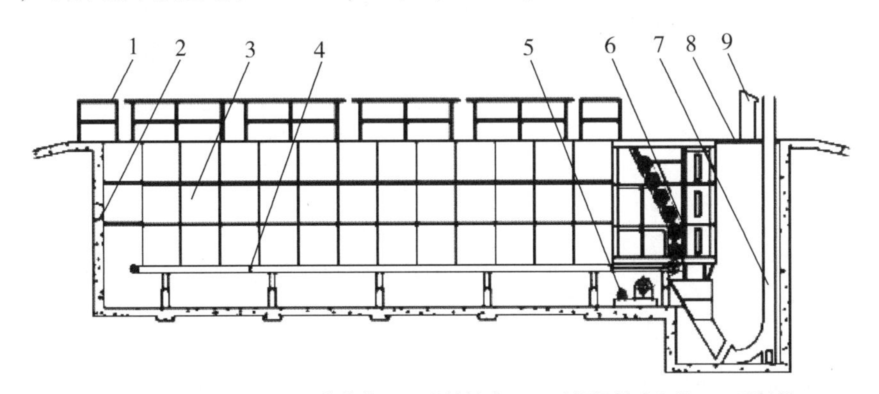

1-地坑护栏　2-地坑　3-储棉箱　4-喂棉链床　5-开松辊驱动电机　6-开松机
7-外吸棉管道　8-地坑周边盖板　9-电控箱

图 8-8　6MLKZ10 型地坑喂花机结构

地坑喂花机的特点是整机安装在地面之下的地坑中，可以采用铲车等机械化设备进行喂花，这样就减少了散花喂花的劳动强度，大大提高了散花喂花的效率。但地坑喂花机也存在着很多自身的缺陷：第一，该机型一般用来对散花进行开松，前期设备安装阶段工程量大，需要挖 20m×5m×5m 的地坑，人力、物力投入较大。第二，地坑式喂花机只能加工散花；第三，它的喂花工作在地下，给设备维护保养带来不便；第四链传动装置长时间连续不断工作，部件间的摩擦容易造成火灾隐患。

三、MSZB10 型大垛喂花机

MSZB10 型大垛喂花机主要由开松输棉系统和底盘两大部分组成，结构如图 8-9 所示。开松输棉系统主要包括拨棉辊、换向器、摇臂、通道部、上部输送带、万向轴、摇臂支架；底盘主要包括前轮及油缸转向机构、后桥及行走液压发动机、底架、液压站、下部输送装置、转盘、驾驶室、配电箱等。该机可由 1~2 个操作，根据棉花加工厂籽棉垛位置和现场情况，通过底盘行走、转盘选装、电动葫芦升降对拨棉辊位置进行定位，从籽棉垛的一侧边开松喂花，拨棉辊的工作轨迹是以转盘为中心、以摇臂为半径的圆弧，拨棉辊开松喂花的方式是采用逐层扫描的原理，喂入一层籽棉后，电动葫芦使摇臂前端的拨棉辊下降喂入下一层籽棉。开松喂花时拨棉辊自上而下旋转，拨棉辊靠齿部开松大垛上的籽棉并抛送到后面通道部内设置的输送带上，籽棉由上部输送带运送到后部出口处，通过转盘中空管道落在下部输送带上后直接排出，下部输送带出口处通过软管和外吸棉管道连接，排出的籽棉由外吸棉管道吸送到加工车间。主要技术参数：整机尺寸 8 300mm× 2 600mm× 2 900mm，生产率 8t/h，总功率 21.75kW；一挡行走速度 4.8km/h，二挡行走速度 1.0km/h；摇臂工作长度 6~8m，摇臂最大高度 4.5m，转盘旋转角度 0°~260°，底盘最小离地间隙 220mm。

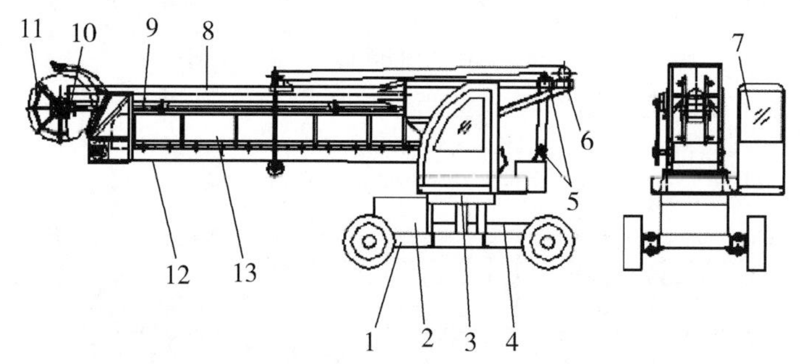

1-底盘　2-液压站　3-转盘　4-下部输送带　5-滑轮组　6-电葫芦　7-驾驶室　8-摇臂　9-万向轴　10-换向器　11-拨棉辊　12-上部输送带　13-通道部

图 8-9　MSZB10 型大垛喂花机结构

大垛式喂花机是棉花加工厂外吸棉喂花的主要设备，它主要依靠人工扒花后通过吸棉管进行喂花，所以要求喂花工几乎是连续工作，工作劳动强度大，每一个喂花口一般需要 3~5 个人轮换工作，用工多。大垛式喂花机难以保证连续均匀的喂花，籽棉大部分成团状喂入外吸棉管道内，这样容易造成轧花车间外吸棉分离器和籽棉清理机堵塞，且团状籽棉直接进入籽棉清理机，对清杂效果将产生影响。

第三节　机采棉加工

棉花加工过程可以分为准备、加工和打包3个阶段。准备阶段又称为籽棉预处理阶段，其任务是通过烘干、清理等工艺将籽棉充分打散蓬松并尽可能多地去除杂质；加工阶段的任务是通过轧花、清理等工艺将籽棉的棉籽和棉纤维剥离形成皮棉，并尽可能多地去除皮棉中的杂质；打包阶段的任务是将蓬松的皮棉压缩打包。

一、机采籽棉加工前的要求

（一）做好籽棉的品质检验与记录

机采籽棉进厂应严格执行“车车检”制度，检测进厂机采籽棉品质（颜色级、纤维长度、马克隆值）、含杂率和回潮率等指标，做好记录，并按品质、水分相近原则和不同品种等分垛堆放。

（二）籽棉预处理

籽棉预处理阶段是棉花加工的起点，是棉花加工过程中重要的一道工序，也是决定最终棉花产品质量的重要工序。进厂籽棉严禁边卸车边加工。籽棉预处理中最重要的两个任务就是调整回潮率和清理杂质。

通过手摘棉和机采棉的对比可知机采棉的含杂量和回潮率远远高于手摘棉（表8-2），因此机采棉对籽棉预处理的要求更高，经过预处理的籽棉要达到以下3个基本要求。

① 籽棉的回潮率控制在6.5~8.5%，这样才能满足后续轧花等加工的需要。

② 籽棉要充分打散蓬松，但要防止或减少杂质与棉瓣被打破。

③ 籽棉含杂量要尽可能地降低，但在清理过程中尽量减少棉纤维的损伤。

表8-2　手摘棉和机采棉含杂量、回潮率对比

杂质类别	手摘棉杂质含量（%）	机采棉杂质含量（%）
铃壳	0	3.0~4.0
棉枝	0	3.0~4.5
叶屑等细杂	1.0~3.0	2.0~3.5
僵瓣与不孕籽	1.0~1.5	4.5~6.5
籽棉含杂率合计	2.0~4.5	12.5~18.5
采收时回潮率	2.0~3.0	9.0~12.0

籽棉预处理智能控制包括在线检测与自适应控制两方面内容。在线检测是指能实时检测籽棉的含杂量、回潮率等性状参数，这些参数是棉花加工工艺选择和加工设备参数设置的依据。自适应控制是指能根据在线检测的结果实时调整棉花加工工艺和各加工设

备的运行参数。若能对籽棉预处理实现智能控制，则可根据客户需求生产出不同质量的棉花，从而实现棉花的分级精细加工。因此，对籽棉预处理智能控制开展深入细致的研究，对我国棉花产业具有重要的实际意义和广泛的应用前景。

二、机采棉的加工工艺流程（图 8-10）

籽棉三丝清理→籽棉烘干至 5.5%~7.0%的回潮率→籽棉清理（清理道数，可根据机采棉籽棉的含杂率和质量而定）→籽棉加湿到 7.0%~8.5%的回潮率→籽棉轧花→皮棉清理（一道气流式、一道或二道锯齿式）→皮棉调湿至 7.5%~8.5%的回潮率→皮棉打包→棉包信息采集与自动标识。

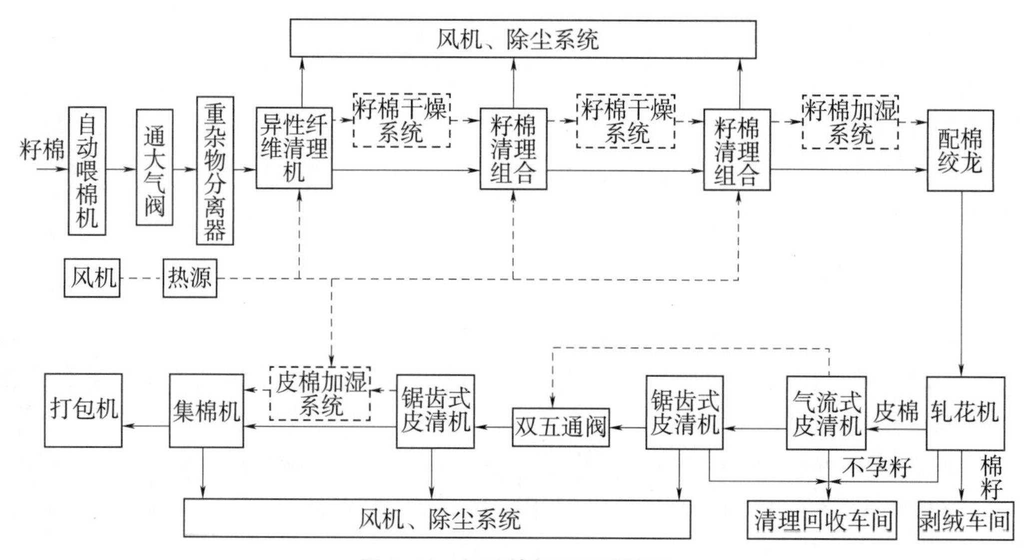

图 8-10　机采棉加工工艺流程

注意事项：加工过程中可根据籽棉不同的含杂率和回潮率选择不同的清理次数，最大限度地减少机械对棉纤维的损伤，尽可能排除籽棉、长纤维中的原有杂质（天然杂质和外附杂质如沙土、碎棉叶、不孕籽、僵瓣棉），并减少新生杂质（如破籽、棉结、索丝等），确保加工后的棉纤维保持原有物理性能（长度、整齐度、强度、色泽等）。排出杂质过程中应严格控制落棉损失，并做好下脚料的清理回收工作，以减少衣亏损失。在加工棉模时，应将品质、含杂率、回潮率比较相近的籽棉集中加工，以确保皮棉质量的一致性。

三、关键环节的加工技术

（一）控制好籽棉、皮棉回潮率

实践证明，籽棉回潮率在 5.5%~7.0%时，清杂效果好；籽棉回潮率在 7.0%~8.5%时，锯齿轧花机运转正常，纤维断裂率低、产量高、质量好；皮棉回潮率在 7.5%~8.5%时，打包机损伤少，能耗低，压缩密度高，节省包装物料且不易崩包。为此，机采棉加工过程中，应控制好籽、皮棉的调湿技术，确保皮棉加工质量。

（二）控制好籽棉烘干温度

根据付轧籽棉的回潮率高低、含杂率多少，选择不同的烘干温度和烘干时间。当籽棉回潮率在9.0%~15.0%时，烘干温度应控制在80~130℃，最高不得超过147℃，否则棉纤维表面蜡质层将被破坏，棉纤维失去光泽、强度降低。

（三）控制好皮棉清理速度和次数

皮棉通过风送入气流皮清机、锯齿皮清机梳理、清理杂质。气流皮清机排杂刀间隙在保证不排出皮棉的情况下，最大限度排出皮棉中的杂质；合理控制锯齿皮清机刺辊转速，将其调整到适宜的线速度；对皮棉的清理应在气流清理一次的基础上，严格控制锯齿清理次数。锯齿皮清机是开一道还是两道，要根据所加工籽棉的含杂率确定，最终以清理前后棉纤维长度损伤≤0.5mm、短纤指数≤12%为标准。

注意事项：皮棉清理机设备操作人员开机前要认真检查皮棉道、尘笼、四通阀（或五道阀）等部位，清除残留成团、成条的缠挂棉。检查皮棉清理机的排杂情况及不孕籽含棉率情况，及时调整各部件间隙，同时检查罗拉、给棉板、刺条辊筒的运行状态，以免在清理过程中产生新的棉结、索丝，影响皮棉质量；及时清理排杂刀堆积的不孕籽和灰尘，防止二次回到皮棉中，影响皮棉加工质量。

（四）在线实时采集棉花信息并自动标识

由于棉花信息是棉花产业链信息的源头，是连接产业链各环节的桥梁和纽带，可以为后续物流跟踪、质量追溯、终端纺织配棉等环节提供翔实、准确的基础信息，因此，打包时要在线实时采集棉花信息，打包后用自动刷唛系统对棉包进行自动标识。

（五）控制好棉包的成包高度

皮棉打包后，控制棉包的成包高度不超过780mm。如果超过此高度，火车运输时就会造成棉包的装载率低，亏损很大。

四、机采棉的智能加工工艺管控系统

机采棉加工智能在线监测管控系统是做好因花配车、提高棉花加工质量、减少用工和提高生产效率的重要手段，也是机采棉加工工艺的发展趋势。在线检测加工过程中的皮棉品质，随时监控皮棉的质量状况，发现加工质量未达到预期要求时及时调整加工工艺和设备运行参数，保证成包皮棉的质量。有条件的加工企业应与棉机制造企业联合合作，在已有的棉花加工在线监测管控系统的基础上围绕“监”“测”“管”“控”等关键技术研发出智能控制，实现棉花加工信息化传输、智能化管控、全方位视频监管，探索出适合我国国情的机采棉智能加工工艺管控系统。

第四节　烘　干

籽棉烘干原理：利用棉纤维容纳空气水分的能力和棉纤维放湿性能，以空气为介质进行烘干。为了提高空气温度和降低相对湿度，先把要输送到烘干机的空气加热，然后再输送到烘干机和输送装置，并与籽棉接触。运用籽棉与热流空气之间的温湿度差，充分接触一段时间后，棉纤维中的水分会蒸发并伴随热流空气运出，从而达到烘干的效果。影响籽棉烘干效果的因素主要有两方面：一是进入烘干系统的热空气被加热后所达到的温度；二是烘干机内籽棉与热空气相互接触所持续的时间。

籽棉烘干系统由热源、籽棉自动控制箱、烘干塔、籽棉分离器及烘干气力输送系统等关键部件组成。籽棉分离器是烘干工序之前就有的装置，当籽棉的温度达到所需的要求无须烘干时，烘干气力输送就会从这里将籽棉吸到下一道工序。烘干气力输送系统主要由变频风机和热泵组成。用热泵代替热风炉，不仅可以使整个系统结构简单化、成本降低，而且热量也可以通过一机多用的敞口式烘干床沿风管到达蒸发器，实现热量的多级利用。籽棉烘干系统工艺流程和系统结构如图 8-11、图 8-12 所示。

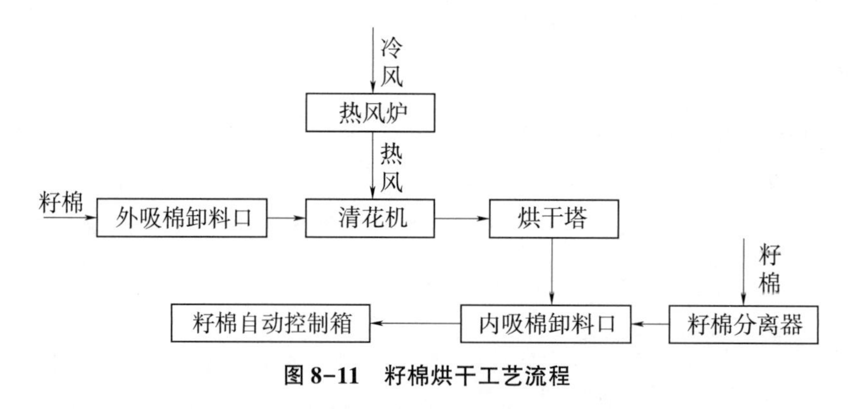

图 8-11　籽棉烘干工艺流程

一、烘干塔

国内的籽棉烘干塔种类较多，按结构分为水平隔板式烘干塔及垂直式烘干塔，如图 8-13、图 8-14 所示。

水平隔板式烘干塔是一个横面为长方形的箱体，宽度一般为 900~ 1 800mm，箱体内部高度方向用隔板分为 15~25 层，每层高度为 200~300mm，箱体进口为上端侧壁，出口为箱体下端侧壁；热空气与籽棉从进口进入烘干塔内，籽棉随热空气自上而下逐层运动，处于半悬浮状态下的籽棉被热空气包裹，两者之间产生热交换，籽棉中的水分蒸发由热空气吸收，达到烘干籽棉的目的。水平隔板式烘干塔具有结构简单、占地面积少、生产效率高、没有运动部件及操作维修方便等优点，但存在热能利用率低、输送系统动力消耗大的缺点。

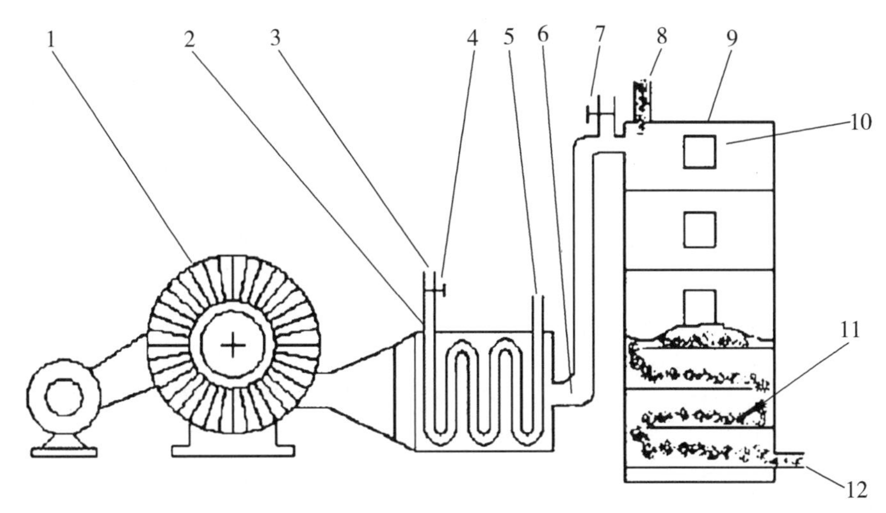

1-风机　2-热交换器　3-蒸汽入口　4-蒸汽调节阀　5-蒸汽出口　6-热风出口　7-热风旁阀
8-籽棉入口　9-隔板式烘干塔　10-观察窗　11-隔板　12-籽棉与热风出口

图 8-12　籽棉烘干系统结构

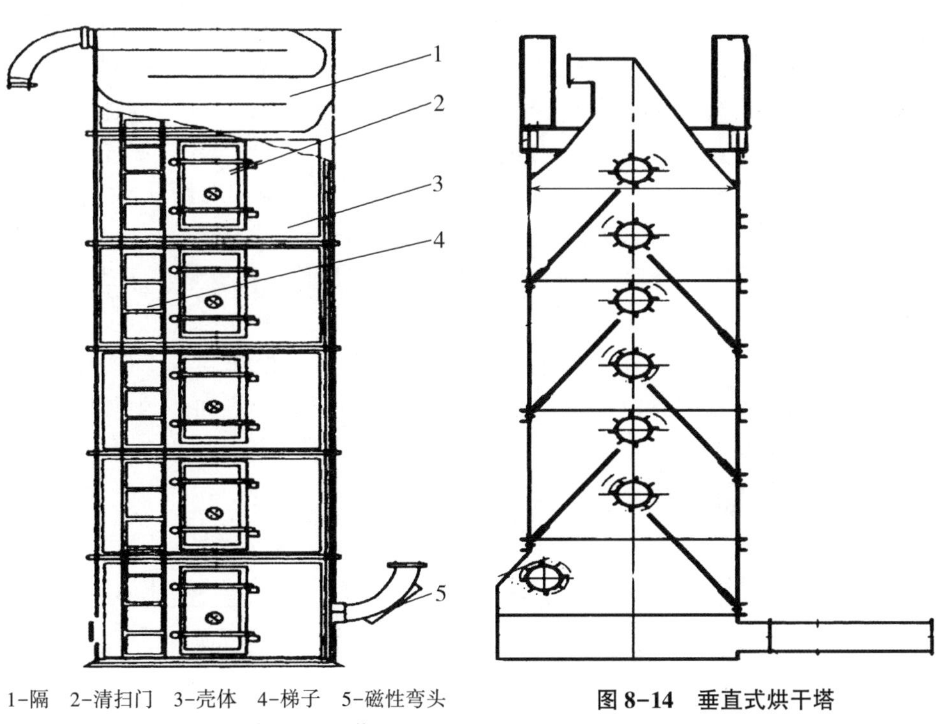

1-隔　2-清扫门　3-壳体　4-梯子　5-磁性弯头

图 8-13　水平隔板式烘干塔

图 8-14　垂直式烘干塔

垂直式烘干塔内热空气与籽棉进入后，首先落到第一个导向辊，将成团籽棉打成散片状籽棉流，松软的籽棉沿着铝排下滑，滑到下一个导向辊；这样重复 5 次，不断使籽棉与热空气接触，使能量得到充分利用。垂直式烘干塔内有导向辊，能开松籽棉，籽棉可得到均匀热量的同时也减少了塔内阻力，降低了风耗，节约了风运动力消耗。同时，也因塔内导向辊的存在，造成了动力消耗大、操作维修不便、故障率高、使用成本高的弊端。

综合以上两种烘干塔，水平隔板式烘干塔略占优势，以技术参数为宽度 1 200mm、层高 250mm、隔板 20 层及塔内入口风速为 12m/s 的水平隔板式烘干塔在市场上的使用率比较高。

二、烘干方式选择

现在市场上的烘干方式常用的有 3 种：燃煤型蒸汽炉烘干、燃煤型导热油炉烘干和燃煤型热风炉烘干（三者都不污染棉花）。燃煤型蒸汽炉烘干投资较小、成本低，但热效率低且在较低的工作压力下难以获得较高的温度；燃煤型导热油炉烘干能在较低压力下获得较高的温度且热效率高，但投资大；燃煤型热风烘干热效率高而且使用成本低。其中，热风炉烘干较蒸汽炉烘干和导热油炉烘干更受市场的青睐。

三、控制系统

控制系统的方案设计是工业控制的核心，决定了控制过程的安全性与可靠性。当今社会流行的适应我国自动控制发展现状的控制系统主要有 3 种：现场总线控制系统、直接数字控制系统和集散型控制系统。现场总线控制系统（FCS 系统）是将自动化系统和智能现场设备连接在一起的多站、全数字、双向的通信系统，不仅用于工业现场智能检测仪器、控制设备和执行机构之间，还用于高级控制系统和现场设备之间的数据通信。直接数字控制系统（DDC 系统）利用检测装置采集信号，然后与设定值比较并按照一定的算法分析计算，最后将运行结果返回执行器后使之按既定程序动作，如图 8-15 所示。DDC 系统具有在线实时控制、灵活性和分时控制的优点，也是现在工业生产过程控制中最典型的系统。集散控制系统（DCS 系统）以处理器为核心，分散控制几台计算机采集信息，并将其统一传到上位机进行监控处理，进而达到最优控制。DCS 系统把分散控制和集中管理融为一体，实现了对操作、显示和管理 3 方面的集中，并将

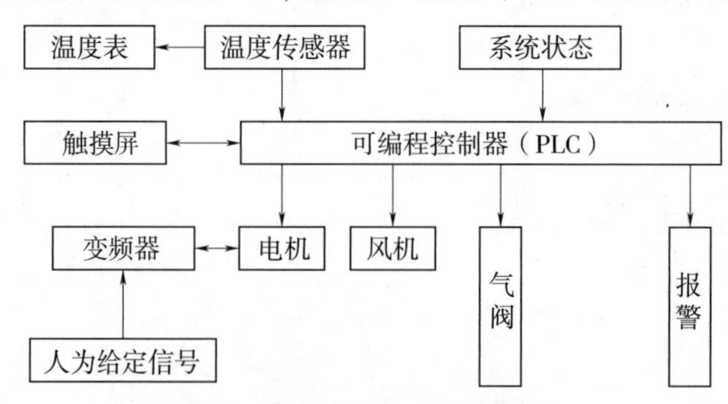

图 8-15　烘干机的直接数字控制系统

危险、功能和负荷进行了分散。

四、控制算法与结构

自控技术大都基于闭环控制，测量、比较和执行是重要环节。控制过程：测量数据，将其与给定值比较并得出误差，处理器对误差分析和计算，用计算结果调节控制器并使之按既定程序执行。目前，自控系统控制算法主要有PID（比例、积分和微分）控制算法和模糊控制算法。PID控制器在工业中应用最为广泛，是一种控制算法简单、无须构建精确模型、高稳定、高可靠的线性控制器，其控制核心为“利用偏差，消除偏差”。当然，在实际控制中可根据偏差消除方法适当选用P、PI、PD、ID或PID控制。

模糊控制算法针对复杂的控制系统并采用自然语言来描述。控制过程：根据控制要求建立模糊控制表，传感器测量数据并将测量值与模糊控制表中的响应模糊量对应；控制器对响应模糊量分析计算并将结果转为精确量，之后控制执行器动作。模糊控制技术的应用克服了传统控制器设计不足的缺点，为实现有效控制带来了可行性。同时，它具有形象生动、构造容易、成本低廉、对系统参数变化具有较强的鲁棒性和抗干扰能力等特点。其中，模糊—神经网络可通过不断识别和控制逐渐达到非线性映射，并且可以跳出非线性映射的约束，比传统控制方法具有较强的优势。烘干温度回路控制如图8-16所示。模糊控制系统结构如图8-17所示。

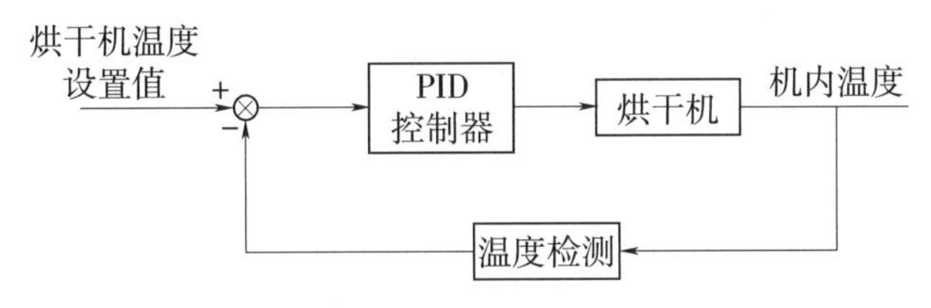

图8-16　烘干温度回路控制

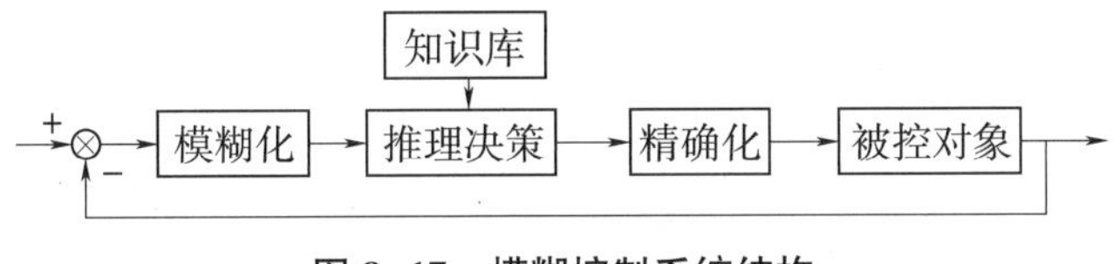

图8-17　模糊控制系统结构

籽棉烘干自动控制系统中，控制结构涉及反馈控制、前馈控制和自适应模糊控制。反馈控制主要以被控质量和控制量间的关系为研究对象，是自控系统中最常见、最基本的控制结构。理论上，用数学方式可以准确表达干燥装置的物理学模型，但实际实施起来却显得异常困难。控制量和被控量的关系用常规控制方法中有限的几个典型环节及其复合来表示，并采用复合各种功能的控制装置的方式收集信号，以对干扰补偿实现偏差的校正。

在籽棉干燥过程中，常常由于热风和籽棉在机器内很长时间的停留而导致被控量偏差需要滞后一段时间才能补偿。针对这种控制理论上的大惯性系统，采用反馈控制是不起效果的，此时需要应用前馈控制理论。依据前馈控制系统中干扰信号的直接检测与其带来的影响的预测，控制量对干扰信号做相应的补偿，进而使被控量按既定程序稳定动作。

从上述论点得出：反馈控制和前馈控制是一对互补优缺点的控制理论，两者的复合可以达到更精确的控制。前馈控制可以用来处理被控制量不稳定的干扰及滞后的问题，针对前馈控制中的系统参数变化、模式误差和测量误差，可以用反馈控制给予补偿。

作为控制对象的抽象与模仿，自适应模型需要与原系统同态同构。与控制目标相关的干扰量、非测量变量、测量变量之间的描述也是用模型来实现的。即使某一模型很具体，但那也只是为达到控制目标而建立的对原系统中某些特征的抽象模仿。事实中，被加热的空气温度不是影响籽棉回潮率变化的唯一因素，籽棉含水率、籽棉内部疏密程度及空气湿度等都是影响籽棉干燥效果的因素。若想系统实现控制的精确化，就需要建立一个更加标准、更加完整的自适应控制模型。

五、监测和控制核心

作为籽棉烘干机自动监控系统的一个重要环节，温度检测单元主要负责烘干机内部各层籽棉温度、热风炉温度和热风温度的监控，所测温度值会送达中心控制系统，进而实现热风炉、鼓风机和热风温度之间的自动控制，即低温开启、高温暂停。

籽棉烘干过程中对烘干速度的监测意义重大。其工作过程：籽棉湿度用在线测量仪测出后发送给处理器，处理器根据初始温度和籽棉要达到的烘干等级信息送达变频器，变频器通过改变频率控制电机转速，进而实现速度初始化；烘干过程中，塔内温度传感器将采集值再次反馈给处理器，并与既定值比较，作为继续控制的纠正参数，实现对干燥速度的控制。

烘干机以可编程控制器（PLC）和变频器为控制部分的核心。因为转速和频率成正比，所以通过改变频率可以达到改变电机转速，进而改变风量大小，从而达到不同的烘干效果的作用。变频器的使用减少了不必要的人力和物力，提高了配棉的工作效率，实现了对烘干过程的实时控制，在满足生产工艺及节减能耗的同时也改善了电机的启动性。

应用PLC对烘干系统中电气部件的控制，大大减少了工作量，同时也实现了控制自动化。通过计算机与PLC间进行串行通信，实现对籽棉烘干过程中状态参数的实时控制与监测。PLC对工控计算机定时发来的读取命令进行自动应答，并将传感器采集来的信号经转换后返回给工控计算机；然后工控计算机通过处理并显示，进而达到对籽棉烘干机内部状态的实时监控。其具有模块化结构、较强接口功能和抗干扰能力及高可靠性的优势，编程简单的PLC与配备强大应用软件的工控计算机的结合使得控制系统性能极高。烘干系统中现场设备的工作状态和操作按钮的动作用开关量输入信号表示，指示灯的亮灭和风机的启停作为输出量信号，温度通过模拟量输出模块调节；可编程序控制器将传来的信号输入已经编好的程序中执行，运行结果输出到现场设备，从而实现控制。

第五节　籽棉清理

籽棉清理是籽棉预处理过程中的第二道工艺，采摘的籽棉经过烘干后就要进行清理。籽棉清理工艺就是利用籽棉清理设备清除籽棉中各种杂质的工艺。籽棉中的杂质按照来源可以分为纤维性杂质和非纤维性杂质，纤维性杂质包括僵瓣、不孕籽和异性纤维等纤维性物质，从清理理论上讲通过籽棉清理工艺这种杂质只能尽量减少含量而不能完全清理；非纤维性杂质包括铃壳、棉枝、叶屑和尘杂等非纤维性物质，从清理理论上讲，通过籽棉清理工艺这种杂质可以被完全清理。

一、籽棉清理原理

棉纤维从纵向看是一种扁平的带状，在自然生长过程中棉纤维上会形成许多螺旋状的扭曲，这是棉纤维与其他纤维最大的区别。这种天然的扭曲使得棉纤维之间产生大量的勾拉、缠绕，因此外物与棉纤维之间，或棉纤维与棉纤维之间发生相对运动时就会产生较大的拉力和摩擦力。籽棉中的杂质种类多样，不同类型的杂质颗粒大小、表面状态、密度、硬度、弹性等物理性质与籽棉不同。籽棉清理的原理就是根据这些物理性质的特点，使用不同的外力克服杂质与棉纤维之间的拉力和摩擦力。

目前籽棉清理的方法主要有气流法和机械法两种。气流法是利用籽棉与杂质在空气中悬浮速度的差别清理杂质，工作时将气流调整到适合籽棉在空气中的悬浮速度，这样较重的杂质无法在空气中悬浮，使得其从籽棉中分离。机械法是利用刺钉滚筒或锯齿滚筒带动籽棉运动，使籽棉与除杂筛网或排杂棒产生摩擦，将密度不等于籽棉的杂质分离。

二、籽棉清理设备

目前我国棉花加工企业常用的籽棉清理设备主要有刺钉滚筒清理设备和锯齿滚筒清理设备两大类，这两类清理设备清理方式不同，侧重清理的杂质类型也不同。

(一) 倾斜式籽棉清理机

倾斜式籽棉清理机属于刺钉滚筒清理设备，利用滚筒上的刺钉插入籽棉，带动其前进并与除杂筛网摩擦从而清理杂质，如图 8-18 和图 8-19 所示。

籽棉从图 8-18 所示的籽棉入口进入倾斜式籽棉清理机，在刺钉滚筒的带动下前进，经过隔条栅时籽棉与其发生摩擦，籽棉中的杂质在摩擦力的作用下顺着隔条的间隙与籽棉分离，由杂质出口排出机外，籽棉依次经过 6 个刺钉滚筒。籽棉最终通过籽棉出口排出机外。由于隔条之间的间隙较小因此倾斜式籽棉清理机适用于清除籽棉中较小的杂质，如叶屑、尘杂等。除排杂外，倾斜式籽棉清理机还有一个重要的作用就是开松籽棉，刺钉插入籽棉以及与隔条栅的摩擦都可以使籽棉变得蓬松，籽棉经过开松后在后续的清理过程中可以降低棉纤维的损伤。

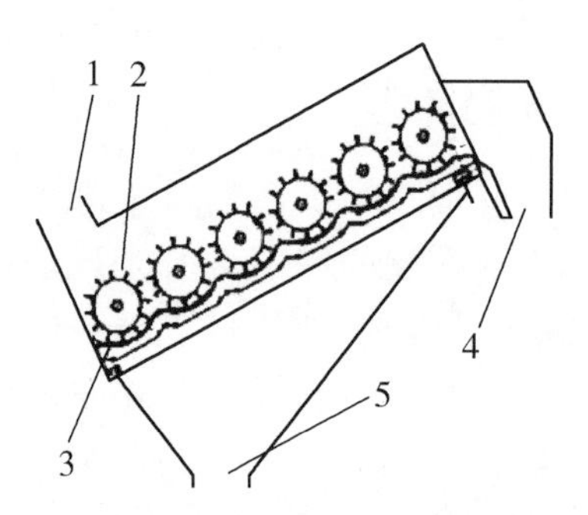

1-籽棉入口　2-刺钉滚筒　3-隔条栅
4-籽棉出口　5-杂质出口
图 8-18　倾斜式籽棉清理机结构

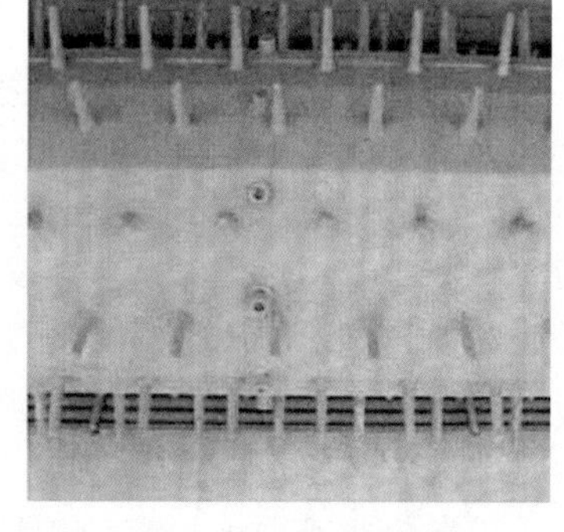
图 8-19　刺钉滚筒与隔条栅实物

影响倾斜式籽棉清理机清杂效率的因素有很多，除籽棉回潮率等外在因素外，机器自身的因素主要有刺钉滚筒转速、刺钉滚筒与隔条栅的间距、隔条栅的结构、刺钉滚筒之间的间距等，其中影响最大的是刺钉滚筒转速，因为刺钉滚筒转速直接决定了籽棉与隔条栅的摩擦力大小，这个摩擦力是排杂的主要动力。

（二）提净式籽棉清理机

提净式籽棉清理机属于锯齿滚筒清理设备，利用锯齿勾住籽棉，在阻铃板和排杂棒的阻隔作用下清理杂质，如图 8-20 和图 8-21 所示。

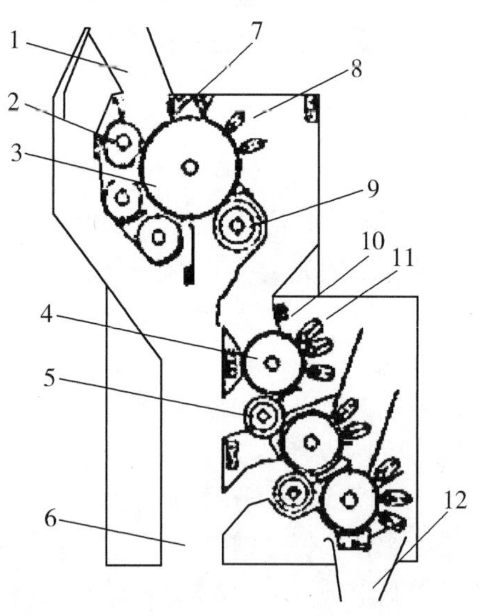

1-籽棉入口　2-抛掷输送器　3-据齿滚筒　4-锯齿滚筒
5-刷棉辊　6-籽棉出口　7-阻铃板　8-排杂棒　9-刷棉辊
10-钢丝刷　11-排杂棒　12-杂质出口
图 8-20　提净式籽棉清理机结构

图 8-21　锯齿滚筒与毛刷和排杂棒

籽棉从图 8-20 所示中的籽棉入口进入提净式籽棉清理机，在抛掷输送器的带动下喂给锯齿滚筒，籽棉被锯齿勾住后随锯齿滚筒转动，经过阻铃板和摩擦棒时铃壳、棉枝等较大杂质和部分籽棉被挡住，掉落到锯齿滚筒上，在钢丝刷的作用下籽棉被刷在锯齿滚筒上跟随其转动，转到排杂棒处时杂质被挡住并由杂质出口排出机外。籽棉则由刷棉辊刷落到下一个锯齿滚筒，如此重复 3 次最终由籽棉出口排出机外。提净式籽棉清理机适用于清理铃壳、棉枝等体积、质量较大的杂质。影响提净式籽清机清杂效率的因素也有很多，除籽棉回潮率等外在因素外，机器自身的因素主要是锯齿滚筒转速，原因与倾斜式籽棉清理机相似。

（三）回收式籽棉清理机

回收式籽棉清理机的结构与工作原理同倾斜式籽棉清理机基本相同，如图 8-22 和图 8-23 所示。

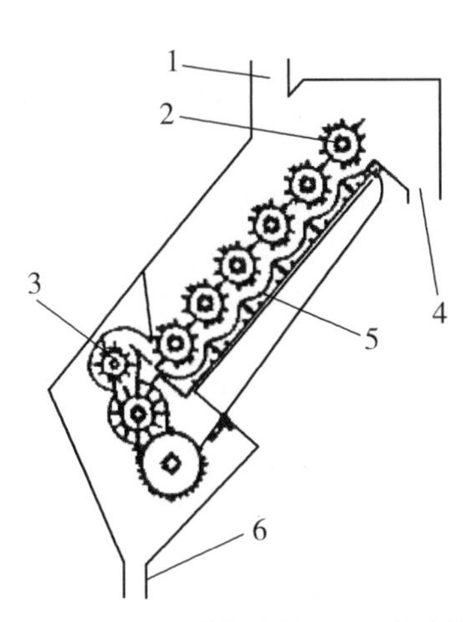

1-籽棉入口　2-刺钉滚筒　3-回收滚筒
4-籽棉出口　5-隔条栅　6-杂质出口

图 8-22　回收式籽棉清理机结构

图 8-23　回收式籽棉清理机实物

籽棉由籽棉入口进入回收式籽棉清理机，籽棉在刺钉滚筒和隔条栅的摩擦下排除杂质，回收式籽棉清理机的倾斜角度和隔条栅之间的间隙比倾斜式籽棉清理机更大，这种设计使得机器可以排出体积更大的杂质，提升了机器的排杂能力，但也会有部分籽棉被排出，被排出的杂质和部分籽棉由杂质出口排出机外之前会经过回收滚筒，回收滚筒可以将这部分被排出的籽棉重新送回刺钉滚筒，从而实现回收的目的，最终籽棉由籽棉出口排出机外。

参考文献

安茂鹏，2014. 浅谈机采棉收储与加工［J］. 中国纤检（11）：28-29.

白静，2014. 棉花异性纤维棉叶清理机［J］. 中国棉花加工（2）：16-17.

曹世强，1998. 新疆机采棉清理加工工艺及配套设备的研制和应用［J］. 新疆农机化（4）：29.

陈长林，石磊，张玉同，等，2015. MQZ-4A 型场地籽棉预处理机的设计及试验研究［J］. 中国农机化学报，36（5）：17-19，41.

董春强，关纪培，邢伟峰，等，2019. 一种双向移动式棉模喂料系统：中国，CN201362759［P］. 2009-12-16.

高民，杨继芳，祁蕾，2019. 开模喂花机棉模开松机构设计研究［J］. 南方农机，50（8）：20，37.

耿江平，2016. 如何保证机采棉加工的高产优质［J］. 中国棉花加工（4）：4-8.

顾亚军，2013. 浅谈我厂机采棉加工［J］. 中国棉花加工（6）：8-9.

关纪培，2017. 机采棉加工工艺研究与应用［J］. 中国棉花加工（2）：4-6.

郭倩如，张超，马晓东，2009. "金狮" 机采棉棉模系统构成及应用［J］. 中国棉花加工（4）：9-10.

韩淑萍，贾森林，2008. 机采棉棉模存储与搬运［J］. 中国棉花加工（2）：41-43.

李久喜，2011. 机采棉的存储和加工（二）［J］. 中国棉花加工（4）：36-38.

李久喜，2011. 机采棉的存储和加工（一）［J］. 中国棉花加工（3）：36-38.

林义，陈东胜，刘平，2019. 籽棉加工生产线：中国，CN109518378A［P］. 2019-03-26.

刘东易，2013. 多功能喂花机关键零部件的设计［D］. 石河子：石河子大学.

刘平，陈东胜，2018. 机采棉加工新工艺概述［J］. 中国棉花加工（1）：41-43.

刘同策，温浩军，2016. 籽棉烘干机技术研究［J］. 农机化研究，38（8）：250-256.

刘向新，周亚立，赵岩，2011. 棉花异性纤维清理机械发展的现状与展望［J］. 江苏农业科学，39（2）：505-506.

刘学亮，吴国江，2015. 机采棉加工生产线水分自动控制技术及工艺升级改造的使用情况探讨［J］. 中国棉花加工（3）：36-40.

路秋松，郭大伟，阎秀广，2013. 简述机采棉打模工艺方案及应用［J］. 中国棉花加工（2）：11-13.

唐海峰，2009. 三模设备的应用分析［J］. 中国棉花加工（2）：16-17.

田昊，2014. 基于图像处理的机采棉杂质检测技术研究［D］. 石河子：石河子大学.

王殿钦，王泽武，夏彬，2018. 大型机采棉生产线烘干清理一体机的设计分析［J］. 中国棉花加工（3）：11-14.

王昊鹏，2014. 棉花加工过程中籽棉预处理关键技术研究［D］. 济南：山东大学.

王进林，2014. 浅谈机采棉清理设备的使用效果［J］. 中国棉花加工（6）：12，17.

吴松明，2015. 一二五团提升机采棉品级的技术途径［J］. 中国棉花加工（2）：4-6.

杨大伟，2010. 籽棉在棉模中的存放和处理［J］. 中国棉花加工（6）：14-16.

杨怀君，孟祥金，何义川，等，2017. 机采籽棉储运技术质量成本分析［J］. 中国棉花，44（4）：30-33，43.

于峻极，2017. 棉花加工主要设备的发展［J］. 中国棉花加工（5）：10-14.
张成梁，李蕾，董全成，等，2017. 机采棉加工过程智能控制与试验优化［J］. 农业机械学报，48（4）：73-81.
张剑飞，段天佑，2015. 机采棉打模机和运模车的故障维修［J］. 中国棉花加工（4）：8-9.
张晓梅，2014. 籽棉烘干系统在棉花加工中的应用研究［J］. 中国新技术新产品（2）：132.
张孝山，许传禄，王韶斌，等，2008. 田间（货场）籽棉打模系统成套设备介绍［J］. 中国棉花加工（4）：17-18.
赵存鹏，郭宝生，王凯辉，等，2016. 机采棉的特点及其加工的主要技术［J］. 河北农机（11）：18.
赵鹏达，许江涛，冯全杰，2017. 自走式棉模运输车的结构设计与计算［J］. 中国棉花加工（1）：11-14.
中国棉麻流通经济研究会，2018 . 我国机采棉产业发展的现状分析［J］. 中国棉花加工（6）：4-36.
中华人民共和国国家质量监督检验检疫总局，中国国家标准化管理委员会，2017. GB/T 35328—2017 棉模运输车［S］. 北京：中国标准出版社.
中华人民共和国国家质量监督检验检疫总局，中国国家标准化管理委员会，2017. GB/T 35326—2017 棉模开松喂料机［S］. 北京：中国标准出版社.
中华人民共和国国家质量监督检验检疫总局，中国国家标准化管理委员会，2017. GB/T 35327—2017 籽棉打模机［S］. 北京：中国标准出版社.
中华人民共和国国家质量监督检验检疫总局，中国国家标准化管理委员会，2018. GB/T 35834—2018 机采棉加工技术规范［S］. 北京：中国标准出版社.
周龙军，2014. 机采棉加工技术在九十团的推广运用［J］. 中国棉花加工（4）：25-26.
周亚立，梅健，2001. 机采棉棉模贮存和运输技术装备［J］. 新疆农垦科技（4）：19-21.
朱常青，2013. 机采棉的运输、堆放和加工生产中的工艺研究［J］. 中国棉花加工（6）：12-14.

第九章　棉花农机农艺融合发展展望

第一节　棉花产业发展剖析

一、棉花产业发展存在的问题

滨州市地处黄河三角洲腹地，滨海盐碱地资源丰富，宜棉区域广阔，是山东省的棉花主产区，是黄河流域棉花生产的典型代表区域，以滨州市为例进行分析。

棉纺工业是滨州市的支柱产业，全市拥有 86 家资质较好的棉花加工企业，年加工能力 30 多万 t。拥有魏桥、愉悦、华纺、华润等众多知名纺织企业，全市纺纱产能 1 200万纱锭。全市年需皮棉 70 万 t 左右，产业链条完整。滨州市棉花供给侧产不足需，无法满足省内纺织用棉要求，供需矛盾非常突出。滨州市的棉纺企业多以高端产品为主参与国际竞争，本地棉花生产小农户仍占较大比重，棉花品种多乱杂、一致性差，近几年，滨州市棉花纤维品质总体偏差，表现在纤维长度偏短，马克隆值偏高，断裂比强度偏低。棉花品质达不到纺织企业的用棉要求，纤维品质也难以达到高端纺织品的要求，存在问题如下。

① 农民植棉效益低，增收困难。农民改种粮食、蔬菜等作物，棉花生产遭遇前所未有的困难，植棉面积下降。

② 纺织企业负担加重。纺织企业买不到优质地产棉，不得不舍近求远购买新疆棉甚至澳棉、美棉等外棉。这样加大企业的运输物流成本和时间成本，增加企业负担。

③ 棉花加工企业生产状况举步维艰。棉农所种棉花，大部分售予小商贩，再由小商贩直接卖给棉花加工企业，棉花加工企业中间利润空间很小。而棉花加工企业加工出来的棉制品远销到外地，又剥夺了棉花加工企业的一部分利润，使棉花加工企业雪上加霜。棉贩和棉花加工厂收购价格低甚至无利可图，致使棉花市场出现销售不畅通、有价无市的局面。

④ 棉花产业链不可持续发展。棉花纤维品质偏差造成棉农卖棉难，纺织企业买不到优质地产棉，只能从新疆和国外购买纤维品质优良的棉花，当地棉花加工企业夹缝中求生存，生产状况低迷，影响当地经济发展。

二、棉花生产下滑的原因分析

（一）棉花产业竞争力下滑

1. 植棉效益低而不稳

在不考虑租地成本和粮棉补贴的情况下，植棉效益远远低于种粮效益。以2018年为例，籽棉销售价格，通过已销售的籽棉加权平均，为6.8元/kg，植棉收入21 210元/hm^2；植棉成本为15 315元/hm^2，其中，物化成本6 315元/hm^2，用工成本8 250元/hm^2，土地成本750/hm^2；植棉效益为5 895元/hm^2。小麦纯效益6 480元/hm^2，玉米纯效益5 385元/hm^2，两季合计11 865元/hm^2。种棉收益较种粮收益低5 970元/hm^2。

2. 植棉劳动强度大，用工多，总体机械化程度不高

棉花从种到收，整个生育期需要14道工序，35次投工，折合22个工日，比小麦、玉米两季作物用工多2~3个工作日，单是采收就长达两个月，种几亩棉花，全家人忙碌半年。

近年来，耕种基本实现机械化，机械化统防统治面积有所发展，全程机械化仅限于规模较大、比较成熟的专业合作社，分户小片种植仍大量存在，机械化应用程度较低。大部分散户棉农还在采用背负式弥雾机或简易拖拉机式机动喷雾器。机械化收棉正在探讨推广，大田应用尚未实现。

3. 单产水平提高难

10年来，正常年景下，滨州市棉花单产水平一般稳定皮棉1 200kg/hm^2左右，低于全国单产水平。近几年以来，灾害性天气频发，由于滨州地处徒骇河、马颊河等泄洪河道下游，大涝年份，客水下涌，海水顶托，河流倒灌，农田积水无法排出，严重影响棉花单产，2013年皮棉单产仅为57.8kg/hm^2。

4. 种植模式单一

滨州市棉花以春棉单季种植为主，占95%以上。机采棉模式虽有较大面积推广，但因全程机械化配套机具更换受资金限制。大行80~110cm，小行45~50cm的大小行传统种植模式仍大量沿用。由于品种不适、化控不力、农艺措施不到位或管理粗放等因素影响，往往造成棉田郁闭，通风透光不良，下部烂铃和脱落严重。2009年以来，连续5年在棉花生长中后期出现连阴天或强降雨天气，加剧了棉花严重烂铃现象发生，严重影响了棉花产量和品质。从近几年的天气变化看，棉花后期的连阴雨天气已经成为气象常态，如何应对天气变化，改善棉田后期通风透光条件，减轻烂铃，降低损失，需要从种植制度、模式等方面进行探索和改进。

实践证明，76cm等行距机采棉全程机械化模式是解决上述问题的首选，相关部门

需加大宣传、推广、扶持力度，切实推广开来。

（二）影响棉花生产的不利因素增多

① 政策扶持弱化。耕地资源有限，粮棉争地矛盾越来越突出，棉花生产让位于粮食生产，国家对粮食生产的补贴力度会越来越大。从国家战略层面考虑，棉花产业政策向新疆棉区倾斜，对黄河流域和长江流域棉区重视程度不足。

② 效益难以提高。一是用工成本提高，短期内难以解决棉花用工多的问题，植棉效益增长缓慢；二是受自然灾害影响大，现有种植模式下，棉花生产抵御风险的能力近期内难有较大改观。

③ 机采棉难突破。受育种技术及天气影响，省工及适合机采的品种少，影响机采棉发展进程；真正实现棉花采收机械化，尚需长时间的实践。

④ 打工机会增多。收入渠道的多元化，工资性收入的增加，农民弃棉种粮意向增强。

⑤ 土地流转速度影响规模化、标准化植棉进展。

（三）国家宏观调控及政策支持不够

近几年，粮棉争地矛盾凸显，国家对小麦等粮食生产扶持政策高于棉花，如种小麦生产有粮食直补、农资综合补贴，补贴 1 875 元/hm^2，政策稳定实施。而种植棉花目标价格补贴为 2 250 元/hm^2，种植棉花费工且物化投入较小麦高。由于目标价格补贴政策仍然属于试点，试点结束后是否继续实行或是否会有大的调整，未来的政策走向不明确。由于劳动力成本增加迅速，物化投入增加等原因，植棉生产成本迅速增加，现有的棉花价格补贴政策很难稳定棉农植棉积极性。

（四）灾害影响

棉花生长期长，受自然灾害影响明显。春有干旱、低温、大风，夏有洪涝、冰雹，秋有阴雨等气象灾害。近几年，棉铃虫等为害减轻，但棉盲蝽象、棉红蜘蛛等次生虫害发生严重。个别年份，棉花黄萎病、枯萎病在局部地区爆发，给棉花生产带来不利影响。特别是近年，滨州市连续遭遇强降雨，棉花受灾较重，品质下降，棉农收益缩水。

三、棉花生产机械化存在的问题

通过多年的探索，滨州市的棉花生产在耕整、灌溉、播种、施肥、施药、棉秆收获等环节已基本实现机械化，但在土地流转、品种选择、打顶、采棉机购置、残膜回收、机采棉清理加工线建设、机采棉收购加工标准等方面发展仍然较薄弱，存在诸多问题。

（一）土地流转、托管

虽然专业合作社引领带动了棉花生产规模化发展，但从总体情况来看，在棉花生产方式上，小农户分散种植仍大量存在。一家一户的小地块植棉不利于大型机具的应用，不利于采棉机机采作业，也不利于农机农艺融合新技术的快速推广，阻滞了棉花生产全程机械化的进程。

（二）机采棉品种选育

无论是在棉花机械化收获较成熟的新疆生产建设兵团还是其他地区，都开展了大量卓有成效的品种选育工作，山东筛选了鲁棉研37、鲁棉研36、K836等比较适合机采的棉花品种，但这些都是原有手采棉花品种，并不是真正为机采“量身定做”的棉花品种，仍缺乏能大面积推广的适于机采的棉花品种。

从农机农艺结合的角度，要求机采棉品种具有以下特点：株型紧凑，第一果枝节位高；抗倒伏；早熟性好，吐絮集中；有利于后期铃重和纤维品质；纤维长度适当高1~2mm；对脱叶剂敏感，利于机械采收；产量能与不打脱叶剂持平。

（三）棉花打顶

目前棉花打顶作业仍以人工为主，劳动强度大，作业效率低，生产成本高。滨州市农业机械化科学研究所在科研项目带动下，开始研制仿形高效的棉花打顶机，同时进行化学打顶的试验，确定打顶药剂种类、用药量及施用时间。

（四）棉花机械采摘

棉花机采受采棉机保有量的制约，机采作业范围有限。目前滨州市采棉机保有量仅2台，分别为惠农农机专业合作社的中航平水4MZ-3型自走式采棉机和无棣恒丰农机专业合作社的约翰迪尔4MZ-5（9970）型自走式采棉机。手工采摘棉花，用工量大，条件艰苦，季节性强，采棉旺季，正是冬枣采摘季节，即使出高价，也很难雇到人。

机采棉种植模式因有通风透光、减少烂铃，抗倒伏能力强等优点，迅速得到大众认可，得到较大面积推广。但机采棉模式种植的棉花却因缺少采棉机无法机采，现有采棉机的数量远远不能满足机采棉发展的需要。

（五）机采棉收购加工

由于国家没有出台明确的机采棉等级标准，机采棉的质量、等级评定存在很大的随意性，现行普遍的做法是沿用手摘棉的标准确定机采棉的等级，由于采摘和加工方式的不同，机采棉与手摘棉在质量指标上存在客观差异，这就导致加工企业收购机采棉花积极性不高，一些棉花加工厂对机采棉的质量要求苛刻，扣除水分和杂质的比例分别达到了12%和5%，棉农很难承受，造成机采棉“能采难卖”的尴尬局面。

（六）残膜回收

由于残膜回收缺少适用机具，棉田残膜长期不回收或低回收导致严重的白色污染，既影响了棉花生长发育，又影响了机采棉的质量，现有的密排弹齿搂膜机无法完成自动卸膜，作业效率低，亟待改进。

（七）试验示范力度需要进一步加大

试验示范作为推动机采棉发展推广的重要手段，目前内陆棉区机采棉技术处于初步阶段，需要进行大量的试验示范工作来确定适宜当地的棉花品种、种植模式、种植密度、化控及脱叶催熟剂喷施的浓度和时机，然后总结出一套可复制推广的模式。采棉机保有量极低，多地示范作业用采棉机大多采用租借的形式，代价太高，进行试验的地区，还应考虑采棉机的适用性，需进一步加大试验示范工作资金扶持力度。

第二节　基于农机农艺融合的棉花生产全程机械化技术规范

棉花是我国主要农业经济作物之一，在农业部编制的《全国优势农产品区域布局规划（2008—2015 年）》中，将棉花列为 16 个优势品种之一，规划重点发展黄河流域、长江流域和西北内陆 3 大优势区。我国是全球第一大棉花生产国和消费国，总产量和单产均居世界首位，棉花常年种植面积约占世界种植面积的 15%。但随着社会经济的发展和产业结构调整，棉花种植生产力和比较效益相对较低，近年来我国棉花播种面积持续下滑。在国家实施乡村振兴战略的大背景下，农业土地“三权分置”政策的实施、工业制造水平的提升与农业科技进步，为加快推进棉花全程机械化生产奠定了技术、经济和社会基础。棉花生产全过程中，耕整地、播种施肥、田间管理和棉秆处理等生产环节的机械化技术与装备已经成熟，主要制约瓶颈棉花收获机械化环节已经有所突破，因此研究探讨农艺农机高度融合模式，对加快推进棉花生产全程机械化水平和提高种棉效益十分必要，也是生产实际亟待解决的难题。

随着我国棉花种植农艺和机械发展，特别是收获机械化技术的不断完善，各主产区积极探索其全程机械化生产模式，总结出了多种农机农艺结合的全程机械化模式。在总结主要棉区实践经验的基础上，结合实地调研和生产获得的资料，研究总结了黄河流域棉区农艺农机有效融合作业流程，提出了各生产环节的农艺要求、可供选择的作业机具以及作业质量标准要求，以期较合理有效地匹配棉花全程机械化技术与装备，推进棉花全程机械化稳步健康发展，最大限度地提高机械化效益。

一、棉花全程机械化作业流程

农作物种植的机械化环节主要包括耕整地、播种、田间管理和收获四大环节，棉花也不例外，其全程机械化生产技术流程包括耕整地、播种、田间管理（封土、中耕培土、追肥、打顶、植保化控、脱叶催熟）、机械采收、秸秆处理。

二、棉花品种

棉花品种对全程机械化具有较大影响，因此，从适宜机械作业角度考虑，棉花品种应选择通过国家或省审定的果枝短、株型紧凑、吐絮集中、含絮力适中、纤维较长，且抗病抗倒伏、对脱叶剂和催熟剂敏感的品种，第一果枝离地高度应大于20cm。种子质量应符合NY 400—2000《硫酸脱绒与包衣棉花种子》要求，包衣或农药拌种的种子纯度>95%、净度>98%、发芽率>80%（《黄河流域棉区棉花机械化生产技术指导意见》的要求是发芽率>90%）、破籽率<7%、水分<12%，另外，包衣种子的种衣覆盖度<90%、种衣牢固度<99.65%。播种前应晒种3～5天，以打破种子休眠，提高出苗率。目前，得到滨州市当地农民认可的品种有河北冀棉169、冀棉178、冀科2号，山东鲁棉研36号、鲁棉研37号、K836等。

三、耕整地

耕整地是农业生产基础环节。耕整地是创造良好的土壤环境条件，以利于棉花播种和后期生长。因此，耕整地质量直接影响到后续的播种作业质量，对棉花的稳产、高产具有极其重要的作用。实际生产由于追求生产的“轻简化”，结合深松作业，农民多将耕地和整地2种作业简化为旋耕作业，或用耕整地联合作业机械进行耕整地作业。

（一）农艺要求

1. 耕整地时间

耕地通常分为秋耕和春耕，秋耕是指秋季作物收获后进行耕地作业，春耕是春季播种之前进行耕地作业，对棉田进行耕翻或深松耕。整地是在作物播种前进行的耕层土壤的进一步松碎和地表平整。

2. 耕深和碎土

同其他农作物一样，棉花的耕整地农艺要求主要有2个关键指标，一是耕深，二是碎土质量。棉花耕整地的农艺要求，耕翻深度22cm以上、深松35cm以上，整地后土壤要疏松细碎、耕层下实上虚，虚土层厚2～3cm，地表高度差小于5cm。前茬作物进行秸秆还田的其作业质量应符合NY/T 500—2015《秸秆粉碎还田机作业质量》要求，粉碎长度合格率应>85%、留茬高度<8cm、抛撒不均匀性<20%。秸秆粉碎还田应在作物收获时或收获后及时进行秸秆粉碎还田作业，以利于秸秆的尽快腐熟。

（二）耕整地机械

耕地机械主要有铧式犁、圆盘犁、深松机、旋耕机等。整地机械主要有圆盘耙、钉齿耙、滚轧耙、旋耕机和镇压器等。此外，在耕种土地面积较大时，多用耕整地联合作业机械，一次完成耕地作业和整地作业。如生产中的耕整地机械1LF型系列铧式犁、1S型系列深松机、1GQH系列旋耕机、1LZ联合整地机等。耕整地机械技术已经完全成熟，农机作业质量完全能够满足农艺要求，农机农艺完全融合。

（三）作业质量

据公开资料记载，2016年新疆北疆棉花耕种收机械化水平达到了89%，2017年黑龙江粮食全程机械化水平达到了96.8%，因此新疆和黑龙江的耕整地质量具有代表性，故根据新疆和黑龙江等相关地方标准，耕整地机械化作业质量应达到：耕深合格率≥90%；漏耕率≤2.5%；碎土率>80%；耕层平整沉实，下实上虚，虚土层厚2.0~3.0cm；地表平整且无农作物秸秆等杂物。

四、播　种

播种不仅直接影响出苗率和秧苗质量以及后期棉花的生长，最终影响棉花的产量和品质，也直接关系到后期的各环节的机械化作业，特别是机采棉环节，是棉花全程机械化至关重要的农艺农机融合环节。

（一）农艺要求

① 播种时间。根据品种特性、自然条件和栽培制度确定适宜的播种时间。黄河流域春棉一般播种在4月中下旬至5月初，耕层土壤适宜墒情为田间土壤持水量60%~70%，且5cm耕层地温连续5天稳定在14℃以上。春旱时应在播前10~15天进行春灌，灌水造墒。

② 播种深度。棉花适宜的播种深度为2~3cm，否则不利于出苗。

③ 播种密度。棉花机械化播种为穴播，每穴1~2粒。

④ 种植模式。为便于采收机械配备，黄河流域棉花种植应统一农艺，宜采取等行距平作直播，行距为76cm，株距按照棉株数不少于100 000穴/hm^2要求调整。

（二）播种机械

播种机械既有单一功能的播种机，亦有旋耕、起垄、施肥、播种、覆膜、镇压等多道工序的复式作业机械。棉花播种机工作可靠，技术日臻完善，完全能够实施精量播种，满足棉花穴播质量的要求。如生产中常用的铺膜播种机主要有2BMG系列、2BMZ系列、2BMP22系列、2BMS2A系列、2MF2IB型、2MB21型播种机，以及2BZ-6型播种机中耕通用机、2BMG-A系列铺膜播种中耕追肥通用机、2MBQ-2型精量覆膜播种机、2BMZ-3/6A型基于机收的折叠式智能棉花精量播种机、2BMG-A系列铺膜播种机、ZMBJ-2/12棉花铺膜播种机等。

（三）作业质量

按照JB/T 7732—2006《铺膜播种机》规定，播种作业质量应达到：地膜破损程度≤50mm/m^2；膜边覆土厚度和覆土宽度合格率均≥95%；种子机械破损率≤0.5%；膜孔全覆土率≥90%；膜下播种深度合格率≥85.0%；种子覆土厚度合格率≥90%；空穴率≤2.0%（覆膜播种机）、空穴率≤4.0%（精量覆膜播种机）；施肥深度合格率≥85.0%。

五、田间管理

田间管理主要有苗期管理、中耕除草、追肥、灌溉排涝、病虫草害防治、株型调控、脱叶催熟等作业环节。

（一）苗期管理

1. 农艺要求

① 打孔放苗。棉花播种方式是先播种后覆膜，则需要在棉苗出土后及时进行打孔放苗。当棉苗子叶展开、颜色变绿时，应及时人工辅助打孔放苗。打孔放苗作业时间宜在上午10时前、下午16时后进行，避开中午高温时间段，以避免由于环境条件突然改变而导致的叶片凋萎、干枯，即“闪苗”。

② 定苗。当棉苗由2片子叶展平到1~2片真叶时，进行定苗作业，应一穴1苗。

③ 培土。放苗后2~3天，待棉叶叶面无水时，应进行培土，封堵放苗孔。

2. 打孔放苗、培土机械

目前打孔放苗仍为人工作业，培土机械为中耕机械。

3. 作业质量

打孔放苗的孔洞以子叶能伸出膜外为宜。培土封堵放苗孔应避免土壤压盖子叶，不埋苗，不伤苗，伤苗率≤1.0%。

（二）灌溉排涝

1. 农艺要求

棉花在不同的生育阶段适宜的土壤水分不同，应根据各生育阶段实际的田间土壤持水量情况，及时进行灌溉或排涝。灌溉可以采取畦灌、沟灌，如果条件许可，可采用滴灌或喷灌。此外在生长过程中如遇多雨天气应注意及时排涝，以防烂根、掉蕾等。

2. 灌排机械

灌溉机械主要有农用水泵、移动式喷滴灌机械等，排涝机械主要是农用水泵。

3. 作业质量

棉花各个生育阶段的适宜土壤持水量不同，发芽出苗期的持水量为70%、苗期为55%~60%、蕾期为60%~70%、花铃期为70%~80%、吐絮期为55%~70%，应根据不同生长阶段，保持不同的土壤持水量。

（三）中耕追肥

中耕追肥能够创造棉花根系健壮生长的良好的生态营养环境。

1. 农艺要求

① 中耕时间。棉花中耕时间主要有苗期、蕾期和花铃期，苗期一般进行中耕、培土作业，蕾期一般进行中耕、除草作业，花铃期进行中耕、追肥作业。生产中应根据田

间杂草和土壤墒情以及棉株生长情况，适时进行中耕、追肥作业。

② 在棉花不同生育阶段的中耕深度要不同，苗期较深，花铃期较浅，一般中耕深度 10~18cm，施肥深度 8~15cm，苗肥间距 10~15cm。

2. 中耕机械

中耕机械是在作物生长过程中进行松土、除草、培土等作业的土壤耕作机械，既有锄铲式和旋转式中耕机单一功能的中耕机，亦有中耕、施肥复式作业机械。

3. 作业质量

按照 JB/T 8576—1997《旱田中耕追肥机技术条件》规定，中耕作业质量应达到：碎土率≥85.0%；伤苗、埋苗率≤5.0%；土壤膨松度≤40.0%；无明显断条，施肥后覆土严密。

（四）病虫草害防治

农业病虫草害图文数据库显示，棉花共有 22 种病害、64 种虫害。防治方法主要有生物防治、物理机械防治和化学防治，应用较为广泛的是化学防治。

1. 农艺要求

① 防治时间。应根据病虫草害实际发生情况或植保部门的预测预报以及杂草生长情况，本着“预防为主、绿色防治”的原则，因地、因时、因病、因虫、因草，选择适宜的防治时间和防治措施进行防治。播种前喷施除草剂和地膜覆盖抑制杂草生长；中后期喷施棉田专用除草剂进行除草。根据防治需要，适时喷施磷酸二氢钾等叶面肥和多菌灵、甲基托布津等杀菌剂，预防病害发生；根据虫害类型，适时喷施灭蚜酮、阿维菌素、马拉硫磷等杀虫剂等进行防治。

② 作业条件。根据 NY/T 650—2013《喷雾机（器）作业质量》要求，植保机械作业时的环境条件应为：无雨、少露水，气温 5~30℃；常规量喷雾作业风速应不大于 3m/s；低量喷雾或超低量喷雾作业时风速应不大于 2m/s，超低量喷雾作业应无上升气流。此外，通常雨前 24h 以及中午前后不宜进行作业。

③ 喷洒均匀。喷洒的药液（粉）应均匀分布于作物植株上，棉花的上中下部、棉叶两面应均匀着药。

2. 植保机械

棉花植保机械机械主要有自走式、牵引式和农业航空植保机，其中以高地隙自走式喷杆式喷雾机应用较多，如 3WF1600-500 型自走式高地隙风送喷杆喷雾机、约翰迪尔 4630 高地隙自走式打药机，以及 3W-800、3W-1500、3W-1700、3W-2000 型机引喷杆式喷雾机、3WP 系列喷杆式喷雾机等。此外，WFB-18AC 型、WFB-18BC 型、WFB-18A3C 型背负式喷雾喷粉机、3WF-7 型压缩喷雾器、3WCD-5A 型手持电动超低量喷雾器等使用也较广泛。

3. 作业质量

按照 NY/T 650—2013《喷雾机（器）作业质量》规定，植保作业质量应达到：常规量喷雾非内吸性覆盖率≥33%；超低量喷雾雾滴沉积密度≥10 滴/cm^2；低量喷雾，杀虫剂≥25 滴/cm^2、内吸性杀菌剂≥20 滴/cm^2、非内吸性杀菌剂≥50 滴/cm^2、内吸性除草剂≥30 滴/cm^2、非内吸性除草剂≥50 滴/cm^2；机动喷雾机雾滴分布均匀性（变异系数）≤50%；作物机械损伤率≤1%。此外，漏喷和重喷率均≤5%；目测植保机（器）喷射稳定；对棉苗、棉株损伤率小于 1%。

（五）打顶及化控

打顶是人工或应用机械、化学方法打掉棉花植株的顶尖，以消除棉花顶端养分消耗，减少无效果枝对水肥的徒耗，使更多的养分供应蕾铃，促进蕾铃充分发育成熟及纤维品质提高。应按照机械化采棉采摘计划顺序依次进行作业，早采早打，晚采晚打。

化学调控是应用生物调节剂调节棉花的营养生长和生殖生长，塑造合理的棉株型，改变光照条件，减少蕾铃脱落，增加蕾铃重量，促进蕾铃提早成熟，达到优质高产的目的。

1. 农艺要求

打顶及化控时间。遵循“枝到不等时，时到不等枝”的打顶原则，根据棉花的长势、株高和果枝数等因素综合考虑确定适宜的打顶时间，一般在 7 月中下旬进行。并按照机械化采棉采摘计划顺序依次进行作业，早采早打，晚采晚打。

化学调控以花蕾期至盛花期和打顶之后为重点作业时间段。一般棉花蕾期（8～9 叶期）用量 15.0～30.0g/hm^2，初花期用量 30.0～45.0g/hm^2，盛花期用量 60.0～90.0g/hm^2，打顶后用量 90.0～120.0g/hm^2，喷施缩节胺或调节胺。

株型控制。通过打顶和化学调控，使棉株高度控制在 70～100cm、棉株第一果枝节位距地面高度大于 20cm。打顶和化控的目的是促进棉花从营养生长转向生殖生长，有效控制棉株节间长度，防止棉株疯长、旺长郁蔽，从而建立棉田合理的群体结构，改善群体的光照条件，多结铃，结大铃，达到高产优质的目的，并为机械化采收打造适宜的棉株高度和相对紧凑的株型。

化学调控的作业条件同病虫草害防治的作业条件相同。

2. 打顶及化控机械

打顶机械比较成熟且广泛应用的较少，一些研发的机具虽然能够作业，但效果并不理想，需要进一步改进完善。滨州市农业机械化科学研究所研制了基于伺服控制的单体仿形棉花智能打顶机，新疆棉区研发成功 3MDY-12 型前悬挂液压驱动式棉花打顶机，农业农村部南京农业机械化研究所研制了精准仿形 3MD-4 型棉花打顶机。化学调控机械宜选用垂直吊挂水平喷头喷雾植保机械。

3. 作业质量

打顶机械化作业质量应达到以下要求：漏打率不大于 2%；对棉株、蕾铃造成的损伤<1%；塑造达到适宜机械化采收的株型。化学调控机械化作业质量要求同植保作业质量要求。

六、收　获

收获是棉花全程机械化最重要的作业环节，也是用工量最大的环节，亦是目前棉花全程机械化最薄弱的环节。棉花收获包含 2 个环节，一是脱叶催熟，二是在催熟的基础上进行棉花采收。

(一) 脱叶催熟

化学脱叶催熟是人工使用化学制剂干预棉花的生理生化，促进生育进程，使其提前脱叶、成熟，以期创造适宜机械化采收的作业条件，减少机械化采收棉花的含杂率，提高采净率，减轻果枝和棉叶中的叶绿素对籽棉的污染。

1. 农艺要求

① 作业时间。当棉田棉花满足下列条件之一时，应喷施脱叶催熟剂。一是棉花自然吐絮率达到 40%~60%，棉花上部铃的铃龄 40 天以上；二是采收前 18~25 天、平均气温连续 7~10 天在 20℃以上，最低温度不低于 14℃。施药后的 12h 内如若降中到大雨，应进行重喷。

② 喷洒均匀。脱叶剂应均匀地喷洒在棉叶两面。

2. 作业机具

为确保棉株上中下各部位的棉叶均能附着药剂，宜选用带有双层吊挂垂直水平喷头喷雾器进行作业。

3. 作业质量

脱叶催熟剂喷施作业质量同植保作业质量，其作业效果应达到：脱叶催熟作业 20 天后，棉株脱叶率>90%，吐絮率>95%。

(二) 采　收

(1) 农艺要求

① 作业时间。喷施脱叶催熟剂后脱叶率>90%、吐絮率>95%时，即可以进行机械采收作业。

② 收获方式。棉花机械化采收分为统收和选收两种方式，根据种植模式、规模、籽棉处理加工条件等因素选择收获方式。国内目前应用广泛的是选收式机具，即摘锭式采棉机。统收式采棉机由于后续加工问题，国内使用较少，但统收式的刷辊式采棉机在

国外已经大批量应用，其具有良好的广泛适应性。

③ 作业要求。摘锭式采棉机需对行采收，统收式采棉机不需要对行作业。作业前应根据采收方式及机具的大小在田头或田间四角人工踩出可供机具田头调头或田间进出的通道。

（2）采棉机具

采棉机具以进口机型为主，国外进口机型主要有约翰迪尔 990 自走式采棉机、约翰迪尔 9970 自走式采棉机、约翰迪尔 7455 自走式摘棉铃机、凯斯 2555 采棉机、凯斯 620 采棉机、凯斯 ME625 采棉机，国产采棉机主要有贵航 4MZ-3 型自走式采棉机、贵航 4MZ-5 型自走式采棉机等。

（3）作业质量

作业质量应符合下列指标要求：棉花采收总损失率≤7%；含杂率≤12%。其中选收式采棉机采收的棉花含水率≤12%。此外，采棉机无漏油污染土壤现象。

七、棉秆利用

棉秆资源化利用主要有两个途径：一是肥料化利用，机械化进行还田；二是能源化等综合利用，机械化进行收集。

第三节　棉花农机农艺融合发展展望

棉花是我国的重要经济作物，产量居世界首位，但由于棉花生产过程中尤其棉花收获依赖人工采摘，收获效率低，劳动强度大，生产成本高，严重影响了棉农的生产积极性，制约了棉花生产的发展。推行棉花农机农艺融合，实现棉花生产全程机械化，将大幅度减轻劳动强度，解放劳动力，降低棉花生产成本，推动棉花规模化生产、标准化控制、集约化经营。棉花生产全程机械化是一项较为复杂的系统工程，不能孤立单一解决棉花采摘机械化的问题，必须将棉花品种、种植模式、田间管理、化学控制、脱叶催熟、机械收获和清理加工综合考虑、研究，将农机、农艺技术有机融合，提高棉花生产效益，保护棉农生产积极性，全面促进我国棉花产业的可持续发展。

滨州市作为黄河流域棉花生产的典型代表区域，率先在内地（新疆以外地区）推进机采棉，探索了全程机械化生产模式，建立了农机农艺融合示范基地，多次承办了全国范围的农机农艺融合座谈会暨机采棉现场会，沾化区、无棣县被列为农业农村部农机农艺技术融合示范区，无棣县还被农业农村部授予机采棉示范县。滨州市已建立机采棉核心示范区 35 处，机采棉种植面积 6 万亩，并辐射带动周边的东营、潍坊、德州等区域种植近 2 万亩，创造了全国棉花机械化生产示范的“滨州经验”。

一、合理布局规划是发展机采棉的必要前提

在市场经济环境下，效益是引导产业发展的基本动力。从国民经济对棉花产业发展的整体出发，结合国内外棉花供求市场和我国农业区划状况制定棉花生产布局以及产业

发展规划。根据气候及种植模式的不同，现在我国棉花种植区域通常划分为三大产棉区，分别是黄河流域棉区、长江流域棉区和西北内陆棉区。

黄河流域棉区棉花生产应该继续向黄河三角洲地区集中，在盐碱地区域和缺水区域积极发展植棉业，解决盐碱地生态环境和农用水资源短缺的问题。长江流域棉区应积极调减棉花种植面积，促进次宜棉田的退出，同时转变生产方式，向规模化、机械化、集约化的道路发展，降低生产成本，提高棉花产量和品质，提升棉花产业的市场竞争力。可以利用早熟棉品种在长江流域、黄河流域棉区进行麦草、油菜后直播，缓解粮棉争地矛盾。西北内陆棉区中的一些不适宜种植棉花的区域要逐步退出棉花种植，进一步调整农业种植结构。

二、建立棉花农机农艺融合高标准模式

坚持农机农艺融合，在棉花品种选育、土地整理、农艺栽培措施、田间生产管理、化学控制管理、棉花收获、秸秆处理、残膜回收、机采棉清选加工等环节，按照机采棉要求，实现棉花生产全程机械化。

① 选育优良品种。选育适宜本地区生育期在 127 天左右的棉花良种，品性农艺性状满足机械化作业需求。大力推广应用棉花良种、充分挖掘高产优质良种的增产潜力。

② 确定基本栽培技术。在保障每公顷 60 000~90 000 株的前提下，采用 76cm 等行距种植模式，以适应大型采棉机的工作需求，形成统一的适宜机械作业、标准化生产的栽培模式。

③ 优化机器系统研发。研发、引进、集成耕作、种植、植保、施肥、灌溉、收获新技术新装备，充分验证示范，加快推进薄弱环节机械化发展，进一步完善从种到收全程机械化作业的工艺要求和机器系统配置。加快机具的研发创新，争取尽快在棉花打顶、采摘、运输、清理加工、残膜回收等生产环节上，实现新型机具的研发突破。扶持农机科研院所开展棉花生产农机农艺融合的相关基础理论研究，培植当地农机生产加工企业，积极帮助其开展技术革新，生产适于本地区棉花生产的系列产品。

④ 完善棉花生产农机农艺融合技术体系。按照当地农业劳动生产率水平、土地规模经营水平、农业科技发展现状和自然条件，不断探索和完善棉花生产农机农艺融合技术体系。

⑤ 完善机采棉系列标准建设。完善机采棉系列标准，为实现棉花生产农机农艺融合提供统一遵循。制定执行“机采棉国家标准”是推广棉花机械采收的迫切任务。目前全国都面临实现棉花机采问题，棉花生产环节可充分依据标准要求提高机采棉质量，保证国家棉花产业安全地由手工采棉向机采棉过渡。

⑥ 融入信息化、自动化技术，探索实现棉花精准化种植、可视化管理、智能化决策，打造现代高科技棉花示范基地。

三、深入开展示范推广，科学有序推进棉花产业化经营

① 依托国家棉花产业联盟、农业科技创新团队、重点实验室等平台建设，以“品质中高端”为目标，以倡导棉花生产的轻简化、绿色化、机械化、组织化等“四化”

为支点，引领现代植棉业发展，以技术、机制、方式、方法构建促进棉花产业深度融合与协同创新，实现滨州市棉花生产各环节有机融合。

② 安排专项试验示范推广资金、项目，完善试验基地建设，大力开展良种培育、田间管理、机械采棉、秸秆综合处理、残膜回收等试验示范。积极推进科技成果转化为现实生产力；通过试验示范，不断改进、完善、熟化科技成果，更好地发挥科技创新带来的辐射效应和带动效应。

③ 大力发展规模集约生产，进一步调整和规划棉田种植结构和区域布局，加快实现大镇、大村的棉花生产优势，向规模植棉要效益；强化龙头企业作用，发展订单农业，实现农民小生产和大市场的有效对接；积极引导和扶持棉农成立合作组织，提高组织化程度，让棉农既参与生产又参与流通，推进棉花生产健康有序发展。

④ 广泛开展技术培训，通过广播电视讲座、举办培训班、开办田间学校、赶科技大集、印发明白纸，不断提高广大棉农和科技人员的素质，充分发挥科学技术是第一生产力的作用。

四、完善保障措施，全力推进棉花生产全程机械化发展

① 加大政策扶持。充分利用国家购机补贴政策的引导扶持作用，向棉花全程机械化机具倾斜，适当提高补贴比例，调动农民购机积极性。各级财政要加大对棉花机械采收技术装备、机采棉加工生产线等配套设施的政策扶持力度。目前进口采棉机价格为160 万~320 万元/台，国产三行采棉机约为 100 万元/台，不仅农民和农机合作社，而且许多试验示范点也难以承担。建议对采棉机的购置补贴应当不少于新疆生产建设兵团的补贴标准 40 万元，地方政府给予累加补贴，从而来引导试验示范点购买。扶持棉花加工企业技术改造。一条机采棉清理加工线的设备共需大约 200 万元，短期内难以收回成本。建议将机采棉清理加工生产线设备纳入农机购置补贴政策范围内，还应对棉花加工企业购置机采棉清理加工设备协调安排一定的政策贷款。

② 强化科技培训。聘请知名机采棉专家定期进行指导和培训。通过召开现场会、承办培训班、开展技术讲座与咨询、科技下乡、科技入户等形式，大力开展对农民及农机手的技术培训，提高农机手的操作、调整、维护保养技术水平，推进棉花全程机械化快速发展。

③ 创新服务机制。加强农机农艺融合，积极引导农村土地合理流转，促进棉花种植标准化，为大面积推广棉花全程机械化创造条件。充分发挥农机专业合作社的龙头带动作用，实行统一种植、管理、收获、加工、销售等一条龙服务，提高棉花生产组织化、规模化程度。

④ 引导土地流转，推进规模化生产。机械化生产是以规模化生产为前提的，没有规模化就没有机械化。只有实行规模化生产才能提高生产效率和效益。应制定政策积极推进土地托管和流转等，为棉花生产全程机械化发展创造条件。

⑤ 加强部门协作。棉花生产农机农艺融合是一项系统工程，加强部门协作是推进机采棉技术的关键。农机部门要大力示范推广先进适用的棉花生产机械，积极探索科学完善的棉花生产全程机械化的技术路线和适应市场需求的社会化服务方式；农业科研部

门要加快培育更适应棉花机械收获的新品种；农业技术推广单位要积极引导棉农改进种植和管理方式，从农艺上为棉花机械收获提供支持；农机鉴定部门应按规定优先鉴定棉花生产机械；供销部门要加大棉花加工企业的技术改造，增加棉籽清理机等设备；气象部门要做好气象信息资料服务，适时提供气象信息支持；科技部门负责提供科技、信息等方面技术支撑，并在安排科技发展项目时优先予以倾斜；财政部门要在农机购置补贴资金、惠农强农项目资金等当面优先安排，并加大发展棉花生产机械化，特别是加大对机采棉和机采棉加工的扶持力度；供销部门要主动做好生产资料供应，发挥好棉花收购加工主渠道作用；金融部门要在生产资料采购、机具购置、机采棉清选加工设备等方面及时做好金融信贷工作，为机采棉种植户、采棉机购置户、机采棉收购加工企业提供资金信贷保障。

参考文献

陈传强，蒋帆，张晓洁，等，2017. 我国棉花生产全程机械化生产发展现状、问题与对策［J］. 中国棉花，44（12）：1-4.

董建军，代建龙，李霞，等，2017. 黄河流域棉花轻简化栽培技术评述［J］. 中国农业科学，50（22）：4 290-4 298.

郭晓燕，2020. 棉花种植及生产机械化发展研究［J］. 农机使用与维修（7）：148.

雷亚平，魏晓文，刘志红，2014. 中国棉花产业发展现状及展望［J］. 农业展望，10（9）：43-47.

李亚兵，韩迎春，冯璐，等，2017. 我国棉花轻简化栽培关键技术研究进展［J］. 棉花学报，29（S1）：80-88.

卢秀茹，贾肖月，牛佳慧，2018. 中国棉花产业发展现状及展望［J］. 中国农业科学，51（1）：26-36.

毛树春，1998. 我国棉花发展展望［J］. 中国棉花（9）：3-5.

桑春晓，2018. 棉花种植及生产机械化发展研究［J］. 安徽农业科学，46（5）：227-230.

孙冬霞，张爱民，吴莉丽，等，2013. 黄河三角洲区域棉花生产全程机械化关键技术发展现状与方向［J］. 农业机械（4）：116-119.

朱德文，陈永生，徐立华，2008. 我国棉花生产机械化技术现状与发展趋势［J］. 农机化研究（4）：224-227.